PRINCÍPIOS DE QUÍMICA ANALÍTICA

Blucher

Antonio José Ferreira Gadelha

PRINCÍPIOS DE QUÍMICA ANALÍTICA

Abordagem Teórica Qualitativa e Quantitativa

2022

Princípios de química analítica: abordagem teórica qualitativa e quantitativa.

Publisher Edgard Blücher
Editor Eduardo Blücher
Coordenação editorial Jonatas Eliakim
Produção editorial Thaís Costa
Preparação de texto Vânia Cavalcanti
Diagramação Guilherme Henrique
Revisão de texto MPMB
Capa Leandro Cunha

Blucher

Rua Pedroso Alvarenga, 1245, 4º andar
04531-934 – São Paulo – SP – Brasil
Tel.: 55 11 3078-5366
contato@blucher.com.br
www.blucher.com.br

Segundo o Novo Acordo Ortográfico, conforme 5. ed. do *Vocabulário Ortográfico da Língua Portuguesa*, Academia Brasileira de Letras, março de 2009.

Dados Internacionais de Catalogação na Publicação (CIP)
Angélica Ilacqua CRB-8/7057

Gadelha, Antonio José Ferreira
Princípios de química analítica : abordagem teórica qualitativa e quantitativa / Antonio José Ferreira Gadelha. - São Paulo : Blucher, 2022.
280 p. : il.

Bibliografia
ISBN 978-65-5506-562-6 (impresso)
ISBN 978-65-5506-558-9 (digital)

1. Química analítica I. Título

CDD 543
CDD 543

Índice para catálogo sistemático:
1. Química analítica

Conteúdo

PARTE I – INTRODUÇÃO À QUÍMICA ANALÍTICA **11**

1. Análise química qualitativa 13

1.1 Origem e desenvolvimento da química analítica *13*

1.2 Escala de trabalho em química analítica qualitativa *17*

1.3 Técnicas de laboratório para a escala semimicro *17*

1.4 Reações químicas em análise qualitativa *18*

1.4.1 Tipos de reação por via seca 18

1.5 Análise sistemática de cátions *19*

1.6 Teste de identificação de ânions *21*

Referências *23*

PARTE II – FUNDAMENTOS TEÓRICOS DA ANÁLISE QUALITATIVA **25**

2. Aspectos quantitativos das soluções 27

2.1 Processo de dissolução *28*

2.2 Solubilidade *29*

2.3 Expressões de concentração das soluções *33*

2.3.1 Concentração em massa (*C*) ou concentração comum 34

2.3.2 Densidade de solução (*d*) 35

2.3.3 Título e porcentagem em massa (τ) 35

2.3.4 Título em volume e porcentagem em volume 37

2.3.5 Partes por milhão (*ppm*) – em massa 37

2.3.6 Parte por milhão em massa por volume 38

2.3.7 Concentração em quantidade de matéria, concentração molar ou molaridade (*M*) 39

2.3.8 Molalidade (*W*) 40

2.3.9 Fração Molar 41

2.3.10 Equivalente-grama 42

2.3.11 Número de equivalentes (n_e) 44

2.3.12 Normalidade ou concentração normal (*N*) 44

2.3.13 Relações entre diferentes expressões de concentração de soluções 46

2.4 Preparo de soluções *47*

2.5 Diluição das soluções *50*

2.6 Mistura de soluções com mesmo soluto *51*

2.7 Mistura de soluções com solutos diferentes que não reagem entre si *53*

2.8 Força iônica e atividade de íons *54*

3. Equilíbrio químico 65

3.1 Constante de equilíbrio (K) *66*

3.2 Constante de equilíbrio em termos das pressões parciais (K_p) *68*

3.3 Relação entre K_c e K_p *69*

3.4 Expressão da constante em equilíbrios heterogêneos *70*

3.5 Relações entre a constante de equilíbrio e a equação química *76*

3.6 *Quociente de reação* 79
3.7 *Princípio de Le Chatelier: mudanças em um sistema em equilíbrio* 80
4. Equilíbrio ácido-base 91
4.1 *Teorias ácido-base* 91
4.2 *Autoionização da água* 93
4.3 *pH: uma medida da acidez* 96
4.4 *Forças de ácidos e bases* 98
4.5 *Constante de ionização ácida (K_a)* 101
4.6 *Constante de ionização básica (K_b)* 103
4.7 *Relação entre K_a e K_b* 105
4.8 *Percentual de ionização de um ácido* 106
4.9 *Lei de diluição de Ostwald* 106
4.10 *Cálculo de $[H_3O^+]$ e pH de soluções de ácidos fortes e fracos* 108
4.11 *Calculando $[OH^-]$, pOH e pH de soluções de bases fortes e fracas* 111
4.12 *Hidrólise de sais* 117
4.13 *Soluções-tampão* 127
4.13.1 Capacidade tamponante 131
5. Equilíbrios de solubilidade 135
5.1 *Produto de solubilidade* 136
5.2 *Solubilidade e solubilidade molar* 138
5.3 *Produto iônico (Q)* 140
5.4 *Separação de íons por precipitação fracionada* 142
5.5 *Fatores que afetam a solubilidade* 143
6. Equilíbrios de complexação 147
6.1 *Tipos de ligantes* 149
6.2 *Constante de estabilidade de complexos* 150

6.3 Composição fracionária das espécies no equilíbrio 155
6.4 Influência do pH sobre a concentração do ligante 157
6.5 Íons complexos e a solubilidade de precipitados 160

7. Equilíbrios de oxirredução 165
7.1 Semirreações 166
7.2 Balanceamento de semirreações 166
7.3 Potencial elétrico 171
7.4 Potencial-padrão de eletrodo 172
7.5 Constante de equilíbrio e energia livre de Gibbs 177
7.6 Equação de Nernst 180
Referências 186

PARTE III – FUNDAMENTOS DE QUÍMICA ANALÍTICA QUANTITATIVA 187

8. Introdução à análise química quantitativa 189
9. Análise titulométrica (titrimétrica) 193
9.1 Padrões primários e secundários 195
9.2 Cálculos práticos e padronização de soluções 196

10. Titulometria de neutralização 199
10.1 Zona de transição de indicadores ácido-base 199
10.2 Curvas de neutralização 200
10.2.1 Ácido forte neutralizado por base forte 201
10.2.2 Ácido fraco neutralizado por base forte 206
10.2.3 Base fraca neutralizada por ácido forte 209
10.2.4 Ácido poliprótico neutralizado por base forte 212

11. Titulometria de precipitação 223
11.1 Produto de solubilidade e equilíbrio de precipitação 224
11.2 Curvas de titulação de precipitação 225
11.3 Fatores que afetam a curva de titulação por precipitação 229
11.4 Detecção do ponto final 230

12. Titulometria de complexação 235

12.1 Complexos com ligantes próticos 237

12.2 Constante de formação (estabilidade) condicional (K'_{est}) 237

12.3 Ácido etilenodiaminotetracético (EDTA) 238

12.4 Curvas de titulação complexométricas 241

12.5 Influência do pH nas curvas de titulação complexométrica 245

12.6 Influência da estabilidade do complexo nas curvas de titulação 245

12.7 Indicadores para íons metálicos (metalocrômicos) 246

12.8 Técnicas de titulação com EDTA 247

13. Titulometria de oxirredução 251

13.1 Curvas de titulação por oxirredução 254

13.2 Identificação do ponto final 257

14. Análise gravimétrica 261

14.1 Gravimetria por precipitação química 261

14.2 Eletrogravimetria 262

14.3 Gravimetria por volatilização 263

14.4 Agentes precipitantes 264

14.5 Características do precipitado formado 264

14.6 Tamanho de partícula e filtração de precipitados 264

14.7 Tipos de precipitado 265

14.8 Mecanismo de formação de precipitados 266

14.9 Digestão de precipitados 266

14.10 Contaminação de precipitados 266

14.11 Precipitação a partir de uma solução homogênea 269

14.12 Secagem e calcinação de precipitados 269

14.13 Cálculos na análise gravimétrica 270

Referências 275

Parte I
Introdução à química analítica

CAPÍTULO 1

Análise química qualitativa

A **Química Analítica** pode ser definida como o ramo da química que envolve a **separação, identificação** e **determinação** das quantidades relativas dos componentes de uma **amostra** (**analito**), tendo como objetivo o **desenvolvimento de métodos** para a determinação da **composição química** dos materiais e o estudo da teoria em que se baseiam esses métodos.

A Química Analítica possui duas grandes divisões: a **análise qualitativa**, que identifica a **presença** de constituintes em um determinado material; e a **análise quantitativa**, que determina as **quantidades exatas** dos componentes presentes em uma determinada amostra.

Assim, a **análise qualitativa** experimental utiliza processos de laboratório para **identificação** dos componentes de sistemas materiais por **métodos sistemáticos**.

Já a **química analítica quantitativa** compreende o conjunto de **ensaios, métodos** e **técnicas** que possibilitam avaliar as **quantidades relativas** dos componentes em uma determinada amostra de material.

1.1 ORIGEM E DESENVOLVIMENTO DA QUÍMICA ANALÍTICA

Pode-se admitir que a Química Analítica tenha surgido no Egito Antigo, onde foram desenvolvidas técnicas de extração e purificação de metais nobres, como ouro e prata. Ao longo dos séculos seguintes, a análise química se desenvolveu por meio de iniciativas isoladas, com o intuito principal de determinar a pureza de determinados materiais.

Desde a Antiguidade, as técnicas de análise química vêm sendo utilizadas e aperfeiçoadas. No início, seu uso se restringia à verificação de fraudes em objetos confeccionados com metais nobres. Entre os primeiros séculos da Era Cristã e a Idade Média, poucos avanços foram registrados em relação aos métodos analíticos. Apenas algumas iniciativas isoladas foram verificadas, especialmente no mundo árabe, cujo principal nome foi o químico e alquimista Jabir Ibn Hayyan, conhecido como Geber. Nascido na atual região do Iraque, entre os séculos VII e VIII d. C., escreveu mais de 100 livros, sendo considerado o precursor da Química moderna.

Após o período dominado pela alquimia, a partir do século XV, na época do Renascimento teve início um movimento denominado "iatroquímica", que tinha por objetivo utilizar conhecimentos químicos para produzir medicamentos, rompendo com a abordagem mística da alquimia. O principal nome desse período foi Theophrastus Bombast von Hohenheim (1493-1541), mais conhecido como Paracelso.

Os avanços mais efetivos nessa área da Química se deram a partir do século XVII, com a disseminação da cultura do empirismo, provocada pela revolução científica, iniciada, principalmente, na Europa.

O principal nome dessa época foi Robert Boyle (1627-1691), que estabeleceu uma nova definição de elemento como sendo os corpos mais simples de que os corpos complexos são formados. Elevou a Química ao *status* de Ciência baseando seus resultados em dados experimentais e na observação das leis da natureza. Boyle ainda classificou as reações químicas conhecidas na época com a proposta de novos tipos de testes utilizando soluções, o que deu origem à análise por via úmida.

Contribuições significativas foram propostas por Antoine-Laurent Lavoisier (1743-1794), na França, ao elaborar procedimentos de medidas e quantificação de gases, e pelo químico russo Mikhail Vasilyevich Lomonossov (1700-1765), considerado o fundador da análise química quantitativa, tendo descrito a Lei da Conservação da Massa 14 anos antes de Lavoisier, implementando o uso da balança para determinar a massa de reagentes e de produtos em uma reação.

Os trabalhos anteriores deram embasamento para a química teórica, permitindo avanços significativos, como as leis ponderais, propostas por John Dalton (1766-1844) e Joseph Louis Proust (1754-1826). Além deles, Justus von Liebig (1803-1873), Louis Joseph Gay-Lussac (1778-1850), Robert Wilhelm Eberhard von Bunsen (1811-1899) e Gustav Robert Kirchhoff (1824-1887) trouxeram contribuições expressivas para que a ciência química e, consequentemente, a Química Analítica atingissem o nível observado hoje em dia.

Assim como os pesquisadores que propuseram novos métodos de análises, igualmente importantes foram os químicos que trouxeram à luz da Química

Analítica os fundamentos teóricos envolvidos nas experiências e que regem os equilíbrios associados a estas, entre os quais pode-se citar: Cato Maximilian Guldberg (1836-1902) e Peter Waage (1833-1900) – lei da ação das massas –; Henri Louis Le-Châtelier (1850-1936) – perturbação do equilíbrio químico –; Svante August Arrhenius (1859-1927) – teoria da dissociação eletrolítica –; Wilhelm Ostwald (1853-1941) – lei de diluição –; Hermann Walther Nernst (1864-1941) – explicação dos mecanismos das reações de oxirredução –; Alfred Werner (1866-1919) – reações de complexação –; Lev Vladimirovich Pisarzhevsky (1874-1938) – equilíbrio iônico.

A partir do início do século XX, os químicos iniciam uma nova era na Química Analítica, a análise instrumental, na qual passam a determinar medidas de propriedades físicas dos analitos, como a condutividade elétrica, diferença de potencial elétrico, absorção/emissão de radiação eletromagnética, entre outras, possibilitando o desenvolvimento de diversas técnicas, como as técnicas eletroanalíticas, a cromatografia, espectroscopia, fluorescência, raios x etc. Esses métodos podem apresentar algumas vantagens quando comparados aos métodos clássicos, como menor tempo gasto na análise, menor quantidade de amostra tomada para análise, métodos não destrutivos, em que a amostra é recuperada ao final do procedimento.

Mais especificamente com relação à Química Analítica Qualitativa, são descritos a seguir os principais progressos para a sistematização dos conhecimentos da análise qualitativa tal qual são conhecidos hoje.

Já citado anteriormente, Robert Boyle (1627-1691) foi um dos pioneiros na área. Utilizou sulfeto de hidrogênio para indicar a presença de chumbo e estanho na água. Já Eberhard Gockel (1636-1703) propôs um método para detecção de chumbo em amostras de vinho mediante observação da formação de um precipitado branco ($PbSO_4$) após adição de ácido sulfúrico à amostra.

No século XVII, o farmacêutico e médico alemão Otto Tachenius (1610-1680) realizou estudos utilizando noz-de-galha (*Quercus infectoria*), planta de origem asiática, em soluções de sais metálicos, objetivando verificar a cor produzida por diferentes metais.

Andreas Sigismund Marggraf (1709-1782), químico alemão, pioneiro da química analítica em Berlim, foi o responsável pela adaptação da reação do “azul da Prússia” (hexacianoferrato (II) de potássio) para testar a presença do metal ferro nas águas, sendo o primeiro registro de reações de complexação na análise química. Outra descoberta sua foi a diferença do nitrato de sódio e do nitrato de potássio. Ambos apresentavam cristais com diferentes formas quando evaporados e, quando colocados em carvão incandescente, produziam chamas de cores diferentes: chama amarela para o nitrato de sódio e azulada para o nitrato de potássio. Esse é o registro mais antigo relacionado ao teste de chama na análise.

O químico sueco Torbern Olof Bergman (1735-1784) descreveu e classificou detalhadamente reagentes e processos analíticos em seu livro *Opuscula physica et chimica*, considerado uma das obras mais importantes da história, que permitiu a separação da Química Analítica da Química. Outra contribuição sua foi a separação dos cátions (metais) em grupos, dando origem à análise sistemática. É frequentemente considerado o fundador da análise inorgânica quantitativa e um dos fundadores da mineralogia química.

Louis Jacques Thénard (1777-1857) propôs uma série de testes aplicados à identificação de gases liberados na análise de uma amostra desconhecida. Também elaborou o primeiro processo de separação sistemática em grupos da análise qualitativa. Escreveu ainda um livro-texto de referência para a química de sua época, o *Traité de chimie élémentaire, théorique et pratique.*

Carl Remigius Fresenius (1818-1897), químico alemão, elaborou diversos processos de análise química qualitativa que são a base de esquemas de separação usados nos cursos de Química Analítica Qualitativa atualmente. Escreveu os livros *On qualitative analysis* (1841) e *Quantitative analysis* (1846), que rapidamente se tornaram referência em Química Analítica.

Uma das parcerias mais produtivas da Química foi formada por Gustav Robert Kirchhoff (1824-1887) e Robert Wilhelm Eberhard von Bunsen (1811-1899). Trabalhando em conjunto, os dois propuseram um dos mais importantes métodos físicos de análise qualitativa por via seca, os testes de chama. O teste era baseado na observação das linhas espectrais produzidas pela amostra submetida à chama. Com o experimento, puderam provar a importância da espectroscopia na descoberta de novos elementos químicos (césio e rubídio).

Hugo Schiff (1834-1915), químico alemão, desenvolveu um teste de gota (microanálise) no qual utilizava papel de filtro impregnado com prata para detectar ureia, por meio da formação de uma mancha marrom (prata metálica). Descreveu seus métodos no livro *Introduzione allo studio della chimica*, de 1876.

Heinrich Peter Friedrich Trey (1851-1916), químico alemão, demonstrou a possibilidade de se separar cobre de cádmio por meio de uma solução amoniacal, contendo esses íons, colocada em uma tira de papel de filtro. Os íons cádmio localizavam-se no anel externo e podiam ser identificados com sulfeto de amônio, resultando num anel amarelo de CdS ao redor do círculo preto de CuS. Esses experimentos foram os precursores da cromatografia em papel.

Fritz Feigl (1875-1971), químico austríaco, naturalizado brasileiro, introduziu a análise de toque denominada *spot tests*, em que são utilizadas algumas gotas de solução de análise em papel de filtro. Com isso, os testes ficaram mais rápidos, econômicos, sensíveis e seletivos.

A partir do desenvolvimento de métodos ópticos (espectroscopia), gravimétricos e eletroquímicos, a Química Analítica evoluiu de forma vertiginosa durante o século XX até os dias atuais, tendo seus avanços aplicados nas mais diversas áreas do conhecimento, utilizando as mais variadas técnicas de análise.

1.2 ESCALA DE TRABALHO EM QUÍMICA ANALÍTICA QUALITATIVA

Várias técnicas são empregadas em análise química quantitativa e, frequentemente, a escolha por uma técnica ou um método específico depende do tamanho da amostra disponível a ser analisada. A relação entre os métodos de análise e o tamanho das amostras pode ser resumida conforme é apresentado na Tabela 1.1:

Tabela 1.1 Relação entre métodos de análise e tamanho das amostras

Tipo de análise	Volume de amostra (μL)	Massa de amostra (mg)
Macroanálise	> 100	> 100
Semimicroanálise	10 – 100	10 – 100
Microanálise	1 – 10	1 – 10
Ultramicroanálise	< 1	< 1

Fonte: Vasconcelos, 2019.

1.3 TÉCNICAS DE LABORATÓRIO PARA A ESCALA SEMIMICRO

A análise qualitativa empregando a escala semimicro apresenta diversas vantagens como economia de reagentes, menor tempo de análise, aumento da eficiência de separação, racionalização e otimização do tempo e do espaço físico. Entre as técnicas utilizadas, podem-se citar:

Agitação: em uma análise química os resultados satisfatórios podem depender da agitação do sistema. Quando duas soluções são misturadas uma à outra, a difusão não é suficiente para homogeneização; por isso, quase sempre é preciso promover a agitação do meio, seja de forma manual, seja empregando-se agitadores elétricos (centrífugas, magnéticos, orbital, vórtex etc.)

Precipitação: quando duas soluções são misturadas e há formação de um sólido, esse processo é chamado de "precipitação". Em escala semimicro, as precipitações são efetuadas em tubos de ensaio ou tubos de centrífuga para possibilitar uma possível separação posterior. O tubo deve ser agitado durante a adição dos reagentes.

Centrifugação ou filtração: após a formação do precipitado, muitas vezes é preciso separá-lo da solução na qual ele foi formado (líquido sobrenadante). Para isso, pode-se utilizar a centrifugação ou a filtração simples por meio de papel de filtro qualitativo.

Precipitação completa: muitas vezes, o sucesso da análise depende da completa precipitação de determinada espécie química. A verificação dessa condição pode ser feita pela adição do reagente precipitante gota a gota, com observação atenta para o surgimento de precipitado após cada adição. Quando a adição da gota de reagente não provocar mais formação de precipitado (turvação), diz-se que a precipitação está completa.

Excesso de reagente: evitar o excesso de reagente, pois, em alguns casos, isso pode aumentar a solubilidade do precipitado devido, por exemplo, à formação de íons complexos.

Lavagem do precipitado: consiste na adição de certa quantidade do líquido de lavagem ao precipitado presente no papel de filtro ou no tubo de centrífuga. Entre os líquidos de lavagem, estão água destilada, solução sobrenadante, eletrólito fraco.

Aquecimento de uma solução: deve ser feito preferencialmente em banho-maria (aquecimento brando e prolongado). O tubo de ensaio deve ser adaptado a um agarrador (pinça) de madeira. Caso opte-se por aquecimento direto na chama, deve-se: evitar que a solução espirre para fora do tubo; segurar o tubo com uma pinça; evitar dirigir a boca do tubo para si próprio ou para qualquer outra pessoa; realizar o aquecimento ao longo do tubo próximo ao nível da solução; e nunca aquecer o fundo do tubo.

Teste de acidez e alcalinidade: muitas vezes, o *pH* da solução é de vital importância para o êxito de determinada etapa de análise. A técnica em escala semimicro utiliza o papel de tornassol ou o papel indicador de *pH* para verificação da acidez ou basicidade do meio. Não se deve inserir o papel na solução quando esta estiver em um tubo de ensaio. Recomenda-se colocar pequenos pedaços do papel de tornassol sobre um vidro de relógio e, com o auxílio de um bastão de vidro, transferir algumas gotas da solução para os pedaços de papel indicador.

1.4 REAÇÕES QUÍMICAS EM ANÁLISE QUALITATIVA

Na análise qualitativa, as reações envolvidas podem ser: **reações de neutralização** (ácido-base); **reações de precipitação; reações de complexação;** e **reações de oxirredução.**

As evidências visuais da ocorrência de reação química estão relacionadas, principalmente, com **mudança de coloração, desprendimento de gás** e **formação de precipitados.** As reações analíticas podem ser divididas de acordo com o meio em que se processam. Assim, podemos ter **reações por via seca** e **reações por via úmida.**

Nas reações por via seca, tanto as amostras como os reagentes se encontram no estado sólido e, geralmente, a reação se realiza a altas temperatura.

1.4.1 Tipos de reação por via seca

i) Teste de chama: sais de alguns metais são expostos à ação de uma chama, introduzidos por meio de um fio de *Pt* ou *Ni-Cr*. De acordo com a coloração da chama, pode-se detectar a presença de determinados elementos na substância analisada. Exemplo: sais de sódio (chama alaranjada); sais de potássio (chama violeta); sais de estrôncio (chama vermelho-carmim).

ii) Reações de formação de pérolas coloridas: são formadas pérolas de bórax ($Na_2B_4O_7.10H_2O$), de fosfato ácido ($NaNH_4HPO_4.4H_2O$) ou de carbonato (Na_2CO_3) em uma alça de platina. A alça é umedecida e mergulhada no sólido a ser analisado e posteriormente aquecida. A pérola se colore de acordo com o produto formado nessa "fusão".

iii) Método de trituração: a amostra é triturada com o reagente, e o produto da reação é colorido. Exemplo: $CoSO_4\ (s) + 4NH_4SCN\ (s) \rightleftharpoons (NH_4)_2[Co(SCN)_4] + (NH_4)_2SO_4$.

Nas reações por via úmida, as interações ocorrem entre as espécies em solução. Os ensaios de identificação se realizam quase sempre com gotas de solução problema, às quais são adicionadas gotas do reagente apropriado. Esses ensaios se processam em tubos de ensaio, em placas ou sobre papel de filtro. Nos dois últimos casos, o ensaio é chamado de "análise de toque".

1.5 ANÁLISE SISTEMÁTICA DE CÁTIONS

A identificação de cátions em uma amostra por via úmida consiste em desmembrar uma amostra original contendo vários cátions em grupos (ou subgrupos), seguindo uma ordem lógica na utilização de reagentes e procedimentos de separação e identificação apropriados.

A divisão dos cátions em grupos se baseia na afinidade entre os componentes desse grupo e um reagente em específico, normalmente um reagente precipitante. A partir daí, o grupo pode ter seus componentes separados por meio de reações específicas para cada um, até que se consiga isolar e identificar cada componente, cuja presença é evidenciada visualmente por mudanças de cor da solução, formação de precipitados e até liberação de gases. Esse procedimento segue grupo a grupo até que se esgotem as possibilidades de identificação.

Uma das classificações mais aceitas para os cátions consiste em:

Grupo I – cloretos insolúveis: no primeiro passo da análise sistemática, uma solução contendo uma mistura de cátions é tratada com HCl a 6 M. Como a maioria dos cloretos é solúvel, os íons Cl^- não formam precipitados com a maior parte dos cátions presentes na mistura. No entanto, Ag^+, Pb^{2+} e Hg_2^{2+} formam cloretos insolúveis. Então, se algum desses metais estiver presente, ele será precipitado na forma de cloretos. A ausência de precipitado nesse ponto indica que não há nenhum desses cátions em solução. Após separação do sólido formado, que pode ser por filtração, a solução está pronta para a próxima etapa.

Grupo II – sulfetos insolúveis em meio ácido: na segunda etapa da análise sistemática, a mistura aquosa ácida contendo os cátions metálicos remanescentes é tratada com H_2S ou com outro composto que libere íons sulfeto (S^{2-}) em solução, como a tioacetamida. A concentração de íons sulfeto em solução depende do pH, segundo o equilíbrio:

$$H_2S \rightleftarrows H^+ + HS^-$$

$$HS^- \rightleftarrows H^+ + S^{2-}$$

Em pH baixo (alta concentração de H^+), o equilíbrio é deslocado para a esquerda, minimizando a quantidade de S^{2-} disponível. Quando o pH está elevado (baixa concentração de H^+), o equilíbrio se desloca para a direita, maximizando a quantidade de S^{2-} disponível. Nesse estágio da análise sistemática, a solução está ácida (devido à adição de HCl na primeira etapa) e a concentração de S^{2-} está relativamente baixa. Apenas os sulfetos metálicos mais insolúveis (que têm menores valores do produto de solubilidade, K_s) precipitam nessas condições, o que inclui Hg^{2+}, Cd^{2+}, Bi^{3+}, Cu^{2+}, Sn^{4+}, As^{3+} e Sb^{3+}. Se algum desses cátions metálicos estiver presente, será precipitado como sulfetos. Após a separação do precipitado formado nessa etapa, o líquido remanescente contendo cátions de outros grupos está pronto para a etapa seguinte.

Grupo III – sulfetos insolúveis em meio básico: no terceiro passo da análise sistemática, são adicionados mais S^{2-} e uma base (fonte de OH^-) à mistura aquosa ácida contendo os cátions remanescentes da etapa anterior. A base adicionada neutraliza o ácido presente, deslocando o equilíbrio de ionização do H_2S para a direita, aumentando a concentração de S^{2-}. Isso provoca a precipitação de todos os sulfetos que não foram precipitados na etapa anterior. Os íons que se precipitam nesse ponto (se estiverem presentes) são Fe^{2+}, Co^{2+}, Zn^{2+}, Mn^{2+} e Ni^{2+}. Além disso, o excesso de base causa a precipitação dos íons Cr^{3+}, Fe^{3+} e Al^{3+} na forma de hidróxidos. Após a separação do sólido por filtração, o líquido remanescente passa para a etapa seguinte.

Grupo IV – carbonatos insolúveis: nesse ponto da marcha sistemática, todos os cátions que estavam presentes no início já foram precipitados, com exceção dos metais alcalinos (grupo 1 da tabela periódica) e dos alcalinos terrosos (grupo 2 da tabela periódica), além do íon NH_4^+.

Os cátions de metais alcalinos terrosos podem ser precipitados pela adição de carbonato de sódio (Na_2CO_3), provocando a precipitação dos íons Mg^{2+}, Ca^{2+} e Ba^{2+} na forma de carbonatos, os quais podem ser separados da solução por filtração.

Grupo V – Metais alcalinos e NH_4^+: os únicos íons dissolvidos no líquido remanescente das etapas anteriores podem conter ainda Na^+, K^+ e NH_4^+. Esses cátions não formam compostos insolúveis com nenhum dos ânions utilizados anteriormente e, por isso, não podem ser precipitados na solução. Sua presença é confirmada por outros meios. Os íons metálicos de sódio e potássio podem ser identificados pelo teste de chama. O sódio produz uma chama amarelo-alaranjada, enquanto o potássio apresenta uma chama violeta. O íon NH_4^+ pode ter sua presença confirmada por outros testes específicos.

Um esquema resumido da separação e análise sistemática de cátions por via úmida é apresentada na Figura 1.1:

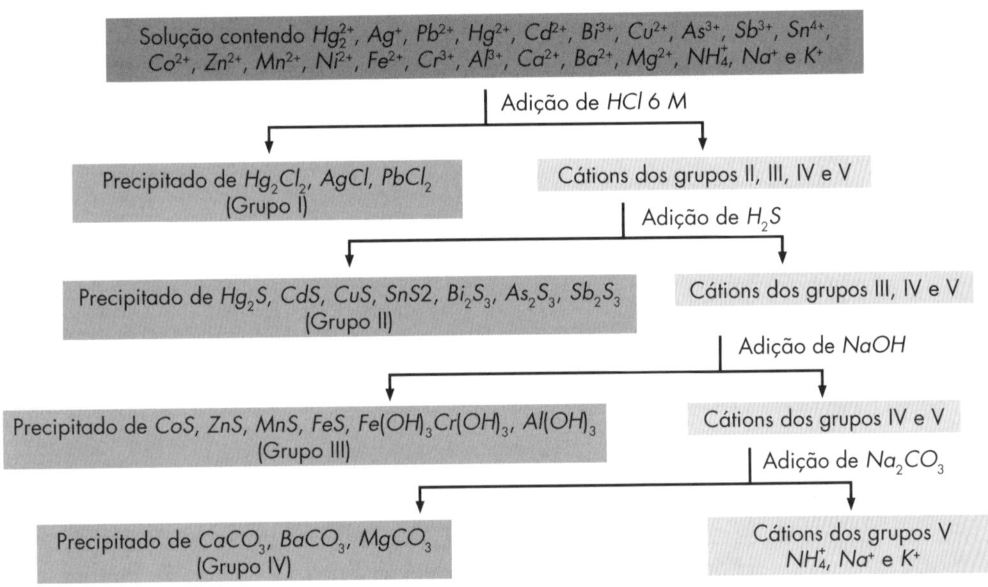

Figura 1.1 Esquema de análise sistemática de cátions por grupos.

1.6 TESTE DE IDENTIFICAÇÃO DE ÂNIONS

Em geral, os ânions não podem ser classificados em grupos. Isso porque, ao contrário dos cátions, não há uma separação sistemática para eles. Ou seja, não há reagentes precipitantes específicos para grupos de ânions; além disso, a maioria dos ânions precipita com mais de um reagente precipitante. Assim, costumam-se identificar os ânions individualmente, conforme apresentado na Tabela 1.2:

Tabela 1.2 Procedimentos e resultados conforme o ânion e o reagente precipitante

Ânion	Reagente precipitante	Procedimento	Resultado
Cl^-	Ag^+	(1) HNO_3 diluído (2) $AgNO_3$	Precipitado branco de $AgCl$
Br^-	H_2SO_4 concentrado	H_2SO_4 (capela)	Solução marrom avermelhada (HBr) e vapores de mesma cor (Br_2)
I^-	H_2SO_4 concentrado	H_2SO_4 (capela)	Vapores de cor violeta (I_2)
SO_4^{2-}	Ba^{2+}	(1) HCl diluído (2) $BaCl_2$	Precipitado branco de $BaSO_4$
F^-	H_2SO_4 concentrado	H_2SO_4 (capela)	Gás fluoreto de hidrogênio em contato com vidro torna-o esbranquiçado
NO_3^-	$FeSO_4$ H_2SO_4 concentrado	(1) H_2SO_4 diluído (2) $FeSO_4$ (3) H_2SO_4 concentrado	$[Fe(NO)]SO_4$ anel marrom
NO_2^-	$FeSO_4$	(1) H_2SO_4 diluído (2) $FeSO_4$	$[Fe(NO)]^{2+}$ cor marrom esverdeada
CO_3^{2-}	HCl	(1) HCl diluído (2) recolhimento em solução saturada de $Ba(OH)_2$	Película de $BaCO_3$ na superfície da solução
CH_3COO^-	H_2SO_4	(1) H_2SO_4 diluído 1:1 (2) aquecimento	Odor de vinagre
PO_4^{3-}	Ag^+	$AgNO_3$	Precipitado amarelo de Ag_3PO_4
S^{2-}	HCl	HCl diluído	Odor de ovo podre
BO_3^{3-}	H_2SO_4 Etanol	(1) H_2SO_4 concentrado (2) etanol (3) levar à chama	Chama verde

Fonte: Andrade e Alvim, 2018.

REFERÊNCIAS

ANDRADE, J. C. de; ALVIM, T. R. Química analítica básica: o papel da química analítica clássica na formação do químico. *Revista Chemkeys*, n. 9, p. 1-16. 2018. Disponível em: https://doi.org/10.20396/chemkeys.v0i9.9646. Acesso em: 24 jul. 2021.

DIAS, S. L. P.; BOHRER, F. M. G.; LUCA, M. A.; VAGHETTI, J. C. P.; BRASIL, J. L. *Análise qualitativa em escala semimicro*. Porto Alegre: Bookman, 2016.

FATIBELLO FILHO, O. *Equilíbrio iônico*: aplicações em química analítica. São Carlos: EdUFSCar, 2016.

FORTE, C. M. S.; PACHECO, L. C. M.; QUEIROZ, Z. F. *Química analítica I*. 2 ed. Fortaleza: EdUECE, 2019.

OLIVEIRA, I. M. F. de; NASCENTE, C. C.; FORTES, I. C. P.; SILVA, M. J. de S. F. da; TÓFANI, S. de F. B. *Análise qualitativa*. Belo Horizonte: Editora UFMG, 2006.

VASCONCELOS, N. M. S. de. *Fundamentos de Química Analítica Quantitativa*. 2 ed. Fortaleza: EdUECE, 2019.

SZABADVÁRY, F. *History of Analytical Chemistry* – International Series of Monographs in Analytical Chemistry. Budapeste: Pergamon Press, 1960.

Parte II
Fundamentos teóricos da análise qualitativa

CAPÍTULO 2

Aspectos quantitativos das soluções

Quando se faz uma mistura de duas espécies químicas diferentes, pode ocorrer a disseminação, sob forma de pequenas partículas, de uma espécie na outra. Havendo disseminação, obteremos um sistema que recebe o nome de **dispersão**.

Nesse sistema, a espécie química disseminada na forma de pequenas partículas é chamada de **disperso**, enquanto a outra espécie é chamada de **dispersante** ou **dispergente**.

De acordo com o **diâmetro médio das partículas do disperso**, a dispersão se classifica em:

1) **Solução**: dispersão em que as partículas do disperso apresentam um diâmetro médio de até 1 *nm* (nanômetro). Nas soluções, o disperso recebe o nome de **soluto** e o dispersante, **solvente**. Exemplo: mistura de açúcar e água.
2) **Dispersão coloidal**: dispersão em que o diâmetro médio das partículas do disperso fica compreendido entre 1 e 100 *nm*. Exemplo: fumaça; neblina; geleia.
3) **Suspensão**: dispersão em que o diâmetro médio das partículas do disperso é superior a 100 *nm*. Na suspensão, o disperso é sólido e o dispersante, líquido. Exemplo: leite de magnésia.

Em outras palavras, **soluções** são misturas de aspecto uniforme, compostas por duas ou mais substâncias. São formadas por partículas menores do que 10 *nm* (1 *nm* = 10^{-9} *m*), são transparentes, não sedimentam e não são separáveis por filtro ou membrana semipermeável.

2.1 PROCESSO DE DISSOLUÇÃO

Uma solução é formada quando uma substância se dispersa em outra. Isso depende de dois fatores: I – a tendência natural das substâncias de se misturarem e espalharem-se em volumes maiores; e II – os tipos de interação molecular envolvidos.

Assim, as soluções são formadas quando as interações soluto-solvente apresentam magnitude igual ou superior às interações soluto-soluto e solvente-solvente.

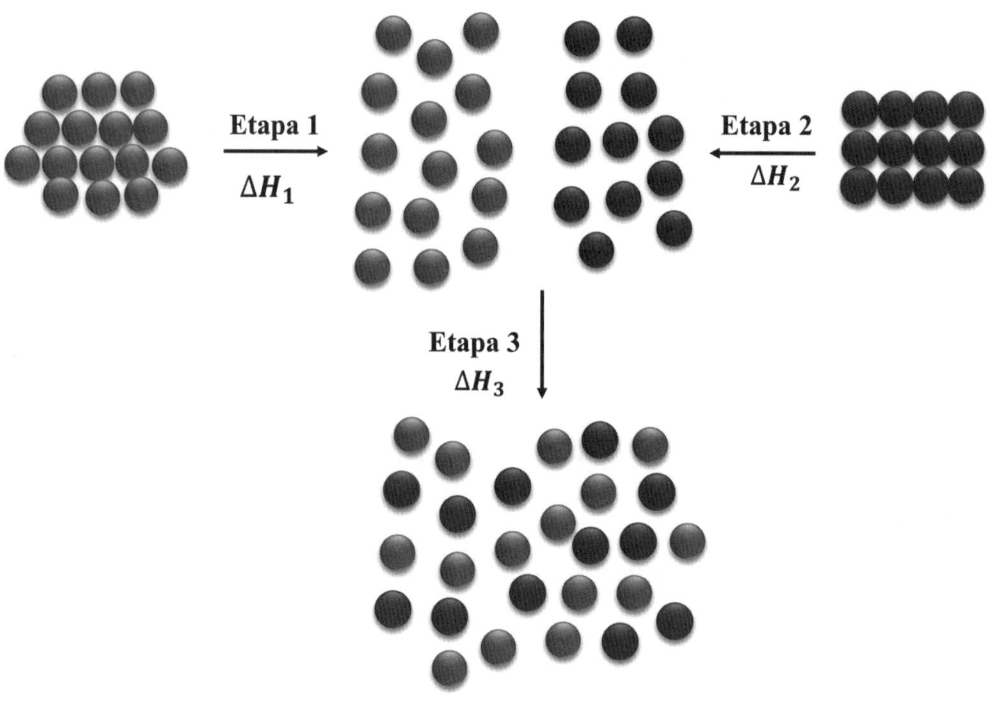

Figura 2.1 Interações envolvidas no processo de dissolução de um soluto.

As energias envolvidas no processo de dissolução são apresentadas na Figura 2.1 e podem ser descritas por:

- Interações solvente-solvente ($\Delta H_1 > 0$): energia é absorvida nessa etapa para superar as forças intermoleculares do solvente para que estas possam receber as partículas do soluto;

- Interações soluto-soluto ($\Delta H_2 > 0$): energia é absorvida para superar as forças intermoleculares que mantêm as partículas do soluto unidas;
- Interações soluto-solvente ($\Delta H_3 < 0$): energia é liberada quando partículas de soluto e de solvente se ligam.

$$\Delta H_{diss.} = \Delta H_1 + \Delta H_2 + \Delta H_3$$

Resumindo, se a atração soluto-solvente for mais forte do que as atrações solvente-solvente e soluto-soluto, o processo de dissolução é favorável, e vice-versa.

Ou, ainda, pode-se dizer que **semelhante dissolve semelhante**. Isso significa que, se duas substâncias apresentam forças intermoleculares do mesmo tipo de intensidade, são provavelmente solúveis uma na outra.

Nas soluções, o processo de dissolução ocorre porque as moléculas do solvente bombardeiam as partículas periféricas do sólido, arrancando-as e mantendo-as dispersas, devido principalmente ao fenômeno da **solvatação**, ou seja, a partícula arrancada fica rodeada por moléculas do solvente. Quando o solvente é a água, esse processo recebe o nome de **hidratação**. Um esquema simplificado do processo de hidratação de íons pode ser observado na Figura 2.2:

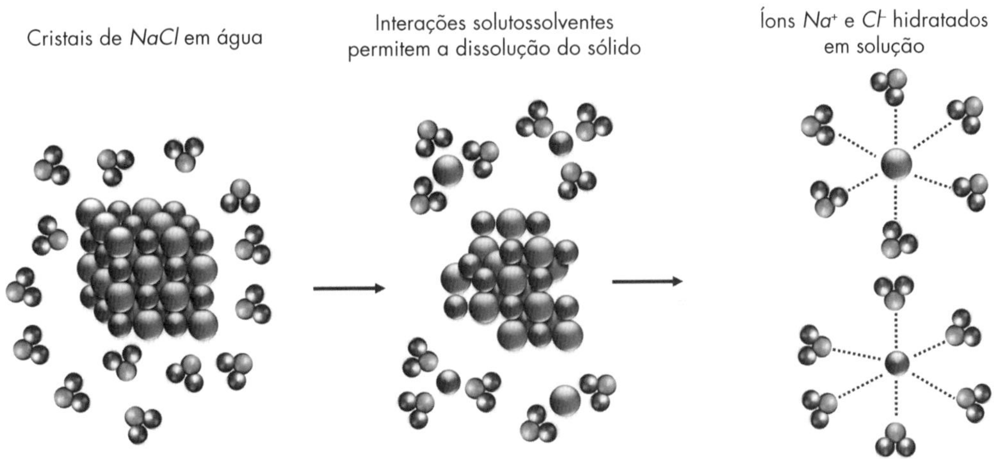

Figura 2.2 Representação esquemática da hidratação de íons.

2.2 SOLUBILIDADE

Entende-se por **solubilidade** (em *g/L*) a quantidade, geralmente em gramas, necessária do soluto para formar, com uma quantidade-padrão (geralmente em litros) do solvente, uma **solução saturada**, em determinadas condições de temperatura e pressão.

Em outras palavras, a **solubilidade** é a **quantidade máxima de soluto** que se pode **dissolver** em uma **quantidade-padrão de solvente.**

A variação da solubilidade da substância em função da temperatura pode ser avaliada graficamente por meio das **curvas de solubilidade.**

As curvas de solubilidade são gráficos que indicam a solubilidade de uma substância em função da temperatura. Um exemplo é a curva de solubilidade do nitrato de potássio (KNO_3) mostrada a seguir (Figura 2.3).

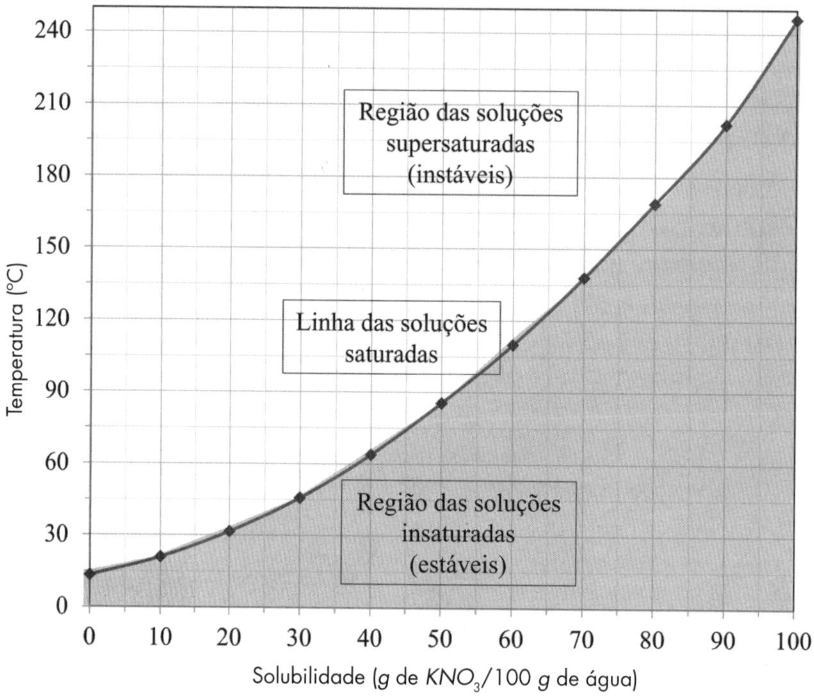

Figura 2.3 Curva de solubilidade do nitrato de potássio (KNO_3).

Analisando-se o gráfico, pode-se dizer:

A região abaixo da curva corresponde às **soluções insaturadas,** ou seja, qualquer ponto dessa região indica que a massa de KNO_3 dissolvido é menor do que a solubilidade desse sal.

A região acima da curva corresponde às **soluções supersaturadas,** ou seja, qualquer ponto dessa região indica que a massa de KNO_3 dissolvido é maior do que a solubilidade. Trata-se de soluções instáveis.

A curva de solubilidade é a fronteira entre as duas regiões (abaixo e acima) e qualquer ponto dessa curva indica que a massa de KNO_3 dissolvido é igual à solubilidade do sal. Trata-se das **soluções saturadas.**

Resumindo:

Solução insaturada (ou não saturada): é quando a quantidade de soluto usado não atinge o limite de solubilidade, ou seja, a quantidade adicionada é inferior à solubilidade da substância.

Solução saturada: é quando o solvente (ou dispersante) já dissolveu toda a quantidade possível de soluto (ou disperso), e toda a quantidade agora adicionada não será dissolvida e ficará no fundo do recipiente.

Solução supersaturada: isto só acontece quando o solvente e soluto estão em uma temperatura em que sua solubilidade (solvente) é maior e, depois, a solução é resfriada ou aquecida, de modo a reduzir sua solubilidade. Quando isso é feito de modo cuidadoso, o soluto permanece dissolvido, mas a solução se torna extremamente instável. Qualquer vibração faz precipitar a quantidade em excesso de soluto dissolvida.

Observe o gráfico da Figura 2.4.

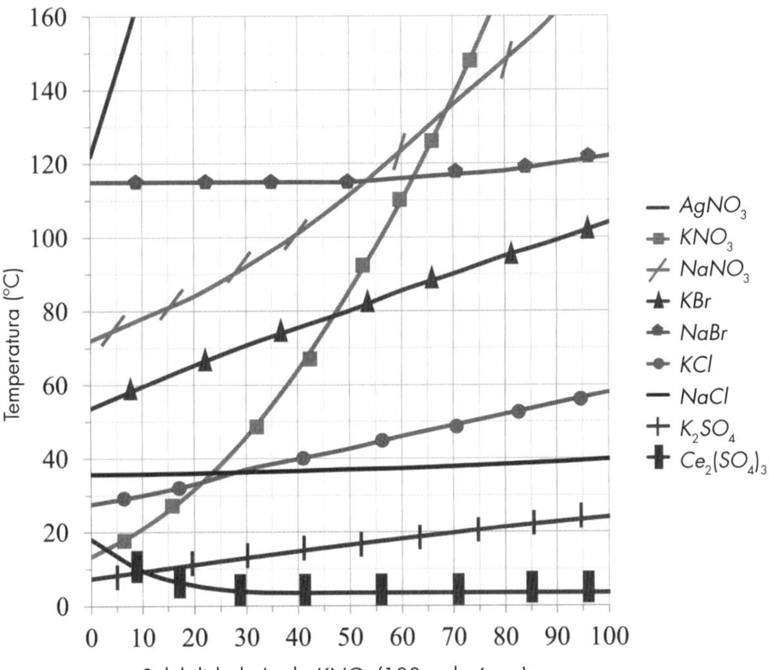

Figura 2.4 Curvas de solubilidade de alguns compostos iônicos.

Percebe-se que, geralmente, a solubilidade aumenta com a temperatura. Há substâncias em que esse aumento é bastante acentuado, como o nitrato de potássio (KNO_3); em outras, é quase imperceptível, como o cloreto de sódio ($NaCl$).

No entanto, existem substâncias em que a solubilidade diminui com o aumento da temperatura, como o sulfato de cério – $Ce_2(SO_4)_3$.

Pode-se perceber que também existem casos em que a curva apresenta mudança brusca de direção. Isso acontece na temperatura correspondente à dissociação dos sais hidratados. É o que acontece com o cloreto de cálcio, por exemplo:

$$CaCl_2.6\ H_2O \rightarrow CaCl_2.4\ H_2O\ (30\ °C)$$

$$CaCl_2.4\ H_2O \rightarrow CaCl_2.2\ H_2O\ (45\ °C)$$

O comportamento deste tipo de sal pode ser observado no gráfico da Figura 2.5:

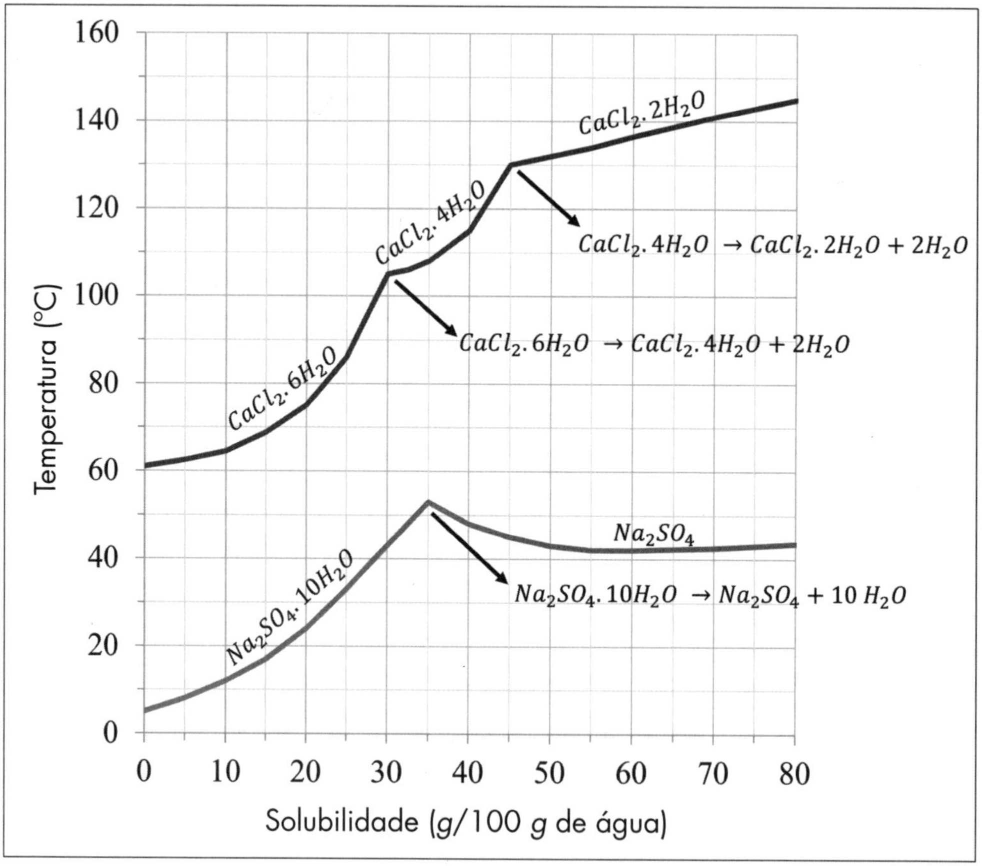

Figura 2.5 Curvas de solubilidade de sais hidratados.

A saturação é uma propriedade das soluções que indica a capacidade delas em suportar quantidades crescentes de solutos, mantendo-se homogêneas. Uma solução é dita insaturada se ainda tem capacidade de diluir soluto, sem precipitar excessos. A solução saturada é aquela em que o soluto chegou à quantidade máxima: qualquer adição de soluto será precipitada, não dissolvida.

Porém, em alguns casos especiais, é possível manter uma solução com quantidade de soluto acima daquela que pode ser dissolvida em condições normais. Nesse caso, fala-se em solução supersaturada, que é instável: com alterações físicas mínimas, a quantidade extra de soluto pode ser precipitada.

As **soluções** podem ainda ser classificadas, quanto ao seu estado físico, como sólidas, líquidas ou gasosas (Quadro 2.1).

Quadro 2.1 Classificação das soluções quanto ao seu estado físico

Estado físico	Material	Principais componentes
Sólido	Aço	Ferro e carbono
	Bronze	Cobre e estanho
	Prata de lei	Cobre e prata
	Latão	Cobre e zinco
	Solda	Estanho e chumbo
Líquido	Vinagre	Água e ácido acético
	Gasolina	Gasolina e álcool
	Soro fisiológico	Água e sais minerais
	Bebida gaseificada	Água e CO_2
Gasoso	Ar atmosférico	Oxigênio e nitrogênio

As soluções mais importantes para os seres vivos são aquelas em que o solvente é a **água**, as ditas **soluções aquosas**. As plantas retiram seu alimento do solo por meio de soluções aquosas (por esse motivo, os fertilizantes têm, em sua composição, minerais solúveis em água). A digestão transforma alimentos em substâncias solúveis em água, que, dessa forma, são mais facilmente absorvidos pelo organismo. Os fluidos dos tecidos, o plasma sanguíneo e a água que bebemos são exemplos de soluções aquosas.

2.3 EXPRESSÕES DE CONCENTRAÇÃO DAS SOLUÇÕES

Existem diferentes relações que podem ser estabelecidas entre as quantidades de soluto, solvente e solução. Tais relações são denominadas **concentrações**.

Chama-se **concentração de uma solução** toda e qualquer maneira de expressar a **proporção** existente entre as **quantidades de soluto e solvente** ou, então, as **quantidades de soluto e de solução.**

Utiliza-se a seguinte convenção:

Índice 1, para as quantidades relativas ao **soluto.**

Exemplo: n_1 = número de mols de soluto.

Índice 2, para as quantidades relativas ao **solvente.**

Exemplo: m_2 = massa de solvente.

Sem índice, ao que se referir à própria **solução.**

Exemplo: V = volume de solução.

As quantidades de soluto, solvente e solução podem ser expressas em massa (*g*, *kg* etc.), em volume (*mL*, *L*, cm^3 etc.) ou em número de mols.

2.3.1 Concentração em massa (C) ou concentração comum

A concentração em massa (C) de uma solução indica a massa de soluto contida em 1 litro de solução e é expressa em *g/L*.

$$C = \frac{m_1}{V}$$

Onde:

C = concentração comum

m_1 = massa do soluto

V = volume

A unidade da concentração será composta por uma unidade de massa qualquer (*mg*, *g*, *kg*, *ton* etc.) dividida por uma unidade de volume qualquer (cm^3, *mL*, dm^3, *L*, m^3 etc.).

O volume que se leva em conta nessa definição não é o volume de solvente usado para fazer a solução, mas aquele da solução.

Exemplo: num balão volumétrico de 250 *mL*, adicionam-se 245 *mg* de sulfato de sódio (Na_2SO_4) sólido. Qual a concentração da solução obtida em *g/L*?

Resolução:

Como se pede a concentração da solução em *g/L*, é necessário primeiro ajustar as unidades de medida. Assim, utilizando-se o fator unitário:

$$250\,mL \times \frac{1\,L}{1000\,mL} = 0{,}25\,L$$

E:

$$245\,mg \times \frac{1\,g}{1000\,mg} = 0{,}245\,g$$

Substituindo na expressão que define a concentração em massa, tem-se:

$$C = \frac{m_1}{V} \therefore C = \frac{0{,}245\,g}{0{,}25\,L} = 0{,}98\,g.L^{-1}$$

2.3.2 Densidade de solução (*d*)

A densidade de uma solução é o resultado da divisão da sua massa pelo volume da solução.

$$d = \frac{m_{solução}}{V_{solução}} \qquad d = \frac{m_1 + m_2}{V_{solução}}$$

Unidades: *g/mL* ou g/cm^3

m_1 = massa do soluto

m_2 = massa do solvente

Deve-se atentar para não confundir a concentração em massa (*C*) com a densidade da solução (*d*). A concentração em massa expressa a massa de soluto presente num certo volume de solução. Já a densidade de uma solução expressa a massa total (soluto + solvente) de certo volume de solução.

Obs.: a densidade não é propriamente, portanto, uma maneira de expressar a concentração de uma solução, mas está relacionada a ela, pois, quando se varia a concentração de soluto, varia-se também a densidade.

2.3.3 Título e porcentagem em massa (τ)

Chama-se de título de uma solução a razão estabelecida entre a massa do soluto (m_1) e a massa dessa solução (m), ambas medidas na mesma unidade.

$$\tau = \frac{m_1}{m} \qquad \tau = \frac{m_1}{m_1 + m_2}$$

em que:

m_1 = massa de soluto;

m_2 = massa de solvente;

m = massa da solução (soluto + solvente);

τ = título da solução (sem unidade).

Pode-se conhecer a porcentagem em massa do soluto na solução fazendo:

$$\tau\% = 100\,.\tau$$

Importante: $0 < \tau < 1$; e $0\% < \tau\% < 100\%$

Assim, se o título de uma solução é 0,2, isso significa que $\tau\% = 100.0{,}2 = 20\%$. Isso quer dizer que a solução apresenta 20% em massa de soluto e, evidentemente, 80% em massa de solvente.

Uma relação bastante útil entre o título e a concentração comum é dada por:

$$C = 1000.d.\tau$$

em que:

C = concentração em g/L;

d = densidade da solução;

τ = título da solução.

Exemplo: uma solução de um dado soluto foi preparada a partir de 160 g de água. Se a porcentagem é 20% de soluto, calcule a massa do soluto.

Resolução:

Como foi dada a porcentagem em soluto, o título em massa pode ser obtido pela relação:

$$\tau = \frac{\tau\%}{100} = \frac{20}{100} = 0{,}2$$

Agora, conhecendo-se o título em massa da solução e a massa de solvente, pode-se obter a massa de soluto por:

$$\tau = \frac{m_1}{m_1 + m_2} \quad \therefore \quad 0{,}2 = \frac{m_1}{m_1 + 160\,g} = m_1 - 0{,}2 \times m_1 = 32\,g \quad \therefore \quad m_1 = 40\,g$$

Exemplo: uma solução contém 15 g de carbonato de sódio em 135 g de água e tem densidade igual a 1,1 g/mL. Calcule:

a) o título em massa da solução;

b) a porcentagem em massa;

c) a concentração da solução em g/L.

Resolução:

Com os valores das massas de soluto e de solvente, pode-se determinar o título da solução como segue:

$$\tau = \frac{m_1}{m_1 + m_2} \therefore \tau = \frac{15\,g}{15\,g + 135\,g} \therefore \tau = 0{,}1$$

E o percentual em massa é dado por:

$$\tau\% = 100\,.\,\tau \therefore \tau\% = 100\,.\,0{,}1 = 10\%$$

Já a concentração em massa é obtida por meio da expressão:

$$C = 1000.\,d.\,\tau \therefore C = 1000\,mL.\,L^{-1} \times 1{,}1\,g.\,mL^{-1} \times 0{,}1 = 110\,g.\,L^{-1}$$

2.3.4 Título em volume e porcentagem em volume

Da mesma maneira que o título em massa corresponde à fração da massa de uma amostra de solução que corresponde ao soluto, o título em volume (que se simboliza por τ_v) é uma grandeza que informa a fração do volume de uma solução que corresponde ao soluto.

O **título em volume** de uma solução expressa a relação entre o volume de soluto presente numa amostra dessa solução e o volume total dessa amostra de solução.

$$\tau_V = \frac{V_{soluto}}{V_{solução}}$$

Lembrando que:

$$V_{solução} \neq V_{soluto} + V_{solvente}$$

Quando o título em volume τ_v é expresso em porcentagem, tem-se a porcentagem em volume do soluto na solução.

$$\tau_V\% = 100.\,\tau_V$$

2.3.5 Partes por milhão (*ppm*) – em massa

Para um soluto em concentração muito pequena, o título ou a porcentagem são números muito pequenos. É comum, nessas situações, o uso da unidade **partes por milhão**, representada por *ppm*, que pode se referir ao título em massa ou ao título em volume.

Considere-se o caso do poluente CO no ar das cidades. Quando a concentração de CO atinge 30 *ppm* em volume, tem-se o estado de alerta. Essa concentração equivale a 30 *L* de CO em cada 10^6 *L* (milhão de litros) de ar, ou seja, a 0,003% em volume.

$$\frac{Volume\ de\ soluto}{Volume\ de\ solução} = \frac{30\ L \div 10^4}{1000000\ L \div 10^4} = \frac{0{,}0030\ L}{100\ L} = \frac{0{,}0030}{100} = 0{,}003\%$$

$$ppm = \frac{massa\ do\ soluto\ em\ mg}{massa\ do\ solvente\ em\ kg}$$

2.3.6 Parte por milhão em massa por volume

É a massa do soluto, em *mg*, dissolvida em cada litro de solução ou de solvente.

$$ppm = \frac{massa\ do\ soluto\ em\ mg}{volume\ da\ solução\ em\ L}$$

Nesse caso, considera-se a densidade da solução igual a 1,0 *g/mL*.

Exemplo: chumbo é um metal tóxico que afeta o sistema nervoso central. Uma amostra de 500 *mL* de água contaminada com chumbo apresenta $2{,}63 \times 10^{-2}$ *g* desse metal. Qual a concentração de *Pb* nessa amostra em ppm?

Resolução:

Para determinar a concentração de uma espécie em partes por milhão, é preciso obter a massa do soluto em *mg* e o volume da solução em *L*:

$$2{,}63 \times 10^{-2}\ g = 26{,}3\ mg \text{ e } 500\ mL = 0{,}5\ L$$

Assim:

$$ppm = \frac{massa\ do\ soluto\ em\ mg}{volume\ da\ solução\ em\ L} = \frac{26{,}3\ mg}{0{,}500\ L} = 52{,}6\ ppm\ ou\ 52{,}6\ mg.L^{-1}$$

Exemplo: uma amostra de minério pesando 456 *g* foi analisada, sendo encontrados 56,0 *mg* de *Cr*. Expresse a concentração em partes por milhão.

Resolução:

Para determinar a concentração de uma espécie em partes por milhão, é preciso obter a massa do soluto em *mg* e a massa de solvente em *kg* (456 *g* = 0,456 *kg*).

Assim:

$$ppm = \frac{massa\ do\ soluto\ em\ mg}{massa\ do\ solvente\ em\ kg} = \frac{56{,}0\ mg}{0{,}456\ kg} = 122{,}8\ ppm$$

2.3.7 Concentração em quantidade de matéria, concentração molar ou molaridade (*M*)

É a razão estabelecida entre o número de mols do soluto e o volume, em litros, da solução:

$$M = \frac{n_1}{V}$$

Onde:

n_1 = número de mols do soluto;

V = volume, em litros, da solução;

M = concentração em quantidade de matéria, em mol/L.

Como $n_1 = m_1/MM_1$,

$$M = \frac{m_1}{MM_1 \times V}$$

A molaridade depende do volume, e, como o volume varia com a temperatura, seu valor também varia com a temperatura. Por exemplo, uma solução aquosa com concentração de 1,0 mol/L em temperatura ambiente é um pouco menos concentrada do que 1,0 mol/L a uma temperatura mais elevada porque o volume da solução aumenta com a temperatura.

Exemplo: uma pessoa usou 34,2 g de sacarose ($C_{12}H_{22}O_{11}$) para adoçar seu cafezinho. O volume de cafezinho adoçado na xícara foi de 50 mL. Qual a concentração da sacarose nesse cafezinho? Dados: MM (g/mol) C = 12; MM H = 1; MM O = 16.

Resolução:

Antes de tudo, é necessário encontrar a massa molar do soluto:

$$MM_1 = (12.MM\ C) + (22.MM\ H) + (11.MM\ O)$$

$$MM_1 = (12 \times 12) + (22 \times 1) + (11 \times 16) = 342\ g.mol^{-1}$$

Tendo a massa de soluto, o volume da solução em L (50 mL = 0,05 L) e a massa molar do soluto, a molaridade é obtida por:

$$M = \frac{m_1}{MM_1 \times V} = \frac{34{,}2\ g}{342\ g.mol^{-1} \times 0{,}05\ L} = 2{,}0\ mol.L^{-1}$$

Exemplo: qual o valor da massa de sulfato de ferro III $Fe_2(SO_4)_3$ anidro que deve ser colocada em um balão volumétrico de 500 mL de capacidade para se obter uma solução aquosa 0,02 mol/L após completar o volume do balão com água destilada? Dados: MM (g/mol) Fe = 56; MM S = 32; MM O = 16.

Resolução:

Antes de tudo, é necessário encontrar a massa molar do soluto:

$$MM_1 = (2.MM\ Fe) + (3.MM\ S) + (12.MM\ O)$$

$$MM_1 = (2 \times 56) + (3 \times 32) + (12 \times 16) = 400\ g.mol^{-1}$$

Tendo a molaridade da solução, o volume da solução em L ($50\ mL = 0{,}5\ L$) e a massa molar do soluto, a massa de soluto é obtida por:

$$m_1 = M \times MM_1 \times V = 0{,}02\ mol.L^{-1} \times 400\ g.mol^{-1} \times 0{,}5\ L = 4{,}0\ g$$

2.3.8 Molalidade (*W*)

É a razão estabelecida entre o número de mols do soluto e a massa de solvente (m_2), em kg:

$$W = \frac{n_1}{m_2}$$

Onde:

n_1 = número de mols do soluto;

m_2 = massa, em kg, do solvente;

W = molalidade da solução, em mol/kg.

Como $n_1 = m_1/MM_1$,

$$W = \frac{m_1}{MM_1 \times m_2}$$

É importante salientar que a molalidade é definida em termos de massa de solvente, e não em quilogramas de solução. A molalidade é particularmente útil quando é necessário comparar concentrações em diferentes temperaturas.

Exercício: uma solução contém 184 g de glicerina ($C_3H_8O_3$) em 800 g de água e apresenta densidade igual a 1,044 g/cm^3. Calcule a molalidade e a molaridade da solução. Dados: massa molar: $H = 1$; $C = 12$; $O = 16\ g/mol$.

Resolução:

Antes de tudo, é necessário encontrar a massa molar do soluto:

$$MM_1 = (3.MM\ C) + (8.MM\ H) + (3.MM\ O) = (3 \times 12) + (8 \times 1) + (3 \times 16)$$
$$= 92\ g.mol^{-1}$$

Tendo a massa de soluto, a massa de solvente em kg ($800\ g = 0{,}8\ kg$) e a massa molar do soluto, a molalidade é obtida por:

$$W = \frac{m_1}{MM_1 \times m_2} = \frac{184\ g}{92\ g.mol^{-1} \times 0{,}8\ kg} = 2{,}5\ mol.kg^{-1}$$

Para se determinar a molaridade é necessário, primeiro, encontrar o volume da solução. Conhecendo-se a densidade da solução (d = 1,044 $g.cm^{-3}$) e a massa da solução ($m_1 + m_2$ = 184 g + 800 g = 984 g), o volume da solução é dado por:

$$V = \frac{m}{d} = \frac{984\ g}{1{,}044\ g\ mL^{-1}} = 942{,}5\ mL = 0{,}9425\ L$$

Sendo a molaridade calculada por:

$$M = \frac{m_1}{MM_1 \times V} = \frac{184\ g}{92\ g.mol^{-1} \times 0{,}9425\ L} = 2{,}12\ mol.L^{-1}$$

2.3.9 Fração Molar

Para uma solução, são consideradas duas frações molares: a **fração molar do soluto** e a **fração molar do solvente.** Fração molar do soluto (X_1) é a razão estabelecida entre o número de mols do soluto e o número de mols total da solução. Fração molar do solvente (X_2) é a razão estabelecida entre o número de mols do solvente e o número total de mols da solução.

Assim:

$$X_1 = \frac{n_1}{n} \qquad X_1 = \frac{n_1}{n_1 + n_2} \qquad X_1 = \frac{\frac{m_1}{MM_1}}{\frac{m_1}{MM_1} + \frac{m_2}{MM_2}}$$

$$X_2 = \frac{n_2}{n} \qquad X_2 = \frac{n_2}{n_1 + n_2} \qquad X_2 = \frac{\frac{m_2}{MM_2}}{\frac{m_1}{MM_1} + \frac{m_2}{MM_2}}$$

em que:

$$n = n_1 + n_2$$

e:

$$n_1 = \frac{m_1}{MM_1}$$

onde:

n_1 = número de mols do soluto;

n_2 = número de mols do solvente;

X_1 = fração molar do soluto;

X_2 = fração molar do solvente.

Pode-se provar que, para qualquer solução, a soma das frações molares do soluto e do solvente é sempre igual a 1.

$$X = X_1 + X_2$$

Exemplo: uma solução contém 24,0 *g* de ácido acético (CH_3COOH) e 90,0 *g* de água (H_2O). Qual a fração molar de ácido acético na solução? Dados: *MM C* = 12 *g/mol*; *MM O* = 16 *g/mol*; *MM H* = 1 *g/mol*.

Resolução:

A fração molar do soluto pode ser obtida por:

$$X_1 = \frac{\frac{m_1}{MM_1}}{\frac{m_1}{MM_1} + \frac{m_2}{MM_2}}$$

Sendo as massas molares das substâncias envolvidas dadas por:

$$MM\ (CH_3COOH) = (2 \times MM\ C) + (2 \times MM\ O) + (4 \times MM\ H)$$

$$MM\ (CH_3COOH) = (2 \times 12) + (2 \times 16) + (4 \times 1) = 60\ g.mol^{-1}$$

e

$$MM\ (H_2O) = (1 \times MM\ O) + (2 \times MM\ H)$$

$$MM\ (H_2O) = (1 \times 16) + (2 \times 1) = 18\ g.mol^{-1}$$

Substituindo-se esses valores encontrados, os valores apresentados no enunciado do problema, tem-se:

$$X_1 = \frac{\frac{24\ g}{60\ g.mol^{-1}}_1}{\frac{24\ g}{60\ g.mol^{-1}} + \frac{90\ g}{18\ g.mol^{-1}}} = 0{,}074$$

2.3.10 Equivalente-grama

Numa reação química, há movimentação de cargas elétricas: há, por exemplo, numa reação de oxirredução, transferência de elétrons; numa reação de dupla troca, movimentação de íons; e, numa reação ácido-base de Brönsted-Lowry, transferência de prótons. As cargas movimentadas numa reação química podem ser elétrons, íons ou prótons.

Assim como a massa de 1 *mol* de moléculas é a massa molar da substância e o volume de 1 *mol* de moléculas de um gás é o volume molar, define-se equivalente-grama.

Equivalente-grama (*E*) de uma substância é a sua massa em gramas, que, numa reação química, movimenta 1 *mol* de cargas elementares.

2.3.10.1 Equivalente-grama dos ácidos

É o quociente da massa molar (*MM*) do ácido pelo número total de hidrogênios ionizáveis.

$$E_{ácido} = \frac{MM}{N^o de\ H^+}$$

Considerando-se que o hidrogênio é monovalente, concluímos que, para se ter a valência total dos hidrogênios ionizáveis, basta contar o número de hidrogênios ionizáveis.

Em decorrência da definição anterior, podemos também dizer que **equivalente--grama de um ácido** é a massa do ácido que libera 1 *mol* de H^+ durante a sua ionização.

2.3.10.2 Equivalente-grama das bases

É o quociente da massa molar (*MM*) da base pelo número total das hidroxilas.

$$E_{base} = \frac{MM}{N^o\ de\ OH^-}$$

Considerando-se que a hidroxila (OH^-) é monovalente, conclui-se que, para se ter a valência total das hidroxilas, basta contar o número de hidroxilas.

Pode-se também dizer que **equivalente-grama de uma base** é a massa da base que contém 1 *mol* de OH^-.

Uma consequência importante das definições de equivalentes-grama de ácidos e bases é que um equivalente-grama de um ácido sempre reagirá com um equivalente-grama de uma base, pois o primeiro contém 1 *mol* de H^+ e o segundo contém 1 *mol* de OH^-.

2.3.10.3 Equivalente-grama dos sais

É o quociente entre a massa molar (MM) do sal pela valência total do cátion ou do ânion (número total de cargas positivas ou negativas).

$$E_{sal} = \frac{MM}{N^o\ total\ de\ cargas}$$

Nessa definição, entende-se por valência total do cátion o produto da valência do cátion pelo número de cátions presentes na fórmula do sal; idem para a valência total do ânion, que será sempre igual, em valor absoluto, à valência total do cátion. Por exemplo, calcular o equivalente-grama do sulfato de alumínio:

$Al_2(SO_4)_3$
- Cátion Al^{3+}
  - Valência do cátion = +3
  - Número de cátions = 2
  - → N° total de cargas = 6
- Ânion SO_4^{2-}
  - Valência do cátion = +2
  - Número de cátions = 3
  - → N° total de cargas = 6

Nesse caso, a valência total em valor absoluto é igual a 6, seja para o cátion, seja para o ânion. Consequentemente, o equivalente-grama do sulfato de alumínio será igual a:

$$E_{sal} = \frac{MM}{N^o\ total\ de\ cargas} = \frac{342}{6} = 57\ g.eq^{-1}$$

2.3.11 Número de equivalentes (n_e)

O número de equivalentes (n_e) existente na massa (m), em gramas, da substância que apresenta equivalente-grama (E), é dado por:

$$n_e = \frac{m}{E}$$

2.3.12 Normalidade ou concentração normal (N)

Normalidade (N) de uma solução é a relação entre o número de equivalentes do soluto (n_{e1}) e o volume da solução (V), em litros.

$$N = \frac{n_{e1}}{V}$$

O número de equivalentes (n_{e1}) de uma substância é calculado dividindo-se a massa (m) da substância pelo equivalente-grama (E).

$$n_{e1} = \frac{m_1}{E_1}$$

Substituindo-se na fórmula anterior, tem-se:

$$N = \frac{m_1}{E_1 \times V}$$

Unidade: *eq./L* ou Normal.

Significado físico: a normalidade indica quantos equivalentes de soluto existem em cada litro de solução.

Apesar de a União Internacional de Química Pura e Aplicada (IUPAC, na sigla em inglês) não recomendar mais o uso da expressão de normalidade, muitos manuais de química analítica ainda fazem uso desse tipo de concentração, como o *Standard methods for the examination of water and wastewater*, o *Standard methods for soil analysis* e o *Manual of food quality control*, entre outros.

A normalidade é uma das maneiras mais importantes de se indicar a concentração das soluções; isso acontece porque, sendo expressa em equivalentes, a normalidade facilitará os cálculos onde ocorrem reações químicas entre duas soluções. Da própria definição anterior, podemos calcular o número de equivalentes do soluto como sendo:

$$n_{e1} = N \times V$$

Exemplo: quais a molaridade e a normalidade de uma solução que contém 25 *g* de sulfato cúprico ($CuSO_4$) em 500 *mL* de solução? Dados: *MM Cu* = 64 *g/mol*; *MM S* = 32 *g/mol*; *MM O* = 16 *g/mol*.

$$CuSO_4\,(s) \rightarrow Cu^{2+}(aq) + SO_4^{2-}\,(aq)$$

Resolução:

Para determinar a normalidade da solução, primeiro é necessário determinar o equivalente-grama do soluto, que nesse caso é dado por:

$$E_{sal} = \frac{MM}{N^o\ total\ de\ cargas} = \frac{160\ g.mol^{-1}}{2\ eq.mol^{-1}} = 80\ g.eq^{-1}$$

A partir do equivalente-grama, pode-se obter o número de equivalentes presente na massa de soluto utilizada:

$$n_{e1} = \frac{m_1}{E_1} = \frac{25\ g}{80\ g.eq^{-1}} = 0{,}3125\ eq$$

Por último, calcula-se a normalidade da solução de acordo com a expressão:

$$N = \frac{n_{e1}}{V} = \frac{0{,}3125\ eq}{0{,}5\ L} = 0{,}625\ eq.L^{-1}$$

Exemplo: quantos gramas de hidróxido de bário $Ba(OH)_2$ devem ser dissolvidos em água para se obterem 500 *mL* de uma solução 0,1 *N*? Dados: *MM Ba* = 137 *g/mol*; *MM H* = 1 *g/mol*; *MM O* = 16 *g/mol*.

$$Ba(OH)_2\,(s) \rightarrow Ba^{2+}(aq) + 2\ OH^-\ (aq)$$

Resolução:

Uma solução com concentração de 0,1 *N* contém 0,1 equivalentes por litro. O equivalente-grama de uma base é dado por:

$$E_{base} = \frac{MM}{N^o\ de\ OH^-} = \frac{171\ g.mol^{-1}}{2\ eq.mol^{-1}} = 85{,}5\ g.eq^{-1}$$

Rearranjando a expressão:

$$N = \frac{m_1}{E_1 \times V}$$

Para:

$$m_1 = N \times E_1 \times V$$

Assim, a massa de soluto necessária é:

$$m_1 = 0{,}1\ eq.L^{-1} \times 85{,}5\ g.eq^{-1} \times 0{,}5\ L = 4{,}275\ g$$

2.3.13 Relações entre diferentes expressões de concentração de soluções

Para se estabelecer uma relação entre duas expressões de concentração de soluções, basta escrever a razão entre as duas expressões e, em seguida, fazer as simplificações. Por exemplo, a relação entre concentração em massa e molaridade:

$$\frac{C}{M} = \frac{\frac{m_1}{V}}{\frac{n_1}{V}}$$

Fazendo $n_1 = m_1/MM_1$ e isolando C, tem-se:

$$\frac{C}{M} = \frac{\frac{m_1}{V}}{\frac{m_1}{MM_1 \times V}} = \frac{m_1}{V} \times \frac{MM_1 \times V}{m_1} \quad \therefore \quad C = M \times MM_1$$

Pode-se estabelecer uma relação entre a concentração comum (C) e a normalidade (*N*):

$$C = N \times E_1$$

Bem como entre a normalidade (*N*) e a molaridade (*M*):

$$M \times MM_1 = N \times E_1$$

Por fim, pode-se ainda juntar as várias relações entre concentração em massa (*C*), a molaridade (*M*), a normalidade (*N*) e o título em massa (τ), vistas anteriormente, e chegaremos a:

$$C = M.MM_1 = N.E_1 = 1000.d.\tau$$

Ou ainda:

$$M = \frac{1000.d.\tau}{MM_1}$$

Exemplo: no rótulo de um frasco de ácido clorídrico (*HCl*), encontram-se as seguintes informações: título percentual em massa = 36,5%; densidade = 1,18 *g/mL*. Pergunta-se: qual é a molaridade desse ácido? Dados: *MM HCl* = 36,5 *g/mol*

Resolução:

Convertendo-se o percentual em massa para título em massa e substituindo-se os dados na expressão que relaciona essas duas formas de concentração, tem-se:

$$M = \frac{1000.d.\tau}{MM_1} = \frac{1000\ mL.L^{-1} \times 1{,}18\ g.mL^{-1} \times 0{,}365}{36{,}5\ g.mol^{-1}} = 11{,}8\ mol.L^{-1}$$

2.4 PREPARO DE SOLUÇÕES

Uma prática muito utilizada em laboratórios de Química é o preparo de soluções. Na maioria das vezes, os reagentes comerciais são disponibilizados na forma sólida ou em soluções muito concentradas (*P.A.*) e isso inviabiliza alguns procedimentos e algumas reações em química analítica. Por isso, é preciso preparar soluções desses reagentes com concentração bem definida para que a análise seja bem-sucedida.

A preparação de soluções segue procedimentos diferentes dependendo do tipo de reagente a ser utilizado. Os cálculos envolvidos nesses dois procedimentos são descritos a seguir, utilizando-se como unidade de concentração a molaridade ($mol.L^{-1}$).

Se o **reagente for um sólido**, é preciso, inicialmente, determinar a massa necessária para se obter a concentração desejada, para, em seguida, efetuar a pesagem e a dissolução do sólido, além da aferição do volume final da solução.

Partindo-se da expressão da molaridade, isolando-se a massa de soluto, obtém-se:

$$M = \frac{m_1}{MM_1 \times V} \quad \therefore \quad m_1 = M \times MM_1 \times V$$

Ou seja, a massa de soluto necessária para se preparar uma solução com uma determinada concentração é dada pelo produto da molaridade requerida, da massa molar do soluto e do volume final da solução que se quer preparar.

Após determinada a massa de soluto necessária, é feita a pesagem em balança analítica, seguida da dissolução em água destilada (no caso de soluções aquosas) num volume inferior ao volume final da solução. Verificada a completa dissolução do material, deve-se transferir integralmente o conteúdo para um balão volumétrico para que, após a homogeneização, faça-se a aferição até o volume planejado.

Exemplo: qual a massa de carbonato de cálcio ($CaCO_3$) necessária para se preparar meio litro de solução desse sal a uma concentração de 0,1 $mol.L^{-1}$? Dados: $MM\ Ca$ = 40 *g/mol*; $MM\ C$ = 12 *g/mol*; $MM\ O$ = 16 *g/mol*.

Resolução:

Antes de tudo, é necessário encontrar a massa molar do soluto:

$$MM_1 = (1.MM\ Ca) + (1.MM\ C) + (3.MM\ O)$$
$$MM_1 = (1 \times 40) + (1 \times 12) + (3 \times 16) = 100\ g.mol^{-1}$$

Tendo a molaridade da solução, o volume da solução em *L* (500 *mL* = 0,5 *L*) e a massa molar do soluto, a massa de soluto é obtida por:

$$m_1 = M \times MM_1 \times V = 0{,}1\ mol.L^{-1} \times 100\ g.mol^{-1} \times 0{,}5\ L = 5{,}0\ g$$

No caso de **reagentes líquidos** (concentrados, ou *P.A.*), deve-se determinar o volume requerido para que, após diluição e aferição, atinja-se a concentração desejada da solução.

Geralmente, nos rótulos dos reagentes líquidos concentrados, são fornecidas algumas informações importantes acerca da composição da solução, como o título, a densidade e a massa molar.

Com esses dados, é possível calcular a concentração desse reagente em $mol.L^{-1}$ e, em seguida, realizar um cálculo de diluição para se obter uma nova solução com a concentração desejada.

Partindo-se dos dados do título em massa e da densidade do reagente concentrado, pode-se estabelecer uma relação entre essas grandezas e a molaridade desse reagente:

$$\frac{M}{\tau} = \frac{\frac{m_1}{MM_1 \times V}}{\frac{m_1}{m}} = \frac{m_1}{MM_1 \times V} \times \frac{m}{m_1}$$

Cancelando-se na equação as massas de soluto e considerando-se que a densidade é a relação entre a massa e o volume da solução, obtém-se:

$$M = \frac{\tau \times d}{MM_1 \times V}$$

A partir dessa expressão, encontra-se a concentração do reagente concentrado em termos de $mol.L^{-1}$. Para se determinar qual o volume desse reagente necessário para preparar uma solução menos concentrada, utiliza-se a expressão da diluição:

$$M_i \times V_i = M_f \times V_f$$

Tendo-se o valor do volume de reagente necessário, este deve ser medido utilizando-se uma bureta e, em seguida, transferido para um balão volumétrico que já contém uma quantidade de solvente em seu interior. Promove-se, então, a homogeneização e, por fim, a aferição da solução para o volume requerido inicialmente.

Exemplo: determine o volume de ácido clorídrico concentrado que deve ser utilizado para preparar 250 mL de uma solução desse ácido a 0,5 $mol.L^{-1}$, sabendo que no rótulo de um frasco de ácido clorídrico (HCl) concentrado encontram-se as seguintes informações: título percentual em massa = 36,5%; densidade = 1,18 $g.mL^{-1}$; $MM\ HCl$ = 36,5 g/mol.

Resolução:

Convertendo-se o percentual em massa para título em massa e substituindo-se os dados na expressão que relaciona essas duas formas de concentração, tem-se:

$$M = \frac{1000.d.\tau}{MM_1} = \frac{1000\ mL.L^{-1} \times 1{,}18\ g.mL^{-1} \times 0{,}365}{36{,}5\ g.mol^{-1}} = 11{,}8\ mol.L^{-1}$$

Sabendo-se a concentração do ácido concentrado, pode-se utilizar agora a expressão da diluição de soluções para encontrar o volume de HCl requerido.

$$M_i \times V_i = M_f \times V_f \quad \therefore \quad 11{,}8\,mol.L^{-1} \times V_i = 0{,}5\,mol.L^{-1} \times 0{,}250\,L$$

Resultando em:

$$V_i = 0{,}0106\,L \quad ou\ 10{,}6\,mL$$

Assim, esse é o volume de ácido clorídrico concentrado que deve ser adicionado ao balão volumétrico (250 mL), o qual já deve conter certa quantidade de água para diluição do ácido, que, por sua vez, deve ser adicionado lentamente e sob agitação constante para se evitar acidentes.

2.5 DILUIÇÃO DAS SOLUÇÕES

Diluir uma solução consiste em reduzir a concentração do soluto mediante a adição de uma porção do solvente puro. Essa operação é denominada **diluição da solução.** Evidentemente, a massa de soluto (m_1) será a mesma na solução inicial e na final; no entanto, a concentração C diminuirá, pois o volume aumentou. Pode-se, então, calcular:

Para a solução inicial:

$$C_i = \frac{m_1}{V_i} \quad \text{ou} \quad m_1 = C_i \times V_i$$

Para a solução final:

$$C_f = \frac{m_1}{V_f} \quad \text{ou} \quad m_1 = C_f \times V_f$$

Uma vez que m_1 é constante, tem-se:

$$C_i \times V_i = C_f \times V_f$$

Conclusão: o volume e a concentração de uma solução são inversamente proporcionais.

Demonstrações idênticas podem ser feitas para a molaridade e a normalidade.

$$M_i \times V_i = M_f \times V_f \quad \text{e} \quad N_i \times V_i = N_f \times V_f$$

O volume de solvente necessário para promover uma determinada diluição em uma solução pode ser calculado por:

$$V_{H_2O} = V_f - V_i$$

Observação: a operação inversa a **diluir** chama-se "**concentrar** a solução"; ela consiste num aquecimento cuidadoso da solução, de modo que apenas o solvente venha a evaporar, evidentemente supondo que o soluto não seja volátil. Nesse caso, continuam valendo as fórmulas matemáticas já apresentadas.

Exemplo: na preparação de 500 *mL* de uma solução aquosa de ácido sulfúrico H_2SO_4 de concentração 3 *mol/L*, a partir de uma solução de concentração 15 *mol/L* do ácido, qual volume da solução concentrada deve-se utilizar?

Resolução:

Como se trata de um processo de diluição, o volume da solução concentrada a ser utilizada é dado por:

$$M_i \times V_i = M_f \times V_f \quad \therefore \quad 15{,}0\, mol.L^{-1} \times V_i = 3{,}0\, mol.L^{-1} \times 0{,}5\, L$$

$$\therefore \; V_i = 0{,}1\, L \; ou \; 100\, mL$$

Exemplo: quantos mililitros de solvente devem ser adicionados a 250 *mL* de uma solução de ácido clorídrico (HCl) 3,0 *mol/L* para que sua concentração atinja 1,2 *mol/L*?

Resolução:

Nesse caso, o problema de diluição busca o volume de solvente necessário para promover a redução indicada na concentração do soluto. Inicialmente, é necessário encontrar o volume da solução resultante após a diluição:

$$M_i \times V_i = M_f \times V_f \quad \therefore \quad 3{,}0\, mol.L^{-1} \times 0{,}25\, L = 1{,}2\, mol.L^{-1} \times V_f$$

$$\therefore \; V_f = 0{,}625\, L \; ou \; 625\, mL$$

Assim, o volume de solvente necessário para promover a diluição da solução até o valor indicado é dado por:

$$V_{H2O} = V_f - V_i \quad \therefore \quad V_{H2O} = 625\, mL - 250\, mL = 375\, mL$$

2.6 MISTURA DE SOLUÇÕES COM MESMO SOLUTO

Ao se misturar duas soluções que têm a mesma substância como soluto, a quantidade de soluto permanece a mesma antes e após a mistura, o que se altera é apenas o volume da solução antes e após a mistura. Tomando como exemplo a mistura de duas soluções (A e B) de cloreto de sódio ($NaCl$), como ilustrado a seguir na Figura 2.6.

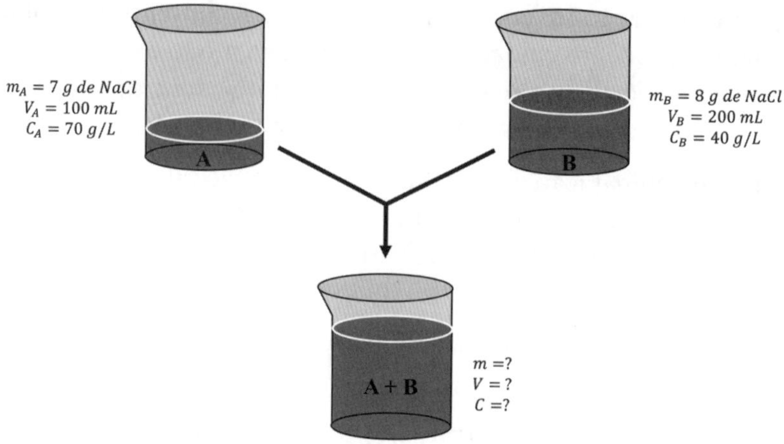

Figura 2.6 Mistura de soluções contendo o mesmo soluto.

Na solução final ($A + B$):

- a massa do soluto é igual à soma das massas dos solutos em A e B (bem como o número de mols).
- o volume da solução também é igual aos somados volumes das soluções A e B.

Assim:

$$m = m_A + m_B$$

Fazendo:

$$C = \frac{m_1}{V} \quad \therefore \quad m_1 = C.V$$

Tem-se:

$$C.V = C_A.V_A + C_B.V_B$$

Sendo o volume final dado por:

$$V = V_A + V_B$$

Obtendo-se:

$$C.(V_A + V_B) = C_A.V_A + C_B.V_B$$

Dessa forma, a concentração da solução resultante pode ser determinada por:

$$C = \frac{C_A x V_A + C_B x V_B}{V_A + V_B}$$

Ou, em termos de quantidade de matéria:

$$M = \frac{M_A x V_A + M_B x V_B}{V_A + V_B}$$

Exemplo: qual a molaridade de uma solução de hidróxido de sódio formada pela mistura de 60 *mL* de solução a 5,0 *mol/L* com 300 *mL* de solução desse mesmo composto a 2,0 *mol/L*?

Resolução:

O problema trata da mistura de duas soluções com mesmo soluto. Nesse caso, a quantidade de soluto se conserva antes e depois da mistura, sendo que a concentração da solução resultante é dada por:

$$M = \frac{M_A x V_A + M_B x V_B}{V_A + V_B} = \frac{5{,}0\ mol.L^{-1} \times 0{,}06\ L + 2{,}0\ mol.L^{-1} \times 0{,}3\ L}{0{,}06\ L + 0{,}3\ L} = 2{,}5\ mol.L^{-1}$$

2.7 MISTURA DE SOLUÇÕES COM SOLUTOS DIFERENTES QUE NÃO REAGEM ENTRE SI

Ao se misturar duas soluções que apresentam solutos diferentes, os quais não reagem entre si, a quantidade de cada soluto permanece a mesma antes e após a mistura, o que se altera é apenas o volume da solução antes e após a mistura. Dessa maneira, tudo se passa como se cada solução inicial sofresse uma diluição, partindo de seu volume inicial e atingindo o volume da mistura. Toma-se como exemplo a solução obtida a partir da mistura de uma solução de cloreto de sódio (*NaCl*) a 70 *g/L* com uma solução de cloreto de potássio (*KCl*) a 40 *g/L*, conforme ilustrado na Figura 2.7.

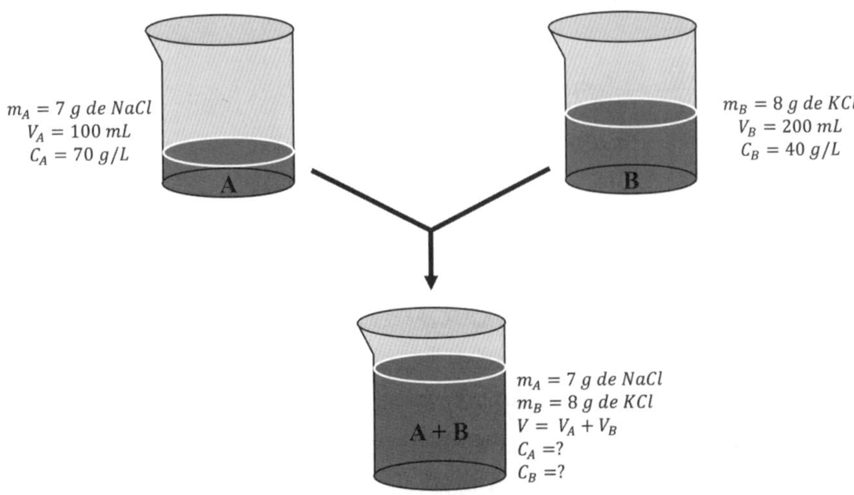

Figura 2.7 Mistura de soluções contendo solutos diferentes (que não reagem).

Nesse caso, as quantidades dos solutos não se alteram e apenas o volume de solução é aumentado após a mistura, ocorrendo apenas uma diluição de cada soluto presente. Assim, pode-se aplicar a expressão de diluição a cada um dos solutos presentes:

Para o soluto A (*NaCl*):

$$C_i \times V_i = C_f \times V_f$$

Para o soluto B (*KCl*):

$$C_i \times V_i = C_f \times V_f$$

Em que o volume final é igual à soma dos volumes das duas soluções:

$$V_f = V_A + V_B$$

Exemplo: são adicionados no mesmo recipiente: 300 mL de uma solução de cloreto de potássio (*KCl*) a uma concentração de 2,0 *mol/L*; e 450 mL de uma solução de iodeto de sódio (*NaI*) a uma concentração de 1,5 *mol/L*. Qual concentração final de cada sal na solução resultante, considerando-se que os solutos não reagem?

Resolução:

Como foi informado que os solutos não reagem entre si, considera-se que há apenas uma diluição na concentração de cada um.

Sendo o volume final dado pela soma dos volumes das soluções individuais, tem-se:

Para o *KCl*:

$$M_i \times V_i = M_f \times V_f \quad \therefore \quad 2{,}0\, mol.L^{-1} \times 0{,}3\, L = M_f \times 0{,}75L \quad \therefore \quad M_f = 0{,}8\, mol.L^{-1}$$

Para o *NaI*:

$$M_i \times V_i = M_f \times V_f \quad \therefore \quad 1{,}5\, mol.L^{-1} \times 0{,}45\, L = M_f \times 0{,}75L \quad \therefore \quad M_f = 0{,}9\, mol.L^{-1}$$

2.8 FORÇA IÔNICA E ATIVIDADE DE ÍONS

Geralmente, a presença de um sal diferente (que não contém íons em comum com o soluto) causará um aumento na dissociação de um eletrólito fraco ou na solubilidade de um precipitado.

Cátions atraem ânions e vice-versa e, então, os cátions do analito atraem os ânions do eletrólito diverso, enquanto os ânions do analito ficam rodeados pelos cátions do eletrólito diverso.

A atração dos íons participantes do equilíbrio de interesse pelo eletrólito diverso dissolvido os protege efetivamente, diminuindo sua concentração efetiva e deslocando o equilíbrio. A Figura 2.8 ilustra esse comportamento:

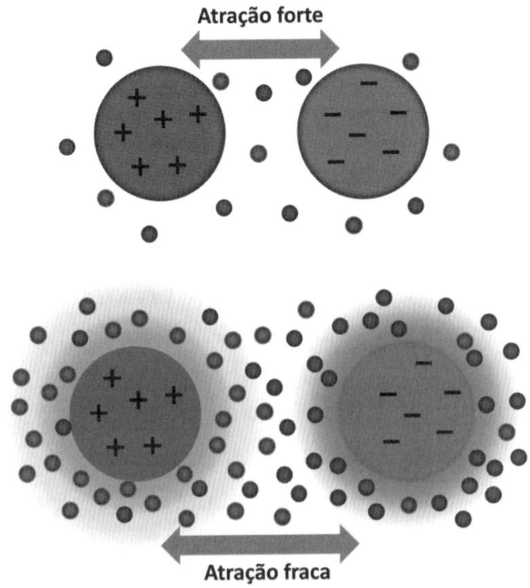

Figura 2.8 Representação esquemática da atmosfera iônica.

Uma "atmosfera iônica" é formada sobre o cátion e o ânion de interesse. A adição de um sal inerte, como o KNO_3, diminui a atração entre os pares de íons de interesse (Ca^{2+} e SO_4^{2-}), protegendo e reduzindo a carga efetiva e, assim, aumentando a solubilidade de sais fracamente solúveis como o $CaSO_4$.

Em outras palavras, à medida que se vai **aumentando a concentração** de um eletrólito em solução, a atmosfera iônica, de carga contrária, ao redor do cátion ou do ânion desse eletrólito, **reduz tanto a sua velocidade como a reatividade**, fazendo com que a solução se comporte como se a concentração do eletrólito fosse menor do que a concentração real. A concentração efetiva de cada espécie em solução é conhecida como **atividade da espécie** em solução.

Dessa forma, para **soluções diluídas** de um eletrólito, o cátion e o ânion **não sofrem interferência** nem de atração nem de repulsão de outros íons, comportando-se idealmente, sendo a **concentração analítica** de cada espécie **igual à concentração efetiva da espécie** (**atividade**).

Por outro lado, para **soluções concentradas** de eletrólitos, que não se comportam de forma ideal, a concentração do cátion ou do ânion de um eletrólito deverá ser **corrigida** por um coeficiente de proporcionalidade conhecido como **coeficiente de atividade**.

Essa **concentração efetiva** de um íon é chamada de **atividade do íon.** Para se descrever os efeitos desse fenômeno sobre constantes de equilíbrio, deve-se utilizar as atividades dos íons, e não suas concentrações analíticas.

A atividade de um íon (a_i) é definida como:

$$a_i = M \cdot f_i$$

Em que M é a concentração analítica do íon, geralmente expressa em *mol/L*, e f_i é o coeficiente de atividade do íon. O coeficiente de atividade varia com o **número de total de íons** presentes e com as **cargas desses íons.**

Em **soluções diluídas**, com concentrações menores do que 10^{-4} *mol/L*, o **coeficiente de atividade** de um eletrólito simples é **próximo de 1**, e a **atividade** é aproximadamente **igual à concentração analítica.** À medida que a **concentração de um eletrólito aumenta,** ou à medida que um sal inerte é adicionado, os **coeficientes de atividade dos íons diminuem** e a **atividade** se torna **menor** do que a **concentração analítica dos íons.**

Pode-se considerar o coeficiente de atividade uma função da concentração total do eletrólito na solução. A força iônica (μ) é uma medida dessa concentração total de eletrólitos e pode ser calculada por:

$$\mu = \frac{1}{2} \sum M_i \cdot z_i^2$$

Em que μ é a força iônica da solução e z_i é a carga de cada íon individualmente. Todos os cátions e ânions presentes devem ser incluídos nesse cálculo.

Exemplo: calcule a força iônica de uma solução de nitrato de potássio (KNO_3) a 0,2 *mol/L* e de uma solução de sulfato de potássio (K_2SO_4) a 0,2 *mol/L.*

Resolução:

De acordo com o enunciado, pede-se calcular a força iônica de duas soluções independentes. Para isso, é preciso conhecer a dissociação dos solutos para se obter a concentração de cada íon presente.

Assim, para a solução de nitrato de potássio (KNO_3) a 0,2 M, tem-se:

	KNO_3 →	K^+ +	NO_3^-
Antes da dissociação	0,2	0,0	0,0
Depois da dissociação	0,0	0,2	0,2

Sendo que a força iônica dessa solução pode ser calculada por:

$$\mu = \frac{1}{2} \sum M_i \cdot z_i^2 \quad \therefore \quad \mu = \frac{1}{2} \cdot \left[\left(M_{K^+} \cdot z_{K^+}^2 \right) + \left(M_{NO_3^-} \cdot z_{NO_3^-}^2 \right) \right]$$

Substituindo-se os valores das concentrações dos íons e de suas respectivas cargas na expressão da força iônica, obtém-se:

$$\mu = \frac{1}{2} \cdot [(0{,}2 \,.\, (+1)^2) + (0{,}2 \,.\, (-1)^2)] = 0{,}2$$

E para a solução de sulfato de potássio (K_2SO_4) a 0,2 M, tem-se:

$K_2SO_4 \rightarrow 2\,K^+ + SO_4^{2-}$			
Antes da dissociação	0,2	0,0	0,0
Depois da dissociação	0,0	0,4	0,2

Sendo que a força iônica dessa solução pode ser calculada por:

$$\mu = \frac{1}{2} \sum M_i \,.\, z_i^2 \quad \therefore \quad \mu = \frac{1}{2} \cdot \left[\left(M_{K^+} \,.\, z_{K^+}^2 \right) + \left(M_{SO_4^{2-}} \,.\, z_{SO_4^{2-}}^2 \right) \right]$$

Substituindo-se os valores das concentrações dos íons e de suas respectivas cargas na expressão da força iônica, obtém-se:

$$\mu = \frac{1}{2} \cdot [(0{,}4 \,.\, (+1)^2) + (0{,}2 \,.\, (-2)^2)] = 0{,}6$$

Note que, mesmo as soluções tendo a mesma concentração, a força iônica é diferente para cada uma devido à quantidade de íons da dissociação e às cargas desses íons.

Exemplo: calcule a força iônica de uma solução contendo cloreto de sódio ($NaCl$) a 0,2 mol/L e sulfato de sódio (Na_2SO_4) a 0,2 mol/L.

Resolução:

Nesse caso, diferentemente do exemplo anterior, tem-se dois solutos diferentes numa mesma solução.

Assim, para o cloreto de sódio ($NaCl$) a 0,2 M, tem-se:

$NaCl \rightarrow Na^+ + Cl^-$			
Antes da dissociação	0,2	0,0	0,0
Depois da dissociação	0,0	0,2	0,2

E para o sulfato de sódio (Na_2SO_4) a 0,2 M, tem-se:

Na_2SO_4 →	$2\,Na^+$ +	SO_4^{2-}	
Antes da dissociação	0,2	0,0	0,0
Depois da dissociação	0,0	0,4	0,2

Nesse caso, a concentração do íon Na^+ será dada pela soma das concentrações desse íon proveniente dos dois solutos (0,2 + 0,4 = 0,6), e a força iônica dessa solução pode ser calculada por:

$$\mu = \frac{1}{2}\sum M_i \,.\, z_i^2 \quad \therefore \quad \mu = \frac{1}{2}\cdot\left[\left(M_{Na^+}\,.\,z_{Na^+}^2\right) + \left(M_{Cl^-}\,.\,z_{Cl^-}^2\right) + \left(M_{SO_4^{2-}}\,.\,z_{SO_4^{2-}}^2\right)\right]$$

Substituindo-se os valores das concentrações dos íons e de suas respectivas cargas na expressão da força iônica, obtém-se:

$$\mu = \frac{1}{2}\cdot[(0{,}6\,.\,(+1)^2) + (0{,}2\,.\,(-1)^2) + (0{,}2\,.\,(-2)^2)] = 0{,}8$$

Note que, mesmo os solutos tendo a mesma concentração do exemplo anterior, como esses solutos estão agora numa mesma solução, a força iônica da solução aumentou devido à quantidade de íons presentes.

Em 1923, o químico holandês Peter J. W. Debye (1884-1966) e o físico-químico alemão Erich A. A. J. Huckel (1896-1980) desenvolveram uma expressão para o cálculo do coeficiente de atividade que, depois de alguns aperfeiçoamentos, tornou-se:

$$-\log f_i = \frac{0{,}51\,.\,z_i^2\,.\sqrt{\mu}}{1 + \sqrt{\mu}}$$

Essa expressão deve ser usada para soluções com força iônica menores que 0,01. Para soluções com valores superiores de força iônica, pode-se utilizar a modificação proposta por C. W. Davies:

$$-\log f_i = 0{,}51\,.\,z_i^2\cdot\left(\frac{\sqrt{\mu}}{1 + \sqrt{\mu}} - 0{,}3.\mu\right)$$

Essa expressão pode ser utilizada quando a força iônica apresentar valor entre 0,2 e 0,5.

Exemplo: calcule o coeficiente de atividade e a atividade para os íons K^+ e SO_4^{2-} em uma solução de K_2SO_4 a 0,0020 mol/L.

Resolução:

Antes de tudo, é preciso conhecer a dissociação dos íons presentes na solução. E para a solução de sulfato de potássio (K_2SO_4) a 0,0020 M, tem-se:

	K_2SO_4 →	$2\,K^+$ +	SO_4^{2-}
Antes da dissociação	0,0020	0,0	0,0
Depois da dissociação	0,0	0,0040	0,0020

Sendo que a força iônica dessa solução pode ser calculada por:

$$\mu = \frac{1}{2}\sum M_i \,.\, z_i^2 \quad \therefore \quad \mu = \frac{1}{2}\cdot\left[\left(M_{K^+}\,.\,z_{K^+}^2\right) + \left(M_{SO_4^{2-}}\,.\,z_{SO_4^{2-}}^2\right)\right]$$

Substituindo-se os valores das concentrações dos íons e de suas respectivas cargas na expressão da força iônica, obtém-se:

$$\mu = \frac{1}{2}\cdot[(0{,}0040\,.\,(+1)^2) + (0{,}0020\,.\,(-2)^2)] = 0{,}0060$$

Como o valor da força iônica é menor que 0,01, é possível calcular os coeficientes de atividade dos íons por meio da equação de Debye-Hückel:

Para o K^+:

$$-\log f_{K^+} = \frac{0{,}51\,.\,z_{K^+}^2\,.\,\sqrt{\mu}}{1+\sqrt{\mu}} \quad \therefore \quad -\log f_{K^+} = \frac{0{,}51\,.\,(+1)^2\,.\,\sqrt{0{,}0060}}{1+\sqrt{0{,}0060}} = 0{,}037$$

Fazendo-se a operação inversa do logaritmo, obtém-se:

$$f_{K^+} = 10^{-0{,}037} \quad \therefore \quad f_{K^+} = 0{,}918$$

Para o SO_4^{2-}:

$$-\log f_{SO_4^{2-}} = \frac{0{,}51\,.\,z_{SO_4^{2-}}^2\,.\,\sqrt{\mu}}{1+\sqrt{\mu}} \quad \therefore \quad -\log f_{SO_4^{2-}} = \frac{0{,}51\,.\,(-2)^2\,.\,\sqrt{0{,}0060}}{1+\sqrt{0{,}0060}} = 0{,}147$$

Fazendo-se a operação inversa do logaritmo, obtém-se:

$$f_{SO_4^{2-}} = 10^{-0{,}037} \quad \therefore \quad f_{SO_4^{2-}} = 0{,}713$$

Por último, as atividades dos íons são calculadas como segue:

Para o K^+:

$$a_{K^+} = M\,.\,f_{K^+} \quad \therefore \quad a_{K^+} = 0{,}0040\,.0{,}918 = 0{,}0037$$

E para o SO_4^{2-}:

$$a_{SO_4^{2-}} = M \cdot f_{SO_4^{2-}} \quad \therefore \quad a_{SO_4^{2-}} = 0{,}0020 \cdot 0{,}713 = 0{,}0014$$

Vejam que a atividade iônica, ou seja, a concentração efetiva é menor do que a concentração analítica, isso ocorre devido à força iônica.

EXERCÍCIOS

Concentração em massa

1) Num balão volumétrico de 250 *mL*, adicionam-se 24,5 *mg* de sulfato de sódio (Na_2SO_4) sólido. Qual a concentração da solução obtida em *g/L*?

2) Qual a massa de tiossulfato de sódio penta-hidratado ($Na_2S_2O_3.5H_2O$) que deve ser dissolvida em água para se obterem 100 cm^3 com uma concentração comum igual a 0,75 *g/L*?

3) Testes revelaram que determinada marca de refrigerante tipo "cola" contém 20 *g/L* de ácido fosfórico (H_3PO_4). Quando uma pessoa bebe um copo de 250 *mL* desse refrigerante, está ingerindo quantos gramas de ácido fosfórico? Qual a molaridade desse ácido no refrigerante?

Concentração em quantidade de matéria ou molaridade

4) Dissolveu-se 2,48 *g* de hidróxido de sódio ($NaOH$) em água para se obter 100 cm^3. Qual a molaridade da solução? Qual o título em massa? Dados: *MM Na* = 23 *g/mol*; *MM O* = 16 *g/mol*; *MM H* = 1 *g/mol*; *d* = 1 *g/mL*.

5) Um béquer contém 100 *mL* de solução aquosa 0,10 *mol/L* de sulfato de cobre II ($CuSO_4$).$5H_2O$. Que quantidade, em mols, e qual a massa, em grama, desse sal há no béquer? Dados: *MM Cu* = 64 *g/mol*; *MM S* = 32 *g/mol*; *MM O* = 16 *g/mol*; *MM H* = 1 *g/mol*.

6) Em um balão volumétrico de 500 *mL* foram colocados 9,6 *g* de $MgCl_2$, sendo o volume completado com H_2O destilada. Sabendo-se que o $MgCl_2$ foi totalmente dissolvido, qual a concentração molar de $MgCl_2$ nessa solução? Dados: *MM Mg* = 24 *g/mol*; *MM Cl* = 35 *g/mol*.

7) Qual o valor da massa de sulfato de ferro III $Fe_2(SO_4)_3$ anidro que deve ser colocada em um balão volumétrico de 500 *mL* de capacidade para se obter uma solução aquosa 0,002 *mol/L* após completar o volume do balão com água destilada? Dados: *MM Fe* = 56 *g/mol*; *MM S* = 32 *g/mol*; *MM O* = 16 *g/mol*.

Título e percentagem em massa

8) Quantos gramas de água são necessários a fim de se preparar uma solução, a 20% em massa, usando-se 80 *g* de soluto?

9) Uma solução contém 9 *g* de cloreto de sódio em 41 *g* de água. Qual o título em massa de soluto na solução? E o título percentual do soluto?

10) Uma solução de um dado soluto foi preparada a partir de 160 *g* de água. Sabendo que a porcentagem é 20% de soluto, calcule a massa do soluto.

Título e percentagem em volume

11) Qual a porcentagem em volume de etanol em uma solução obtida pela dissolução de 70 *g* de etanol em 500 *mL* de água destilada, sendo que, a densidade do etanol é de 0,8 *g/mL* e a densidade da solução resultante é igual a 0,998 *g/mL*?

Partes por milhão em massa por volume – *ppm*

12) Uma lata de 250 *g* de sardinha tem concentração de 0,52 *ppm* em mercúrio. Quantos gramas de *Hg* há em 1 *kg* de sardinha?

13) Admita que uma análise revelou a existência de 2,0 *ppm* de ferro em uma amostra de água mineral. Qual a massa de ferro, em *g*, presente numa garrafa de 2 litros?

Molalidade

14) Calcule a molalidade de uma solução de bicarbonato de sódio (Na_2CO_3), obtida pela dissolução de 212 *g* desse sal em 1 litro de água. Dados: Densidade da água = 1 kg/*L*; *MM Na* = 23 *g/mol*; *MM C* = 12 *g/mol*; *MM O* = 16 *g/mol*.

15) Dissolvem-se 300 *g* de H_2SO_4 em 200 *g* de H_2O. Qual a molalidade da solução resultante? Dados: *MM S* = 32 *g/mol*; *MM O* = 16 *g/mol*; *MM H* = 1 *g/mol*.

Normalidade

16) Calcule os equivalentes-grama dos seguintes ácidos:

a) Ácido nítrico – HNO_3
b) Ácido pirofosfórico – $H_4P_2O_7$
c) Ácido sulfúrico – H_2SO_4
d) Ácido oxálico – $H_2C_2O_4$
e) Ácido bromídrico – HBr

17) Calcule os equivalentes-grama das bases a seguir:

a) Hidróxido de bário – $Ba(OH)_2$
b) Hidróxido de potássio – KOH
c) Hidróxido de amônio – NH_4OH
d) Hidróxido de estanho – $Sn(OH)_4$
e) Hidróxido de cobre I – $CuOH$
f) Hidróxido de ferro III – $Fe(OH)_3$
g) Hidróxido de bismuto – $Bi(OH)_3$

18) Calcule os equivalentes-grama dos seguintes sais:

a) Nitrato de prata – $AgNO_3$
b) Cloreto estanhoso – $SnCl_2$
c) Sulfato ferroso – $FeSO_4$
d) Dicromato de potássio – $K_2Cr_2O_7$

19) Dissolve-se 32 *g* de hidróxido de sódio ($NaOH$) em água suficiente para se obtere 900 *mL* de solução. Determine a normalidade dessa solução.

20) Quantos gramas de ácido sulfúrico H_2SO_4 devem ser dissolvidos em água para se obter 500 *mL* de uma solução 0,1 *N*?

21) Qual a molaridade e qual a normalidade de uma solução que contém 25 *g* de sulfato cúprico ($CuSO_4$) em 500 *mL* de solução? Dados: *MM Cu* = 64 *g/mol*; *MM S* = 32 *g/mol*; *MM O* = 16 *g/mol*.

$$CuSO_4 \rightarrow Cu^{2+} + SO_4^{2-}$$

Diluição de soluções

22) Em 500 *mL* de uma solução de cloreto de sódio ($NaCl$) 2 *g/L*, são adicionados 1000 *mL* de água destilada. Qual a concentração final da solução resultante?

23) Quantos *mL* de solvente devem ser adicionados a 250 *mL* de uma solução de ácido clorídrico (HCl) 3 *mol/L* para que sua concentração atinja 1,2 *mol/L*?

Mistura de soluções com mesmo soluto

24) São adicionadas no mesmo recipiente: 300 *mL* de uma solução de nitrato de prata ($AgNO_3$) a uma concentração de 2,5 *mol/L*; e 700 *mL* de uma solução de nitrato de prata ($AgNO_3$) a uma concentração de 1,0 *mol/L*. Qual a concentração final da solução resultante?

Mistura de soluções com solutos diferentes que não reagem entre si

25) São adicionados no mesmo recipiente: 300 *mL* de uma solução de cloreto de potássio (KCl) a uma concentração de 2,0 *mol/L*; e 450 *mL* de uma solução

de iodeto de sódio (*NaI*) a uma concentração de 1,5 *mol/L*. Qual a concentração final de cada sal na solução resultante?

Força iônica, atividade iônica e coeficiente de atividade

26) Calcule a força iônica das seguintes soluções: (a) 0,30 *M* $NaCl$; (*b*) 0,30 *M* Na_2SO_4; (c) 0,30 *M* $NaCl$ e 0,20 *M* K_2SO_4; (d) 0,20 *M* $Al_2(SO_4)_3$ e 0,10 *M* Na_2SO_4.

27) Calcule o coeficiente de atividade e a atividade para cada íon em uma solução contendo 0,0020 *M* Na_2SO_4 e 0,0010 *M* $Al_2(SO_4)_3$.

28) Calcule a força iônica de uma solução de KNO_3 a 0,2 *mol/L* e de uma solução de K_2SO_4 a 0,2 *mol/L*.

29) Calcule a força iônica de uma solução contendo $NaCl$ a 0,30 *mol/L* e Na_2SO_4 a 0,20 *mol/L*.

30) Calcule o coeficiente de atividade e a atividade para os íons K^+ e SO_4^{2-} em uma solução de K_2SO_4 a 0,0020 *mol/L*.

CAPÍTULO 3

Equilíbrio químico

O **equilíbrio químico** ou estado de equilíbrio é um tema muito presente em Química Analítica. Isso se deve ao fato de que inúmeros fenômenos químicos ocorrem de acordo com os princípios observados no equilíbrio químico. Por exemplo: processos naturais (formação de estalactites, chuva ácida); processos biológicos (transporte de oxigênio pela hemoglobina, manutenção do *pH* do sangue); processos industriais (produção de amônia); e atividades de laboratório (equilíbrios em meio aquoso: ácido-base, precipitação, complexação e oxirredução).

O **estado de equilíbrio** de uma reação química é **atingido** a partir do momento em que **não há** mais nenhuma **tendência de mudar a composição química** do sistema reacional, ou seja, **não são mais observadas variações nas concentrações ou nas pressões parciais de produtos e de reagentes.**

O primeiro fato importante sobre a natureza do estado de equilíbrio é a sua característica **dinâmica**, ou seja, trata-se de uma situação permanente mantida pela igualdade das velocidades de duas reações químicas opostas. Isso significa que as reações diretas e inversas não param de ocorrem quando se atinge o estado de equilíbrio, mas que continuam ocorrendo indefinidamente com a mesma velocidade.

Ademais, a natureza termodinâmica diz respeito a **duas tendências opostas**: a propensão das moléculas a assumir o estado de **menor energia** (**Figura 3.1**) e o ímpeto em direção a um estado de **entropia máxima** (máxima número de microestados no sistema – um gás tem maior entropia do que um sólido).

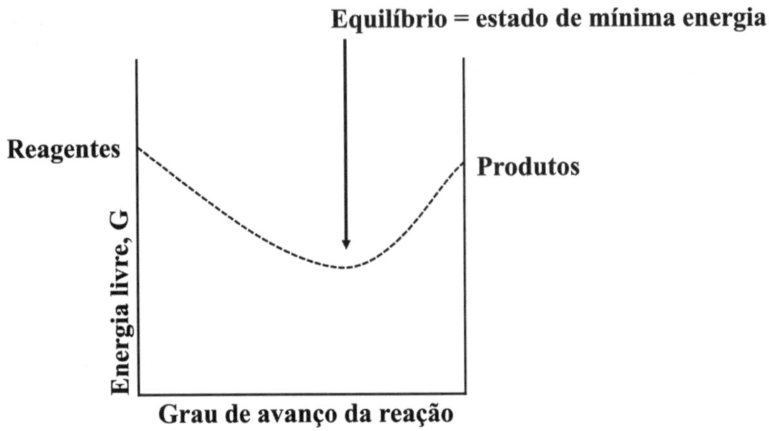

Figura 3.1 Representação do nível de energia de um sistema em equilíbrio.

As primeiras observações sobre a reversibilidade das reações foram feitas em 1798, por Claude-Louis Berthollet, em uma viagem ao Egito, na qual observou em um lago a formação de carbonato de sódio (Na_2CO_3) a partir de cloreto de sódio ($NaCl$) e carbonato de cálcio ($CaCO_3$), situação inversa à observada sob condições de laboratório. Em 1803, publicou o livro *Essai de statique chimique*, no qual considerava que as quantidades de reagentes, suas afinidades e as condições de operacionais determinavam o caminho de reação.

Mas só entre 1864 e 1879 foi dado um tratamento matemático ao estudo do equilíbrio químico. Ao desenvolverem um princípio geral aplicável a todos os sistemas em equilíbrio, chamado **lei de ação das massas**, Cato Maximilian Guldberg e Peter Waage propuseram uma equação matemática para a constante de equilíbrio semelhante à que é usada hoje em dia. A lei de ação das massas estabelece que, para uma reação química reversível em equilíbrio e a temperatura constante, há uma relação constante K (constante de equilíbrio) entre as concentrações dos reagentes e as dos produtos.

3.1 CONSTANTE DE EQUILÍBRIO (*K*)

De forma geral, um sistema em equilíbrio químico pode ser representado pela equação química genérica reversível a seguir, ocorrendo com todos os componentes em fase aquosa (**equilíbrio homogêneo**):

$$aA + bB \rightleftarrows cC + dD$$

Sendo as letras minúsculas os coeficientes estequiométricos e as letras maiúsculas substâncias.

A velocidade da reação direta é dada por: $v_1 = k_1 \times [A]^a \times [B]^b$

A velocidade da reação inversa é dada por: $v_2 = k_2 \times [C]^c \times [D]^d$

No equilíbrio, essas velocidades são iguais, logo: $v_1 = v_2$

$$k_1 \times [A]^a \times [B]^b = k_2 \times [C]^c \times [D]^d$$

$$\frac{k_1}{k_2} = K_c = \frac{[C]^c \times [D]^d}{[A]^a \times [B]^b}$$

Em que K_c é a **constante de equilíbrio** da reação em termos de concentrações.

Os **colchetes** $[X]$ representam a **concentração em *mol/L*** da espécie química.

Considerando-se que k_1 e k_2 são constantes, o quociente $\frac{k_1}{k_2}$ também é uma constante.

A **constante de equilíbrio** em função das **concentrações em *mol/L*** é **o produto** das **concentrações dos produtos** da reação **dividido pelo produto das concentrações dos reagentes**, todas **elevadas a expoentes iguais aos seus coeficientes** na equação química considerada.

O valor da **constante de equilíbrio** para uma reação, em uma certa temperatura, **não depende das concentrações iniciais** de reagentes e de produtos.

Observe que é prática comum não incluir unidades na constante de equilíbrio. Isso ocorre porque, em termodinâmica, a constante de equilíbrio é escrita em termos das atividades em vez das concentrações das espécies. Na verdade, em um sistema ideal, a atividade de uma substância é a razão de sua concentração (ou pressão parcial) para um valor-padrão, que é 1 *mol/L* (ou 1 *atm*). Esse procedimento elimina todas as unidades, mas não altera os valores numéricos da concentração ou da pressão. Por isso, K não apresenta unidades. Assim, para a reação:

$$bB + cC \rightleftarrows +dD + eE$$

Em que b, c, d e e representam os coeficientes estequiométricos, a expressão de K é dada por:

$$K = \frac{a_D^d \times a_E^e}{a_B^b \times a_C^c}$$

Sendo que a_i representa a atividade de cada componente. A atividade de uma espécie em uma reação é geralmente uma função complexa das pressões e concentrações de todas as espécies presentes na mistura reacional. Nos casos mais importantes, no entanto, a atividade de uma espécie toma as seguintes formas simplificadas:

Para gases ideais: gases a baixas pressões (poucos *bar*) se comportam idealmente, pelo menos com boa aproximação. A **atividade** de um **gás ideal** é dada pela sua **pressão parcial** em **unidades de pressão-padrão** (p^0 = 1 *bar*).

$$a_i = \frac{p_i}{p^o}$$

Frequentemente, p^0 é omitido na expressão da constante de equilíbrio e, consequentemente, $a_i = p_i$, com o entendimento de que p_i representa uma quantidade numérica adimensional igual à pressão parcial em *bar*.

Para solutos em soluções diluídas: um soluto presente em uma solução diluída apresenta um comportamento aproximado ao de uma solução ideal. Nesse caso, considera-se solução diluída aquela cuja concentração seja menor que 0,1 *mol/L* para soluções não eletrolíticas e menor que 0,01 *mol/L* para soluções eletrolíticas. A **atividade de um soluto** em uma **solução ideal** é dada pela sua **molaridade** relativa à **concentração do estado-padrão** (c^o = 1 $mol.L^{-1}$).

$$a_i = \frac{[i]}{c^o}$$

Em que, frequentemente, c^o é omitido na expressão da constante de equilíbrio envolvendo solutos e, consequentemente, $a_i = [i]$, com o entendimento de que $[i]$ é uma quantidade numérica adimensional igual à molaridade.

Para sólidos e líquidos puros: a atividade de sólidos e de líquidos puros (ou aproximadamente puros) em uma reação pode ser aproximadamente descrita por:

$$a_i = 1$$

A atividade de uma espécie é uma quantidade adimensional, então a constante de equilíbrio K também é adimensional.

Com isso, a expressão da constante de equilíbrio pode ser escrita como:

$$K = \frac{a_D^d \times a_E^e}{a_B^b \times a_C^c} = \frac{[D]^d \times [E]^e}{[B]^b \times [C]^c} = \frac{p_D^d \times p_E^e}{p_B^b \times p_C^c}$$

3.2 CONSTANTE DE EQUILÍBRIO EM TERMOS DAS PRESSÕES PARCIAIS (K_p)

Quando **todas as substâncias** participantes do equilíbrio químico **são gases**, pode-se continuar usando a expressão de K_c já estudada. Nesses casos, porém, é mais comum usar as **pressões parciais** em lugar das **concentrações em** ***mol/L***.

$$N_2\ (g) + 3\ H_2\ (g) \rightleftarrows\ 2\ NH_3\ (g)$$

$$K_p = \frac{p_{NH3}^2}{p_{N2} \times p_{H2}^3}$$

Pode-se definir a "**pressão parcial de** N_2 (g)" como a "pressão que o N_2 (g) exerceria se estivesse **sozinho** no volume V e temperatura T".

3.3 RELAÇÃO ENTRE K_c E K_p

Embora K_c e K_p representem valores constantes à mesma temperatura, elas não são necessariamente iguais. A relação entre elas é dada considerando-se a equação de estado dos gases:

$$p \times V = n \times R \times T$$

Por exemplo: $N_2\,O_4\ (g) \rightleftarrows\ 2\ NO_2\ (g)$ $\quad K_c = \frac{[NO_2]^2}{[N_2O_4]}$ $\quad K_p = \frac{p_{NO2}^2}{p_{N2O4}}$

Na equação dos gases: $p_{NO_2} = \frac{n.R.T}{V} = [NO_2].R.T$ $\quad p_{N_2O_4} = \frac{n.R.T}{V} = [N_2O_4].R.T$

Como: $K_p = \frac{([NO_2].R.T)^2}{[N_2O_4].R.T}$ e $K_c = \frac{[NO_2]^2}{[N_2O_4]}$

$$K_p = K_c \times (R.T)^{x-y}$$

Em que:

R: constante universal dos gases (0,082 $L.atm/mol.K$);

T: temperatura em Kelvin;

x: número de mols nos produtos;

y: número de mols dos reagentes.

Exemplo: monóxido de nitrogênio (NO) é um poluente gasoso emitido por automóveis, é oxidado a dióxido de nitrogênio (NO_2) na atmosfera de acordo com a reação a seguir:

$$2\ NO(g) +\ O_2(g) \rightleftarrows\ 2\ NO_2\ (g) \quad K_p = 2{,}2 \times 10^{12}\ a\ 25°C$$

Qual o valor de K_c para essa reação nessa mesma temperatura?

Dado: $R = 0{,}08206\ L.atm.mol^{-1}.K^{-1}$

Resolução:

Dado o valor de K_p, pode-se obter K_c pela expressão:

$$K_c = \frac{K_p}{(R.T)^{x-y}}$$

Em que a temperatura deve estar em escala absoluta (*K*). Em que *T*(*K*) = *T*(°C) + 273.

Sendo $x = 2$ e $y = 3$, tem-se:

$$K_c = \frac{2{,}2 \times 10^{12}}{(0{,}08206 \times 298)^{2-3}} = 5{,}4 \times 10^{13}$$

3.4 EXPRESSÃO DA CONSTANTE EM EQUILÍBRIOS HETEROGÊNEOS

Equilíbrios homogêneos ocorrem em reações nas quais **todos os reagentes e produtos estão numa mesma fase,** formando um sistema homogêneo.

$$N_2\,(g) + 3\,H_2\,(g) \rightleftarrows\ 2\,NH_3\,(g)$$

Acontecem também em soluções:

$$CH_3COOH\,(aq) +\ C_2H_5OH\,(aq) \rightleftarrows CH_3COOC_2H_5\,(aq) +\ H_2O\,(l)$$

São comuns também equilíbrios iônicos em solução:

$$HCl\,(aq) \rightleftarrows\ H^+(aq) +\ Cl^-\,(aq)$$

Nesses casos, todas as espécies presentes no equilíbrio devem aparecer na expressão da constante de equilíbrio.

Equilíbrios heterogêneos ocorrem em reações nas quais **os reagentes e produtos estão em mais de uma fase,** formando um sistema heterogêneo.

$$BaSO_4\,(s) \rightleftarrows\ Ba^{2+}\,(aq) + SO_4^{2-}\,(aq)$$

$$CaCO_3\,(s) \rightleftarrows CaO(s) + CO_2\,(g)$$

Nos equilíbrios heterogêneos, os componentes químicos estão em mais de uma fase.

Exemplos:

$$CaCO_3\,(s) \rightleftarrows CaO(s) + CO_2\,(g)$$

$$BaSO_4\,(s) \rightleftarrows\ Ba^{2+}\,(aq) + SO_4^{2-}\,(aq)$$

$$CH_3COOH\,(aq) +\ C_2H_5OH\,(aq) \rightleftarrows CH_3COOC_2H_5\,(aq) +\ H_2O\,(l)$$

Os sólidos *(s)* e os líquidos puros *(l)*, apesar de participarem das reações, apresentam concentrações constantes a determinada temperatura. Por isso, não devem aparecer na expressão da constante de equilíbrio.

A H_2O (*l*) presente em qualquer equilíbrio em **meio aquoso não fará parte da expressão de K_c.**

Na expressão de K_p só devem ser representados os **componentes gasosos.**

A **magnitude da constante de equilíbrio** indica o quanto uma reação em equilíbrio **favorece** a formação de **reagentes ou produtos.** Se K for muito maior que 1 (**$K \gg 1$**), o equilíbrio prossegue para o **lado direito**, favorecendo os **produtos.** Do oposto, se a constante de equilíbrio é muito menor que 1 (**$K \ll 1$**), o equilíbrio prossegue para o **lado esquerdo** da reação em favor dos **reagentes.** Nesse contexto, qualquer número maior que 10 é considerado muito maior que 1, e qualquer número menor que 0,1 é considerado muito menor que 1.

A seguir, são apresentados alguns exemplos de problemas envolvendo cálculos com a constante de equilíbrio.

• Cálculo de K_c a partir das concentrações já em equilíbrio

Exemplo: calcule a constante de equilíbrio, em termos de concentração, para a reação representada pela equação química adiante, sabendo que, nas condições de temperatura e pressão em que se encontra o sistema, existem as seguintes concentrações dos compostos presentes no equilíbrio: $[SO_3] = 0{,}1$ *mol/L*; $[O_2] = 1{,}5$ *mol/L*; $[SO_2] = 1{,}0$ *mol/L.*

$$2\,SO_2\,(g) + O_2\,(g) \rightleftarrows 2\,SO_3\,(g)$$

Resolução:

Como as concentrações trazidas no problema são concentrações de equilíbrio, basta substituí-las na expressão de K_c, conforme mostrado a seguir:

$$K_c = \frac{[SO_3]^2}{[SO_2]^2 . [O_2]} \quad \therefore \quad K_c = \frac{(0{,}1)^2}{(1{,}0)^2 . (1{,}5)} = 6{,}67 \times 10^{-3}$$

Exemplo: o pentacloreto de fósforo é um reagente muito importante em Química Orgânica. Ele é preparado em fase gasosa pela reação:

$$PCl_3\,(g) + Cl_2\,(g) \rightleftarrows PCl_5\,(g)$$

Um frasco de 3,00 *L* contém as **seguintes quantidades de equilíbrio**, a 200 °C: 0,120 *mol* de PCl_5; 0,600 *mol* de PCl_3; e 0,0120 mol de Cl_2. Calcule o valor da constante de equilíbrio, em termos das concentrações, a essa temperatura.

Resolução:

Antes de tudo, é preciso determinar as concentrações das espécies de acordo com as informações de números de mols e de volume trazidas no problema.

$$[PCl_3]_{equilíbrio} = \frac{n}{V} \quad \therefore \quad [PCl_3] = \frac{0{,}600\, mol}{3{,}00\, L} = 0{,}200\, mol.L^{-1}$$

$$[Cl_2]_{equilíbrio} = \frac{n}{V} \quad \therefore \quad [Cl_2] = \frac{0{,}0120\, mol}{3{,}00\, L} = 0{,}004\, mol.L^{-1}$$

$$[PCl_5]_{equilíbrio} = \frac{n}{V} \quad \therefore \quad [PCl_5] = \frac{0{,}120\, mol}{3{,}00\, L} = 0{,}040\, mol.L^{-1}$$

Como as concentrações obtidas já são concentrações de equilíbrio, pode-se substituí-las na expressão de K_c, como segue:

$$K_c = \frac{[PCl_5]}{[PCl_3].[Cl_2]} \quad \therefore \quad K_c = \frac{0{,}040}{(0{,}200).(0{,}004)} = 50{,}0$$

• Cálculo das concentrações em equilíbrio a partir do valor de K_c

Exemplo: a altas temperaturas, N_2 reage com O_2 produzindo NO, um poluente atmosférico:

$$N_2\,(g) + O_2(g) \rightleftarrows 2\,NO\,(g)$$

À temperatura de 2.000 K, a constante do equilíbrio citado é igual a $4{,}0 \times 10^{-4}$. Nessa temperatura, se **as concentrações de equilíbrio** de N_2 e O_2 forem, respectivamente, $4{,}0 \times 10^{-3}$ e $1{,}0 \times 10^{-3}$ *mol/L*, qual será a de NO?

Resolução:

Nesse caso, são informados o valor da constante de equilíbrio e as concentrações de algumas espécies no equilíbrio. Substituindo-se esses dados na expressão da constante de equilíbrio, tem-se:

$$K_c = \frac{[NO]^2}{[N_2].[O_2]} \quad \therefore \quad 4{,}0 \times 10^{-4} = \frac{[NO]^2}{(4{,}0 \times 10^{-3}).(4{,}0 \times 10^{-3})}$$

Resolvendo para $[NO]$:

$$[NO] = 4{,}0 \times 10^{-5} mol.L^{-1}$$

• Cálculo de K_c a partir de dados gerais sobre o equilíbrio

Exemplo: em um recipiente fechado de 1 L, são **adicionados inicialmente** 1,00 *mol* de hidrogênio (H_2) e 1,00 *mol* de iodo (H_2) a 500 °C. As substâncias reagem e, após certo tempo, **chega-se a um equilíbrio**, em que se constata a presença de 0,22 *mol* de hidrogênio (H_2) residual. Qual é a constante de equilíbrio (K_c) nessas condições?

$$H_2\,(g) + I_2\,(g) \rightleftarrows 2\,HI\,(g)$$

Resolução:

Antes de tudo, é preciso determinar as concentrações das espécies de acordo com as informações de números de mols e de volume trazidas no problema.

$$[H_2]_{início} = \frac{n}{V} \quad \therefore \quad [H_2] = \frac{1{,}00\,mol}{1{,}00\,L} = 1{,}00\,mol.L^{-1}$$

$$[I_2]_{início} = \frac{n}{V} \quad \therefore \quad [I_2] = \frac{1{,}00\,mol}{1{,}00\,L} = 1{,}00\,mol.L^{-1}$$

$$[H_2]_{equilíbrio} = \frac{n}{V} \quad \therefore \quad [H_2] = \frac{0{,}22\,mol}{1{,}00\,L} = 0{,}22\,mol.L^{-1}$$

Para se resolver esse tipo de problema, é necessário preencher uma tabela de equilíbrio com os dados das concentrações de início, variação e equilíbrio, considerando-se a equação química balanceada. Representa-se a variação nas concentrações das espécies pela variável x considerando-se a estequiometria da reação, ou seja, a proporção entre reagentes e produtos. Soma-se cada coluna para cada reagente e produto para se determinar as concentrações de equilíbrio, em termos das concentrações iniciais e da variável x.

	$H_2\,(g)$ +	$I_2\,(g)$ ⇄	$2\,HI\,(g)$
Início	1,00	1,00	0,00
Variação	$-x$	$-x$	$+2.x$
Equilíbrio	$1{,}00 - x$	$1{,}00 - x$	$0{,}00 + 2.x$

Como foi informado que a concentração de H_2 no equilíbrio é igual a 0,22, o valor de x é dado por:

$$1{,}00 - x = 0{,}22 \quad \therefore \quad x = 1{,}00 - 0{,}22 \quad \therefore \quad x = 0{,}78$$

Assim, as concentrações no equilíbrio são:

$$[H_2]_{equilíbrio} = 1{,}0 - 0{,}78 = 0{,}22\,mol.L^{-1}$$

$$[I_2]_{equilíbrio} = 1{,}0 - 0{,}78 = 0{,}22\,mol.L^{-1}$$

$$[HI]_{equilíbrio} = 2{,}0 \times 0{,}78 = 1{,}56\,mol.L^{-1}$$

Substituindo-se esses valores na expressão de K_c:

$$K_c = \frac{[HI]^2}{[H_2].[I_2]} = \frac{(1{,}56)^2}{(0{,}22).(0{,}22)} = 50{,}28$$

• Cálculo de K_c a partir de dados gerais sobre o equilíbrio

Exemplo: um equilíbrio envolvido na formação da chuva ácida está representado pela equação:

$$2\,SO_2\,(g) + O_2\,(g) \rightleftarrows 2\,SO_3\,(g)$$

Em um recipiente de 2 *L*, foram misturados 12 *mols* de dióxido de enxofre (SO_2) e 10 *mols* de oxigênio (O_2). Depois de algum tempo, o **sistema atingiu o equilíbrio**; o número de mols de trióxido de enxofre (SO_3) medido foi 8. Qual o valor aproximado da constante de equilíbrio?

Resolução:

Antes de tudo, é preciso determinar as concentrações das espécies de acordo com as informações de números de mols e de volume trazidas no problema.

$$[SO_2]_{início} = \frac{n}{V} \quad \therefore \quad [SO_2] = \frac{12\,mol}{2\,L} = 6{,}0\,mol.L^{-1}$$

$$[O_2]_{início} = \frac{n}{V} \quad \therefore \quad [O_2] = \frac{10\,mol}{2\,L} = 5{,}0\,mol.L^{-1}$$

$$[SO_3]_{equilíbrio} = \frac{n}{V} \quad \therefore \quad [SO_3] = \frac{8\,mol}{2\,L} = 4{,}0\,mol.L^{-1}$$

Para se resolver esse tipo de problema, é necessário preencher uma tabela de equilíbrio com os dados das concentrações de início, variação e equilíbrio, considerando-se a equação química balanceada. Representa-se a variação nas concentrações das espécies pela variável *x* considerando-se a estequiometria da reação, ou seja, a proporção entre reagentes e produtos. Soma-se cada coluna para cada reagente e produto para se determinar as concentrações de equilíbrio, em termos das concentrações iniciais e da variável *x*.

	$2\,SO_2\,(g)$ +	$O_2\,(g)$ ⇄	$2\,SO_3\,(g)$
Início	6,0	5,0	0,0
Variação	– 2.x	– x	+2.x
Equilíbrio	6,0 – x	5,0 – x	4,0

Como cada concentração de equilíbrio é o resultado da soma da concentração inicial e da variação, pode-se determinar a variação da concentração de SO_3 da seguinte forma:

$$0{,}0 + 2.x = 4{,}0 \quad \therefore \quad x = 2{,}0$$

Substituindo-se na tabela de equilíbrio:

$2\,SO_2\,(g)$ + $O_2\,(g)$ ⇄ $2\,SO_3\,(g)$			
Início	6,0	5,0	0,0
Variação	– 2.(2,0)	+ 2,0	+ 2.(2,0)
Equilíbrio	2,0	3,0	4,0

Substituindo-se agora os valores das concentrações de equilíbrio na expressão da constante:

$$K_c = \frac{[SO_3]^2}{[SO_2]^2.[O_2]} \quad \therefore \quad K_c = \frac{(4{,}0)^2}{(2{,}0)^2.(3{,}0)} = 1{,}33$$

• Cálculo das quantidades em equilíbrio a partir do valor de K_c

Exemplo: uma mistura reacional a 2.000 °C inicialmente contém $[N_2]$ = 0,200 *M* e $[O_2]$ = 0,200 *M*. O equilíbrio é atingido com K_c = 0,10.

Quais são as concentrações das substâncias presentes no equilíbrio a essa temperatura?

Resolução:

Para se resolver esse tipo de problema, é necessário preencher uma tabela de equilíbrio com os dados das concentrações de início, variação e equilíbrio, considerando-se a equação química balanceada. Representa-se a variação nas concentrações das espécies pela variável *x* considerando-se a estequiometria da reação, ou seja, a proporção entre reagentes e produtos. Soma-se cada coluna para cada reagente e produto para se determinarem as concentrações de equilíbrio, em termos das concentrações iniciais e da variável *x*.

$N_2\,(g)$ + $O_2(g)$ ⇄ $2\,NO\,(g)$			
Início	0,200	0,200	0,000
Variação	– *x*	+ *x*	+ 2.*x*
Equilíbrio	0,200 – *x*	0,200 – *x*	2.*x*

Substituindo-se os valores das concentrações de equilíbrio na expressão da constante de equilíbrio:

$$K_c = \frac{[NO]^2}{[N_2].[O_2]} \quad \therefore \quad 0{,}10 = \frac{(2.x)^2}{(0{,}200 - x).(0{,}200 - x)}$$

Rearranjando a equação anterior:

$$0{,}10 = \frac{(2.x)^2}{(0{,}200 - x)^2}$$

Extraindo-se a raiz quadrada em ambos os lados da equação:

$$\sqrt{0{,}10} = \sqrt{\frac{(2.x)^2}{(0{,}200 - x)^2}} \quad \therefore \quad 0{,}316 = \frac{2.x}{0{,}200 - x} \quad \therefore \quad 2.x = 0{,}0632 - 0{,}316.x$$

Resolvendo para x:

$$x = 0{,}00273$$

Substituindo-se agora o valor de x nas concentrações de equilíbrio, tem-se:

$$[N_2] = [O_2] = 0{,}200 - 0{,}00273 = 0{,}197\ M$$

$$[NO] = 2.(0{,}00273) = 0{,}00546\ M$$

Quando não for possível fazer a simplificação apresentada, o valor de x precisa ser determinado pela resolução de uma equação de 2° grau do tipo:

$$a.x^2 + b.x + c = 0$$

Em que x pode ser obtido por:

$$x = \frac{-b \pm \sqrt{b^2 - 4.a.c}}{2.a}$$

Nesse caso, são encontrados dois valores para x, sendo que deve ser desconsiderado o valor negativo por não apresentar significativo físico (concentrações negativas).

3.5 RELAÇÕES ENTRE A CONSTANTE DE EQUILÍBRIO E A EQUAÇÃO QUÍMICA

Se uma equação química é modificada em algum sentido, então a constante de equilíbrio para a equação muda em função dessa alteração sofrida. As seguintes modificações são comuns:

1) Se a equação for invertida, a constante de equilíbrio também é invertida. Por exemplo, considere a seguinte equação de equilíbrio:

$$A + 2\,B \rightleftarrows 3\,C$$

A expressão para a constante de equilíbrio para essa reação é:

$$K_{direta} = \frac{[C]^3}{[A].[B]^2}$$

Se a reação for invertida:

$$3\,C \rightleftarrows A + 2\,B$$

Então, de acordo com a lei de ação da massa, a expressão para a constante de equilíbrio dessa reação é:

$$K_{inversa} = \frac{[A].[B]^2}{[C]^3} = \frac{1}{K_{direta}} = K_{direta}^{-1}$$

2) Se a equação química for multiplicada por um fator, a constante de equilíbrio será elevada a esse mesmo fator. Considere-se novamente a seguinte equação química:

$$A + 2\,B \rightleftarrows 3\,C \qquad\qquad K = \frac{[C]^3}{[A].[B]^2}$$

Se a equação for multiplicada por *n*, tem-se:

$$\mathrm{n}\,A + 2n\,B \rightleftarrows 3n\,C$$

Aplicando a lei de ação da massas:

$$K' = \frac{[C]^{3n}}{[A]^n.[B]^{2n}} = \left(\frac{[C]^3}{[A].[B]^2}\right)^n = K^n$$

3) Se duas ou mais equações químicas individuais forem somadas para se obter uma equação global, a constante de equilíbrio global será obtida pela multiplicação das constantes de equilíbrio das reações individuais.

Considere as duas equações químicas a seguir e suas respectivas expressões de K:

$$A \rightleftarrows 2\,B \qquad\qquad K_1 = \frac{[B]^2}{[A]}$$

$$2\,B \rightleftarrows 3\,C \qquad\qquad K_2 = \frac{[C]^3}{[B]^2}$$

Ao se somarem as duas equações:

$$A \rightleftarrows 2\,B$$
$$2\,B \rightleftarrows 3\,C$$
$$A \rightleftarrows 3\,C$$

De acordo com a lei de ação das massas, a constante de equilíbrio da equação global é:

$$K_{global} = \frac{[C]^3}{[A]} = K_1 \times K_2$$

Exemplo: considere a equação química e a constante de equilíbrio para a síntese da amônia a 25 °C.

$$N_2\,(g) + 3\,H_2\,(g) \rightleftarrows\; 2\,NH_3\,(g) \qquad K_c = 5{,}6 \times 10^5$$

Calcule a constante de equilíbrio para a seguinte reação a 25 °C.

$$NH_3\,(g) \rightleftarrows \frac{1}{2} N_2(g) + \frac{3}{2}\,H_2(g) \qquad K'_c = ?$$

Resolução:

Ao se comparar as duas equações, verifica-se que, invertendo a primeira equação e em seguida dividindo-a por 2, obtém-se exatamente a segunda equação.

Assim, de acordo com o que foi apresentado sobre a influência da estequiometria da reação sobre a constante de equilíbrio, tem-se que, invertendo-se a primeira equação sua constante é elevada a^{-1}:

$$2\,NH_3\,(g) \rightleftarrows N_2(g) + 3\,H_2(g) \qquad K_c^{-1} = (5{,}6 \times 10^5)^{-1} = 1{,}79 \times 10^{-6}$$

Dividindo-se agora essa equação por 2 para obter a equação desejada, sendo sua constante de equilíbrio elevada ao fator 1/2:

$$NH_3\,(g) \rightleftarrows \frac{1}{2} N_2(g) + \frac{3}{2}\, H_2(g) \qquad\qquad K'_c = (1{,}79 \times 10^{-6})^{1/2} = 1{,}34 \times 10^{-3}$$

3.6 QUOCIENTE DE REAÇÃO

Quando os reagentes de uma reação química são misturados, eles geralmente reagem para formar produtos. Nesse caso, diz-se que a reação prossegue no sentido direto (para a direita). A quantidade de produtos que se forma quando uma reação atinge o equilíbrio depende da magnitude da constate de equilíbrio. Quando a mistura reacional contendo reagentes e produtos não está em equilíbrio, é possível prever em que direção a reação prosseguirá até atingir o estado de equilíbrio.

Para isso, utiliza-se uma quantidade chamada "quociente de reação", Q, definido como a razão (em qualquer ponto da reação) entre as concentrações dos produtos elevados a seus coeficientes estequiométricos e as concentrações dos reagentes elevadas a seus coeficientes estequiométricos. Para gases, podem-se utilizar pressões parciais.

O quociente de reação apresenta a mesma forma da constate de equilíbrio, exceto que a reação não está em equilíbrio. Assim, para a reação genérica a seguir

$$aA + bB \rightleftarrows cC + dD,$$

o quociente de reação é dado por:

$$Q = \frac{[D]^d \times [E]^e}{[B]^b \times [C]^c} = \frac{p_D^d \times p_E^e}{p_B^b \times p_C^c}$$

A diferença entre o quociente de reação e a constante de equilíbrio é que, a uma determinada temperatura, a constante de equilíbrio apresenta um único valor, o que especifica as quantidades de reagentes e produtos no equilíbrio. O quociente de reação, pelo contrário, depende do estado em que se encontra a reação e pode assumir diferentes valores de acordo com o progresso da reação.

O quociente de reação é útil porque seu valor em relação a K é uma medida do progresso da reação em direção ao equilíbrio. Assim, se:

- $Q < K$, a reação prossegue para a formação de mais produtos (para a direita);
- $Q > K$, a reação prossegue para a formação de mais reagentes (para a direita);
- $Q = K$, a reação atingiu o equilíbrio.

Essas relações estão ilustradas na Figura 3.2:

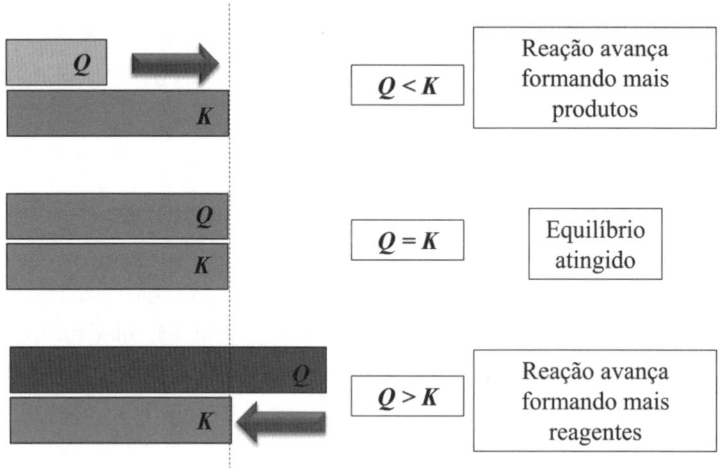

Figura 3.2 Relação entre quociente de reação (*Q*) e a constante de equilíbrio (*K*).

Exemplo: a 448 °C, a reação a seguir apresenta uma constante de equilíbrio igual a 50,5.

$$H_2(g) + I_2(g) \rightleftarrows 2HI\ (g)$$

Em qual direção a reação prosseguirá até se atingir o equilíbrio se em um determinado momento as concentrações são $[HI] = 0{,}01\ mol.L^{-1}$, $[H_2] = 0{,}005\ mol.L^{-1}$ e $[I_2] = 0{,}015\ mol.L^{-1}$?

Resolução:

O quociente de reação, Q, pode ser calculado como segue:

$$Q = \frac{[HI]^2}{[H_2].[I_2]} = \frac{(0{,}01)^2}{(0{,}005).(0{,}015)} = 1{,}3$$

Como $Q < K$, a concentração de HI deverá aumentar e a concentração de H_2 e I_2 deverá diminuir até que se atinja o equilíbrio, ou seja, a reação prosseguirá da esquerda para a direita, no sentido dos produtos.

3.7 PRINCÍPIO DE LE CHATELIER: MUDANÇAS EM UM SISTEMA EM EQUILÍBRIO

Há uma regra geral para prever a direção na qual uma reação em equilíbrio prosseguirá se ocorrer alguma perturbação no sistema reacional. Essa regra, conhecida como **princípio de Le Chatelier** (1850-1936), estabelece que: *se uma perturbação* *externa for aplicada a um sistema em equilíbrio, o sistema se ajusta de forma a compensar parcialmente a mudança, atingindo um novo estado de equilíbrio.*

Entende-se, nesse caso, que o termo "perturbação do sistema" se refere a mudanças na **concentração das espécies** e a alterações de **pressão, volume** ou **temperatura** do sistema, as quais alteram a condição de equilíbrio inicial.

Concentração (adição ou remoção de uma espécie): se uma substância é adicionada a um sistema em equilíbrio, o sistema reage para consumir uma parte dessa substância, deslocando o equilíbrio para o lado oposto da equação. Por outro lado, se uma substância é removida de um sistema em equilíbrio, o sistema se ajusta de forma a produzir mais dessa substância, deslocando o equilíbrio para o lado da substância removida. Esse comportamento pode ser verificado ao se observar a Figura 3.3.

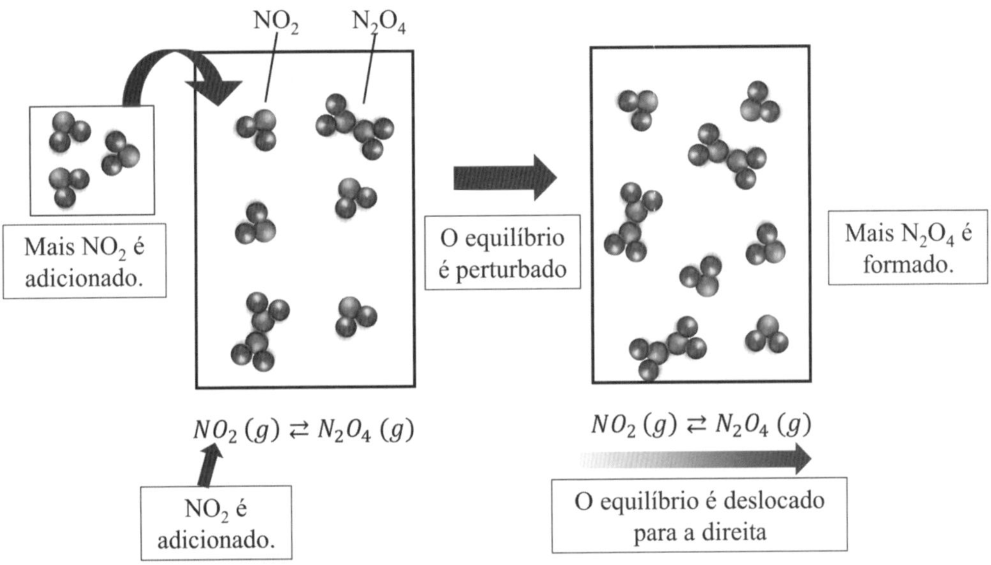

Figura 3.3 Perturbação do equilíbrio pela adição de reagente.

Pressão (ou volume): no caso de equilíbrios envolvendo espécies na fase gasosa em sistemas fechados, a pressão e o volume do sistema afetam o estado de equilíbrio da reação. Vale ressaltar que volume e pressão são inversamente proporcionais, ou seja, um aumento do volume provoca uma redução da pressão, enquanto uma redução do volume eleva a pressão dentro do recipiente.

Com isso, um aumento na pressão de um sistema gasoso em equilíbrio favorece o lado da reação que ocupa menos volume e vice-versa, sendo que o lado que ocupa menos volume é aquele que tiver menor número de moléculas (menor número de mols).

Resumindo:

- Aumentando-se a pressão (reduzindo-se o volume), a reação se desloca na direção que tem menor número de mols de partículas de gás;
- Diminuindo-se a pressão (aumentando-se o volume), a reação se desloca na direção que apresenta maior número de mols de partículas de gás;
- Se uma reação tem o mesmo número de mols dos dois lados da equação química, uma mudança na pressão (volume) não produzirá nenhum efeito no equilíbrio.

Um resumo da influência da pressão sobre equilíbrios envolvendo espécies gasosas é apresentado na Figura 3.4.

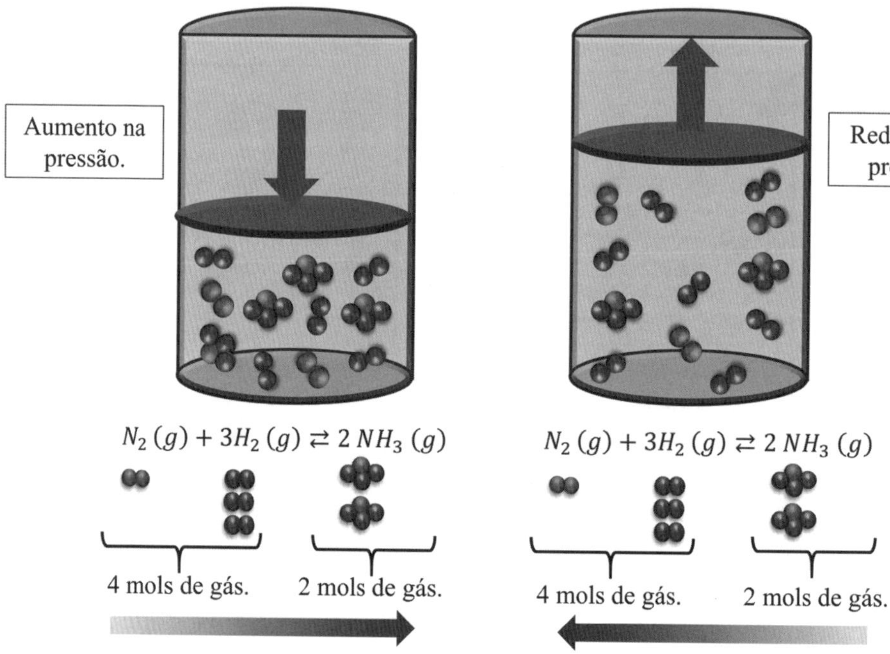

Figura 3.4 Perturbação do equilíbrio mediante alteração da pressão do sistema.

Temperatura: quando um sistema em equilíbrio sofre uma perturbação por mudanças nas concentrações das espécies ou na pressão (volume), o equilíbrio se desloca para conter a mudança, mas o valor da constante de equilíbrio não muda. Em contraste, uma mudança na temperatura do sistema em equilíbrio provoca alterações no valor de K.

Um aumento na temperatura de uma mistura reacional em equilíbrio deslocará a reação na direção que consome energia na forma de calor e vice-versa.

Resumindo:

- Um aumento da temperatura (adição de calor) favorece a direção endotérmica da reação;
- Uma redução da temperatura (remoção de calor) favorece a direção exotérmica da reação.

Considere como exemplo a reação da síntese da amônia (NH_3), que é exotérmica (ΔH = – 45,9 *kJ/mol* a 25 °C). A Figura 3.5 ilustra como o calor afeta este equilíbrio:

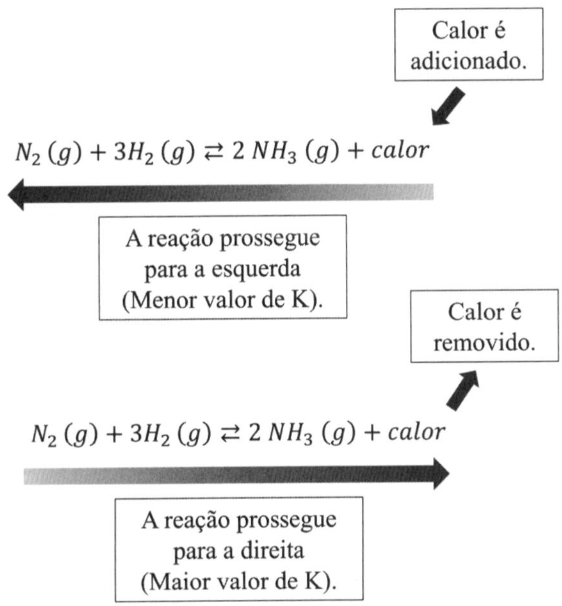

Figura 3.5 Perturbação mediante alteração da temperatura do sistema.

Pode-se determinar o novo valor da constante de equilíbrio a uma nova temperatura por meio da equação de van't Hoff:

$$\ln\frac{K_2}{K_1} = \frac{\Delta H^\circ}{R} \cdot \left(\frac{1}{T_1} - \frac{1}{T_2}\right)$$

Em que K_2 é a constante de equilíbrio na temperatura T_2, K_1 é a constante de equilíbrio na temperatura K_1, R é a constante dos gases (8,314 *J/mol.K*) e ΔH° é a entalpia-padrão da reação.

Exemplo: a maior parte dos processos de gaseificação de carvão começa com a formação do gás de síntese ($CO + H_2$) a partir da reação de carvão com vapor de água:

$$C\,(s) + H_2O\,(g) \rightleftarrows CO\,(g) + H_2\,(g) \qquad \Delta H° = 131\,kJ.mol^{-1}$$

Um engenheiro sabe que o valor de K_p para essa reação é de $9{,}36 \times 10^{-17}$ a 25 °*C* e quer encontrar uma temperatura que forneça um rendimento maior para a reação. Calcule o valor de K_p a 700 °C.

Dado: $R = 8{,}314\ J/mol.K$

Resolução:

Para se determinar o novo valor da constante de equilíbrio a uma nova temperatura, faz-se uso da equação de van't Hoff:

$$\ln\frac{K_2}{K_1} = \frac{\Delta H°}{R}.\left(\frac{1}{T_1} - \frac{1}{T_2}\right)$$

Convertendo a temperatura para a escala absoluta e a entalpia da reação para $J.mol^{-1}$ e substituindo os demais valores, tem-se:

$$\ln\frac{K_2}{9{,}36 \times 10^{-17}} = \frac{1{,}31 \times 10^5\,J.mol^{-1}}{8{,}314\,J.mol^{-1}.K^{-1}}.\left(\frac{1}{298\,K} - \frac{1}{973\,K}\right)$$

Assim:

$$\ln\frac{K_2}{9{,}36 \times 10^{-17}} = 36{,}68$$

Fazendo uso da operação inversa do logaritmo:

$$\frac{K_2}{9{,}36 \times 10^{-17}} = e^{36{,}68} \quad \therefore \quad \frac{K_2}{9{,}36 \times 10^{-17}} = 8{,}51 \times 10^{15}$$

e:

$$K_2 = 0{,}797$$

Esse resultado está de acordo com o princípio de Le Chatelier, pois um aumento de temperatura em uma reação endotérmica favorece a reação direta, o que é mostrado pelo aumento no valor da constante.

EXERCÍCIOS

1) A decomposição em fase gasosa, a 250 °C, representada pela equação

$$PCl_5\,(g) \rightleftarrows PCl_3\,(g) + Cl_2\,(g)$$

apresenta uma constante de equilíbrio $K_c = 0{,}04$. A respeito da reação, foram levantados os seguintes dados de concentrações molares no equilíbrio:

$[PCl_5] = 1{,}5\ mol/L$, $[Cl_2] = 0{,}3\ mol/L$. Calcule a concentração molar de PCl_3 no equilíbrio.

2) Em uma mistura contendo H_2, I_2 e HI em equilíbrio na fase gasosa a 500 K, $[HI] = 2{,}21 \times 10^{-3}\ mol/L$ e $[I_2] = 1{,}46 \times 10^{-3}\ mol/L$. Calcule a concentração de H_2. Considere $K_c = 160$ para a reação:

$$H_2\,(g) + I_2\,(g) \rightleftarrows 2\ HI\ (g)$$

3) A altas temperaturas, N_2 reage com O_2 produzindo NO, um poluente atmosférico:

$$N_2\,(g) + O_2\,(g) \rightleftarrows 2NO\ (g)$$

A 2000 K, essa constante do equilíbrio é igual a $4{,}0\times10^{-4}$. Nessa temperatura, se as concentrações de equilíbrio de N_2 e O_2 forem, respectivamente, $4{,}0 \times 10^{-3}\ mol/L$ e $1{,}0 \times 10^{-3}\ mol/L$, qual será a de NO?

4) Para o equilíbrio gasoso $2\ NO\ (g) + O_2\,(g) \rightleftarrows 2\ NO_2\,(g)$, a constante de equilíbrio é $K_c = 6{,}45 \times 10^5$.

a) em que concentração de O_2 as concentrações de NO_2 e de NO são iguais?

b) em que concentração de O_2 a concentração de NO_2 é 100 vezes maior do que a concentração de NO?

5) Efetuando-se, num recipiente fechado, a certa temperatura, a reação entre $SO_2(g)$ e $O_2(g)$, verificou-se que, após estabelecido o equilíbrio, existiam 2,0 *mols* de $SO_2(g)$, 1,5 *mols* de $O_2(g)$ e 4,0 *mols* de $SO_3(g)$.

$$2\ SO_2\,(g) + O_2\,(g) \rightleftarrows 2\ SO_3\,(g)$$

Sabendo que a capacidade do recipiente é de 500,0 mL, determine o valor da constante de equilíbrio (K_c).

6) Num recipiente de 2,0 L de capacidade, encontra-se o seguinte sistema em equilíbrio:

$$N_2\,(g) + 3H_2\,(g) \rightleftarrows 2NH_3\,(g)$$

Calcule o valor da constante K_c sabendo que no equilíbrio existem 2 *mols* de $N_2(g)$, 4 *mols* de $H_2(g)$ e 1 *mol* de $NH_3(g)$.

7) Num recipiente de 2,0 L de capacidade, encontram-se 1,8 g de H_2O, 2,0 g de H_2 e 1,6 g de O_2 em equilíbrio em fase gasosa, a 427 °C. Calcule o valor de K_c para o equilíbrio:

$$2\ H_2O\ (g) \rightleftarrows 2H_2\ (g) + O_2\ (g).$$

8) Uma mistura de reação que consiste em 0,40 *mol* de H_2 e 1,60 *mol* de I_2 foi preparada em um frasco de 3,00 L e aquecida. No equilíbrio, 60,0% do gás hidrogênio reagiu. Qual é a constante de equilíbrio para a reação $H_2(g) + I_2(g) \rightleftarrows 2\ HI(g)$ a essa temperatura?

9) Uma amostra de 0,1000 *mol* de H_2S é colocada em um recipiente de 1,0 L e aquecida até 1132 °C. No equilíbrio, 0,0285 *mol* de H_2 está presente. Calcule o K_c para a reação $2\ H_2S\ (g) \rightleftarrows 2\ H_2\ (g) + S_2\ (g)$.

10) Considere agora o equilíbrio entre tetróxido de dinitrogênio e o dióxido de nitrogênio

$$N_2O_4\ (g) \rightleftarrows 2\ NO_2\ (g),$$

com $K_c = 2{,}5 \times 10^{-2}$ a 319 K. Determine o valor de K_c para a reação: $2\ N_2O_4\ (g) \rightleftarrows 4\ NO_2\ (g)$ nessa mesma temperatura.

11) Considere a seguinte equação no equilíbrio:

$$2\ HI\ (g) \rightleftarrows H_2\ (g) + I_2\ (g).$$

Sabendo que as concentrações de equilíbrio, à temperatura de 458 °C, são $[H_2] = 0{,}0224\ mol/L$, $[I_2] = 0{,}0224\ mol/L$ e $[HI] = 0{,}1550\ mol/L$,

a) determine a constante de equilíbrio K_c, para esta reação.

b) qual o valor da constante de equilíbrio para a reação inversa?

12) Na síntese da amônia

$$N_2\ (g) + 3H_2\ (g) \rightleftarrows 2NH_3\ (g),$$

a constante de equilíbrio K_c a 375 °C é 1,2. Começando com $[H_2]_0 = 0{,}76\ mol/L$, $[N_2]_0 = 0{,}60\ mol/L$ e $[NH_3]_0 = 0{,}48\ mol/L$, informe para que lado a reação prosseguirá até atingir o equilíbrio.

13) Um frasco é preenchido com $N_2O_4\ (g)$ a 1,50 *atm* e $NO_2\ (g)$ a 1,00 *atm* e 25 °C, e atinge-se o equilíbrio:

$$N_2O_4\ (g) \rightleftarrows 2\ NO_2\ (g)$$

Depois que o equilíbrio é atingido, a pressão parcial de NO_2 é 0,512 *atm*.

a) Qual a pressão parcial de de N_2O_4 no equilíbrio?

b) Calcule o valor de K_p.

14) A constante de equilíbrio para a reação

$$N_2\ (g) + 3H_2\ (g) \rightleftarrows 2NH_3\ (g)$$

é igual a $5{,}58 \times 10^5$ a 25 °C. Determine o valor da constante de equilíbrio para esta reação a 200 °C.

Dados: $R = 8{,}314\ J/mol.K$; $\Delta H° = -91{,}8\ kJ/mol$.

15) Para a reação de síntese da amônia da questão 14, a 500 °C (773 K), K_c é igual a 0,286. Qual o valor de K_p?

Dado: $R = 0{,}0821\ L.atm/mol.K$.

16) Sob uma determinada temperatura, $K_c = 65{,}0$ para a seguinte reação:

$$2HI\ (g) \rightleftarrows H_2\ (g) + I_2\ (g)$$

As seguintes concentrações foram detectadas em um determinado momento: $[HI] = 0{,}50\ M$, $[H_2] = 2{,}80\ M$ e $[I_2]$ 3,40 M.

Nessas condições, o sistema está em equilíbrio? Se não está, em que direção a reação prosseguirá até atingi-lo?

17) Em um reator NH_3, N_2 e H_2 estão em equilíbrio a uma 500 K. As concentrações de equilíbrio são $[NH_3] = 0{,}25\ M$, $[N_2] = 0{,}11\ M$, $[H_2] = 1{,}91\ M$. Calcule as constantes de equilíbrio K_c e K_p para as seguintes reações da síntese da amônia: Dado: $R = 0{,}0821\ L.atm/mol.K$.

(a) $N_2(g) + 3H_2(g) \rightleftarrows 2NH_3(g)$

(b) $1/2\ N_2(g) + 3/2\ H_2(g) \rightleftarrows NH_3(g)$

18) A constante de equilíbrio K_c para a reação $I_2\ (g) \rightleftharpoons 2I\ (g)$ é $3{,}8 \times 10^{-5}$ a 727 °C. Calcule K_c e K_p para o equilíbrio da reação $2I\ (g) \rightleftarrows I_2\ (g)$ para essa mesma temperatura. Dado: $R = 0{,}0821\ L.atm/mol.K$.

19) A constante de equilíbrio K_c da reação $H_2\ (g) + Br_2\ (g) \rightleftharpoons 2HBr\ (g)$ é $2{,}18 \times 10^6$ a 730 °C. Começando com 3,20 *mols* de *HBr* em um recipiente reacional de 12 *L*, calcule as concentrações das espécies no equilíbrio.

20) Para cada uma das seguintes reações em fase gasosa:

a) $2\ HI\ (g) \rightleftarrows H_2(g) + I_2(g)$

b) $PCl_5(g) \rightleftarrows PCl_3(g) + Cl_2(g)$

c) $2\ NH_3(g) \rightleftarrows N_2(g) + 3\ H_2(g)$

faça a previsão do deslocamento da posição de equilíbrio caso a pressão do sistema seja reduzida.

21) Na alta atmosfera ou em laboratório, sob ação de radiações eletromagnéticas, o ozônio é formado por meio da reação endotérmica $3\ O_2(g) \rightleftarrows 2\ O_3(g)$.

a) O aumento da temperatura favorece ou dificulta a formação do ozônio?

b) E o aumento da pressão?

22) Dado o equilíbrio gasoso

$$PCl_3(g) + Cl_2(g) \rightleftarrows PCl_5\ (g),$$

com base nos conceitos relacionados ao equilíbrio químico, explique, em poucas palavras, como a posição do equilíbrio é afetada e de que maneira a nova situação de equilíbrio se estabelecerá em função das concentrações, do consumo ou da formação dos participantes da reação em cada uma das situações abaixo:

a) Remoção de gás cloro;

b) Adição de $PCl_{3;}$

c) Remoção de $PCl_{5;}$

d) Diminuição do volume do recipiente.

23) Dada a seguinte reação, em um frasco fechado a 500 °C:

$$N_2(g) + 3\ H_2(g) \rightleftarrows 2NH_3(g) \qquad \Delta H = -\ 92\ kJ/mol^{-1},$$

dê a previsão das mudanças na concentração de NH_3 em função das seguintes perturbações:

a) Aumento da temperatura;

b) Diminuição da temperatura;

c) Aumento da pressão pela diminuição do volume;

d) Introdução de catalisador de platina;

e) Adição de H_2 ao sistema.

24) Considere o equilíbrio: $CO(g) + H_2O(g) \rightleftarrows CO_2(g) + H_2(g)$.

a) Se a pressão do sistema é aumentada, o que acontece à concentração do H_2?

b) Se a concentração de CO é aumentada, o que acontece com a concentração do H_2?

c) Se a concentração de H_2O diminui, o que acontece à constante de equilíbrio da reação?

25) A reação de transformação do dióxido de carbono em monóxido de carbono, representada pela equação a seguir, é muito importante em alguns processos metalúrgicos:

$$C\ (s) + CO_2\ (g) \rightleftarrows 2\ CO\ (g) \qquad \Delta H = +\ 174\ kJ/mol$$

Qual é o efeito sobre esse equilíbrio quando:

a) adiciona-se carbono sólido?

b) aumenta-se a temperatura?

26) A pressão em cada um dos seguintes sistemas é reduzida de tal modo que o volume aumenta de 2 L para 10 L. Como é deslocado o equilíbrio?

a) $2\ CO_2(g) \rightleftarrows 2\ CO(g) + O_2(g)$

b) $H_2(g) + I_2(g) \rightleftarrows 2\ HI(g)$

CAPÍTULO 4

Equilíbrio ácido-base

4.1 TEORIAS ÁCIDO-BASE

O estudo do comportamento ácido e básico das substâncias é de fundamental importância na Química, tendo em vista que os equilíbrios envolvendo essas espécies regem diversos processos naturais (acidez do mar, chuva ácida), biológicos (sangue), industriais (sabão, baterias) e medicinais (antiácidos).

Nesse contexto, é importante, antes de tudo, definir o que são ácidos e bases. Muitas teorias foram desenvolvidas nesse sentido, aqui serão abordadas três teorias ácido-base: Arrhenius; Brönsted-Lowry; e Lewis. Cabe ressaltar que nenhuma das definições pode ser considerada totalmente correta; no entanto, cada definição é útil em determinado contexto.

Arrhenius: nos anos 1880, o químico sueco Svante Arrhenius (1859-1927) propôs a seguinte definição molecular para ácidos e bases:

Ácido: qualquer substância que, **em solução aquosa**, se **ioniza** originando o íon H^+ **como único cátion.**

Ex.: $HCl \rightleftarrows H^+ + Cl^-$

Base: qualquer substância que, **em solução aquosa**, se **dissocia** originando o íon OH^- **como único ânion.**

Ex.: $NaOH \rightleftarrows Na^{+} + OH^{-}$

Uma das limitações da teoria de Arrhenius consiste no fato de que ela se restringe a soluções aquosas, não podendo ser aplicada na presença de outros solventes.

Brönsted-Lowry: uma definição mais ampla para os ácidos e bases foi introduzida independentemente em 1923 pelo químico dinamarquês Johannes Nicolaus Brönsted (1879-1947) e pelo químico inglês Thomas Martin Lowry (1874-1936). Essa definição foca na transferência de íons H^{+} (próton) em reações ácido-base. As Figuras 4.1 e 4.2 ilustram as definições de ácidos e bases de Brönsted-Lowry.

Ácidos: qualquer substância, molécula ou íon que doa próton (H^{+}).

$$HCl \quad + \quad H_2O \quad \rightleftarrows \quad H_3O^{+} \quad + \quad Cl^{-}$$

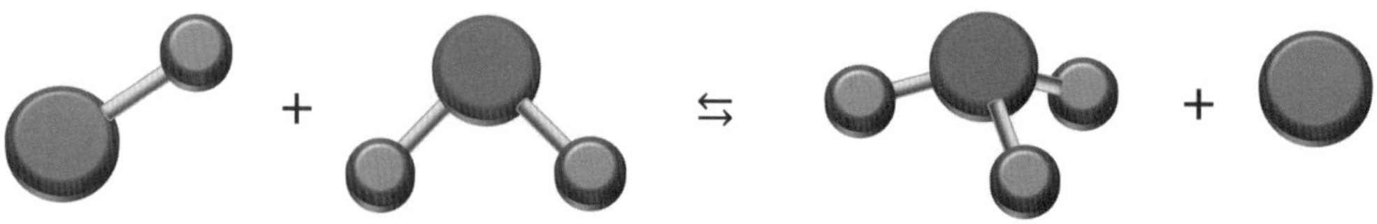

Figura 4.1 Representação da ionização de um ácido de Brönsted-Lowry.

Bases: qualquer substância, molécula ou íon que recebe próton (H^{+}).

$$NH_3 \quad + \quad H_2O \quad \rightleftarrows \quad NH_4^{+} \quad + \quad OH^{-}$$

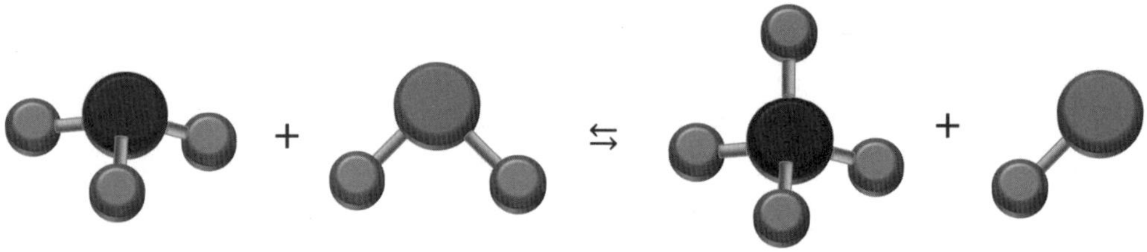

Figura 4.2 Representação da ionização de uma base de Brönsted-Lowry.

Devido à atração que ocorre entre os íons H^{+} (prótons) e o polo negativo (δ^{-}) das moléculas de água, o íon H^{+} existe na forma hidratada em soluções aquosas, sendo representado por H_3O^{+}, o qual recebe o nome de "hidrônio". O íon hidrogênio hidratado (H_3O^{+}) é a espécie que dá a soluções aquosas de ácidos suas propriedades ácidas características.

As reações ácido-base de Brönsted-Lowry podem ser descritas em termos de pares ácido-base conjugados, como descrito na Figura 4.3. Essas duas espécies diferem entre si por um próton. Por exemplo:

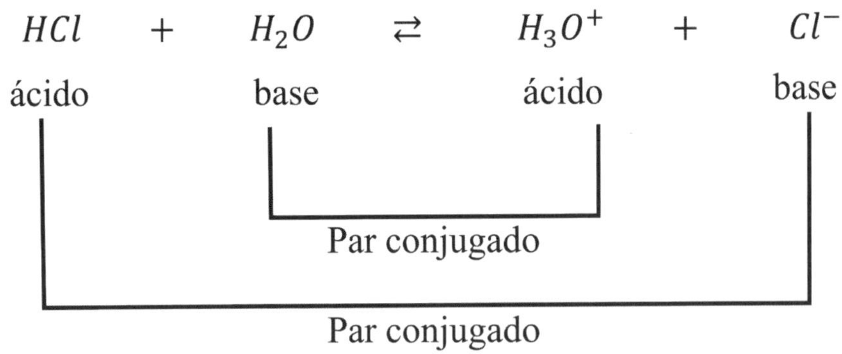

Figura 4.3 Representação de um par ácido-base conjugado de Brönsted-Lowry.

O *HCl* é o ácido conjugado da base Cl^- e o Cl^- é a base conjugada do *HCl*.

O H_3O^+ é o ácido conjugado da base H_2O e o H_2O é a base conjugada do H_3O^+.

Pode-se fazer a seguinte comparação entre as definições de Arrhenius e Brönsted--Lowry:

Passo 1:	HCl	$\rightarrow$	$H^+ + Cl^-$	Arrhenius
Passo 2:	$H_2O + H^+$	$\rightarrow$	H_3O^+	
Global:	$H_2O + HCl$	$\rightarrow$	$H_3O^+ + Cl^-$	Brönsted-Lowry

Lewis: em 1932, o químico norte-americano Gilbert Newton Lewis (1875-1946) formulou uma nova definição mais ampla para ácidos e bases.

Ácido de Lewis: é qualquer espécie que pode aceitar um par de elétrons.

Base de Lewis: qualquer espécie que pode doar um par de elétrons.

Exemplo: $H^+ + NH_3 \rightarrow NH_4^+$ Modelo de Brönsted-Lowry

$H^+ + NH_3 \rightarrow [H{:}NH_3]^+$ Modelo de Lewis

Enquanto a definição de Brönsted-Lowry foca na transferência de um próton, a definição de Lewis foca na transferência de um par de elétrons. Isso torna a abordagem de Lewis mais ampla, incluindo uma série de reações não explicadas pelas teorias anteriores, como as reações de formação de complexos.

4.2 AUTOIONIZAÇÃO DA ÁGUA

A água é considerada uma substância anfotérica (ou anfiprótica), isto é, pode atuar tanto como ácido quanto como uma base, dependendo do meio. A água é um eletrólito muito fraco e um mau condutor de eletricidade, embora apresente em pequena extensão a ionização descrita na Figura 4.4:

$$H_2O\,(l) \quad + \quad H_2O\,(l) \quad \rightleftarrows \quad H_3O^+\,(aq) \quad + \quad OH^-\,(aq)$$

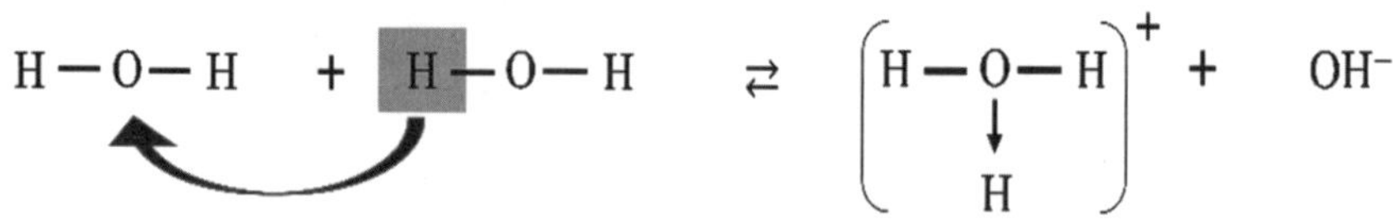

Figura 4.4 Representação da autoionização da água.

Essa reação é chamada "autoionização da água", e os pares ácido-base conjugados são (I) H_2O (ácido) e OH^- (base) e (II) H_3O^+ (ácido) e H_2O (base). No estudo das reações ácido-base, a concentração do íon hidrônio é crucial, seu valor indica a acidez ou basicidade de uma solução. Assim, a constante de equilíbrio para a autoionização da água é descrita por:

$$K = \frac{[H_3O^+].[OH^-]}{[H_2O]^2}$$

Levando-se em conta que a atividade do solvente puro (H_2O) é considerada igual a 1, a constante de equilíbrio para a autoionização da água se torna:

$$K_w = [H_3O^+].[OH^-] \qquad \text{ou} \qquad K_w = [H^+].[OH^-]$$

Em que, por simplicidade, usa-se H^+ para representar H_3O^+, e foi adicionado o subscrito "*w*" referente ao termo *water* ("água", em inglês). A constante K_w recebe o nome de **produto iônico da água,** que é o produto das concentrações de H^+ e OH^- em uma temperatura específica.

Em água pura, a 25 °C, as concentrações dos íons H^+ e OH^- são iguais e, por meio de medidas experimentais, foram obtidas como sendo: $[H^+] = [OH^-] = 1{,}0 \times 10^{-7}$ *mol/L*. Por isso:

$$K_w = [H^+].[OH^-] = 1{,}0 \times 10^{-14}\ a\ 25\ °C$$

No entanto, é muito difícil obter água pura devido à sua grande capacidade de solubilizar outras substâncias, inclusive gases. Assim, pode-se encontrar as seguintes situações:

- **Em soluções aquosas ácidas:** o aumento da quantidade de H^+ **desloca o equilíbrio para a esquerda,** o processo consome OH^-, **diminuindo** a concentração de OH^- (Figura 4.5).

$[H^+]$ aumenta: $\qquad$ $[OH^-]$ diminui:

$[H^+] > 1{,}0 \times 10^{-7}$ $\qquad$ $[OH^-] < 1{,}0 \times 10^{-7}$

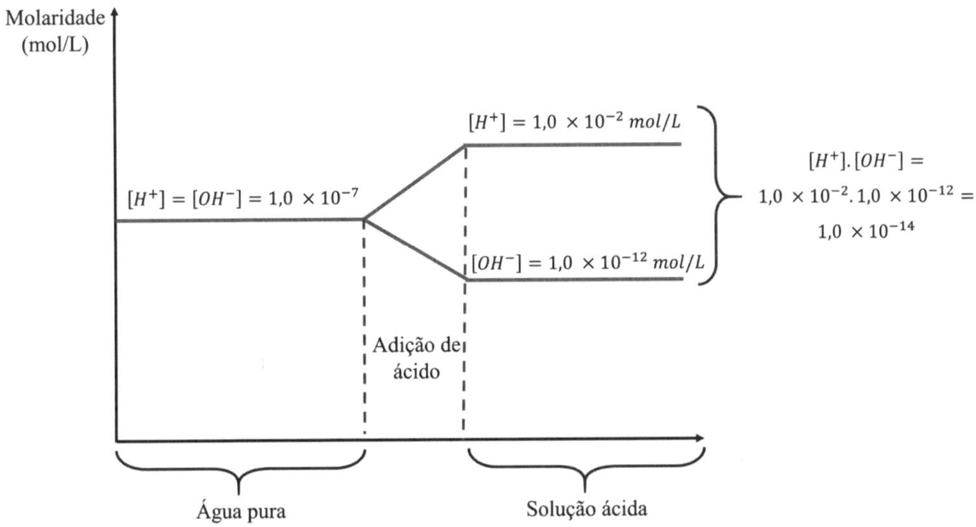

Figura 4.5 Relação entre $[H^+]$ e $[OH^-]$ após adição de ácido.

- **Em soluções aquosas básicas:** o aumento da quantidade de OH^- **desloca o equilíbrio para a esquerda,** o processo consome H^+, **diminuindo** a concentração de H^+ (Figura 4.6).

$[H^+]$ diminui: $[OH^-]$ aumenta:

$$[H^+] < 1,0 \times 10^{-7} \qquad [OH^-] > 1,0 \times 10^{-7}$$

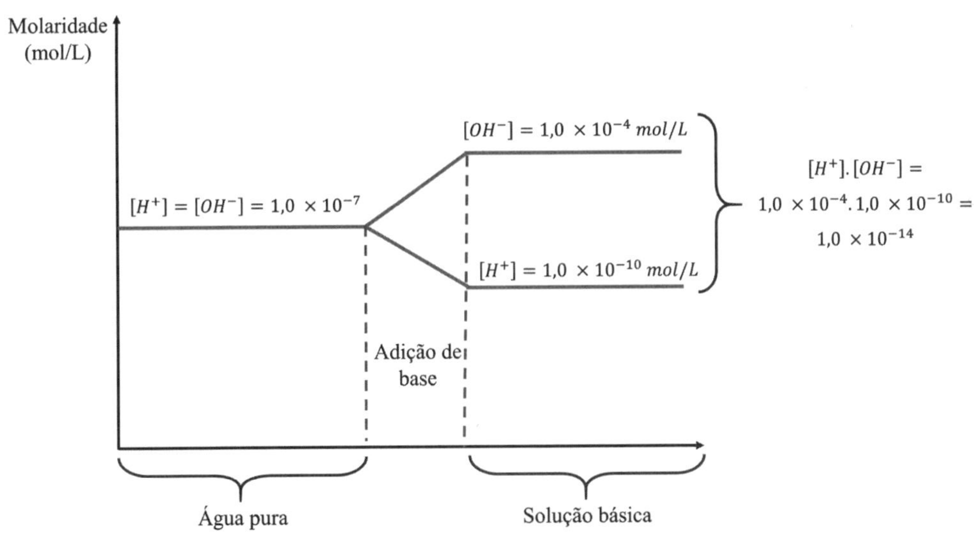

Figura 4.6 Relação entre $[H^+]$ e $[OH^-]$ após adição de base.

Importante salientar que, mesmo em soluções ácidas ou básicas, o produto iônico da água permanece inalterado, como é apresentado na Figura 4.7:

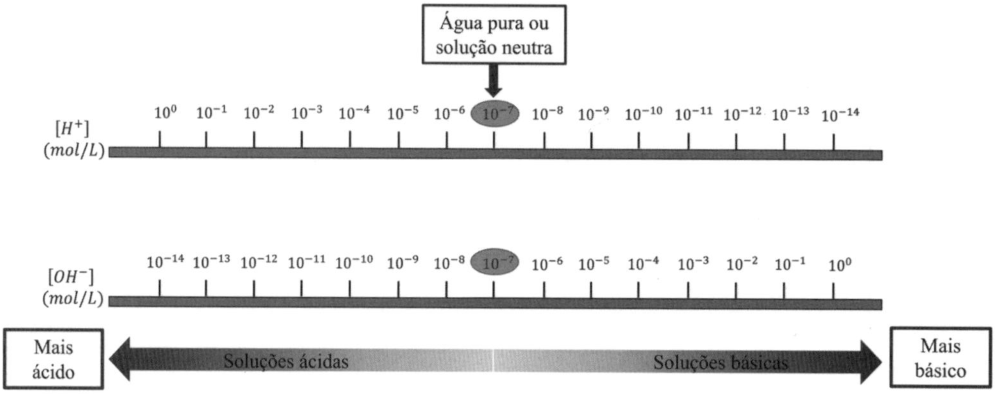

Figura 4.7 Relação entre diferentes valores de $[H^+]$ e $[OH^-]$.

4.3 *pH*: UMA MEDIDA DA ACIDEZ

As concentrações dos íons H^+ e OH^- em soluções aquosas geralmente apresentam valores muito pequenos, o que se torna um inconveniente na prática. Como foi visto, os valores de $[H^+]$ e de $[OH^-]$, que indicam o caráter ácido ou básico das soluções aquosas, apresentam magnitudes da ordem de 10^{-3} a 10^{-13} $mol.L^-$, por exemplo. Para **tornar os cálculos mais cômodos**, o químico dinamarquês Soren Peer Lauritz Sörensen (1868-1939) propôs, em 1909, **o uso de logaritmos** para criar uma escala de acidez que utilizasse números inteiros (ou suas frações). Assim, foi criada a escala de *pH* (potencial hidrogeniônico), que é definida como o logaritmo negativo (base 10) da atividade do íon hidrogênio:

$$pH = -log_{10}a_{H_3O^+}$$

Para soluções diluídas nas quais a atividade do íon hidrogênio pode ser considerada aproximadamente igual à sua concentração relativa, pode-se escrever:

$$pH = -log_{10}a_{H^+} \approx pH = -\log[H^+]$$

Em que $[H^+]$ representa o valor numérico da concentração do íon hidrogênio em $mol.^{L-1}$.

Como o *pH* é uma forma simplificada de expressar a concentração do íon hidrogênio, soluções ácidas e básicas podem ser distinguidas pelo seu valor:

- Soluções ácidas: $[H^+] > 1{,}0 \times 10^{-7}\ mol.L^{-1}$, $pH < 7{,}0$;
- Soluções básicas: $[H^+] < 1{,}0 \times 10^{-7}\ mol.L^{-1}$, $pH > 7{,}0$;
- Soluções neutras: $[H^+] = 1{,}0 \times 10^{-7}\ mol.L^{-1}$, $pH = 7{,}0$.

Em laboratório, o *pH* da solução pode ser medido utilizando-se um equipamento chamado "*pH*metro" (peagâmetro) por meio da medida eletroquímica da atividade do íon H^+. Além disso, a leitura do *pH* também pode ser feita de forma qualitativa utilizando-se papéis indicadores.

Analogamente à escala de *pH*, tem-se a escala de *pOH* (potencial hidroxiliônico), que é definida por:

$$pOH = -log_{10}a_{OH^-}$$

Assim como no caso do *pH*, o *pOH* em soluções suficientemente diluídas pode ser escrito como:

$$pOH = -\log[OH^-]$$

Retomando o conceito de K_w, a 25 °C:

$$[H^+].[OH^-] = 1{,}0\ \times 10^{-14}$$

Extraindo-se o logaritmo em ambos os lados da equação:

$$pH + pOH = 14$$

Graficamente, pode-se verificar, a partir da Figura 4.8, que:

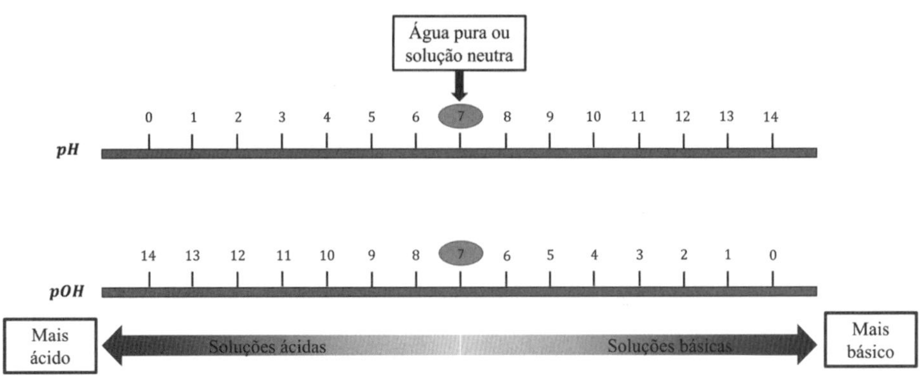

Figura 4.8 Relação entre as escalas de *pH* e *pOH*.

A partir dos valores de *pH* e de *pOH*, é possível obter também as concentrações de H^+ e OH^- utilizando-se a função inversa do logaritmo:

$$[H^+] = 10^{-pH} \qquad e \qquad [OH^-] = 10^{-pOH}$$

Exemplo: a concentração de OH^- em uma amostra de cerveja é igual a 3,16 × 10^{-10}. Qual a concentração de H^+ e o pH dessa amostra?

Resolução:

Dada a concentração de OH^-, pode-se obter a concentração de H^+ por meio da expressão de K_w:

$$K_w = [H^+].[OH^-]$$

Substituindo-se os valores de K_w e $[OH^-]$, tem-se:

$$1{,}0 \times 10^{-14} = [H^+].(3{,}16 \times 10^{-10}) \quad \therefore \quad [H^+] = 3{,}16 \times 10^{-5}\ mol.L^{-1}$$

E o pH é calculado de acordo com sua definição:

$$pH = -\log[H^+] \quad \therefore \quad pH = -\log(3{,}16 \times 10^{-5}) = 4{,}5$$

Exemplo: o sangue humano apresenta um pH de 4,38. Qual a concentração de H^+ no sangue?

Resolução:

Nesse caso, pode-se utilizar a operação inversa do logaritmo para encontrar a $[H^+]$.

$$[H^+] = 10^{-pH}$$

Assim:

$$[H^+] = 10^{-4{,}38} = 4{,}17 \times 10^{-5}\ mol.L^{-1}$$

4.4 FORÇAS DE ÁCIDOS E BASES

A força de um eletrólito depende da extensão de sua dissociação em seus íons constituintes em solução. Um eletrólito forte se dissocia completamente em seus íons em solução, enquanto um eletrólito fraco se dissocia apenas parcialmente. Nesse sentido, ácidos e bases podem ser classificados em fortes ou fracos de acordo com sua dissociação. Um ácido ou base forte se ioniza completamente em solução, enquanto um ácido ou base fraco(a) se ioniza apenas parcialmente.

Alguns **ácidos são melhores doadores de prótons do que outros**, assim como algumas **bases são melhores receptoras de prótons do que outras**. Assim:

- Quanto **maior a capacidade de um ácido doar um próton, mais forte** será esse ácido;
- Quanto **maior a capacidade de uma base receber um próton, mais forte** será essa base.

Uma maneira de se relacionar a **força de ácidos e bases** é por intermédio de suas **constantes de ionização** (ver Tabela 4.1).

Tabela 4.1 Valores das constantes de ionização de alguns ácidos e bases a 25 °C

Ácido	Fórmula	K_a
Ácido cloroso	$HClO_2$	$1,1 \times 10^{-2}$
Ácido láctico	$CH_3CH(OH)COOH$	$1,4 \times 10^{-4}$
Ácido fluorídrico	HF	$6,8 \times 10^{-4}$
Ácido nitroso	HNO_2	$7,1 \times 10^{-4}$
Ácido fórmico	$HCOOH$	$1,8 \times 10^{-4}$
Ácido propiônico	C_2H_5COOH	$1,3 \times 10^{-5}$
Ácido acético	CH_3COOH	$1,8 \times 10^{-5}$
Ácido benzóico	C_6H_5COOH	$6,3 \times 10^{-5}$
Ácido carbônico	H_2CO_3	$4,5 \times 10^{-7}$
Ácido hipocloroso	$HClO$	$2,9 \times 10^{-8}$
Fenol	C_6H_5OH	$1,0 \times 10^{-10}$
Ácido cianídrico	HCN	$6,2 \times 10^{-10}$

Base	Fórmula	K_b
Carbonato (íon)	CO_3^{2-}	$1,8 \times 10^{-4}$
Etilamina	$CH_3CH_2NH_2$	$4,3 \times 10^{-4}$
Dietilamina	$(CH_3CH_2)_2NH$	$8,6 \times 10^{-4}$
Metilamina	CH_3NH_2	$4,4 \times 10^{-4}$
Dimetilamina	$(CH_3)_2NH$	$5,9 \times 10^{-4}$
Trietilamina	$(CH_3CH_2)_3N$	$5,2 \times 10^{-4}$
Trimetilamina	$(CH_3)_3N$	$6,3 \times 10^{-5}$
Etanolamina	$HOCH_2CH_2NH_2$	$3,2 \times 10^{-5}$
Amônia	NH_3	$1,8 \times 10^{-5}$
Hidrazina	N_2H_4	$1,7 \times 10^{-6}$
Bicarbonato (íon)	HCO_3^-	$2,3 \times 10^{-8}$
Piridina	C_5H_5N	$1,7 \times 10^{-9}$
Anilina	$C_6H_5NH_2$	$4,0 \times 10^{-10}$
Cafeína	$C_8H_{10}N_2O_2$	$5,3 \times 10^{-14}$
Ureia	$(NH_2)_2CO$	$1,5 \times 10^{-14}$

Fonte: Tro, 2017.

Se o equilíbrio está deslocado para a direita, o ácido é forte, está completamente ionizado. Se o equilíbrio está deslocado para a esquerda, o ácido é fraco, apenas uma pequena fração das moléculas se ioniza. As Figuras 4.9 e 4.10 ilustram o processo de ionização de ácidos e bases (fracos e fortes), respectivamente.

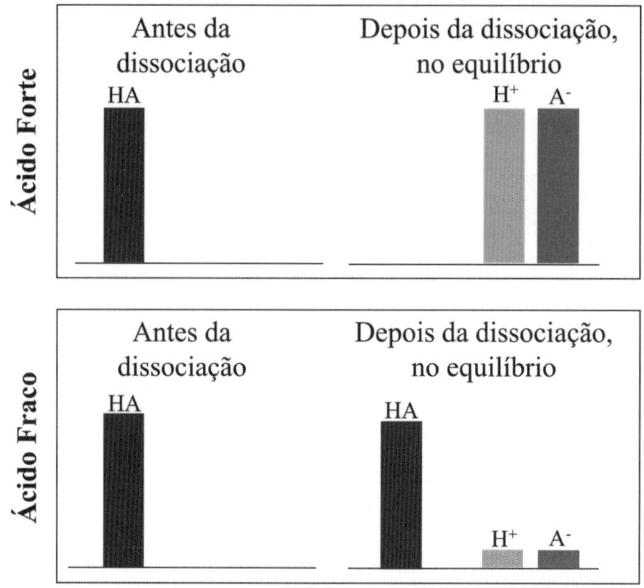

Figura 4.9 Representação da ionização/dissociação de ácidos fortes e ácidos fracos.

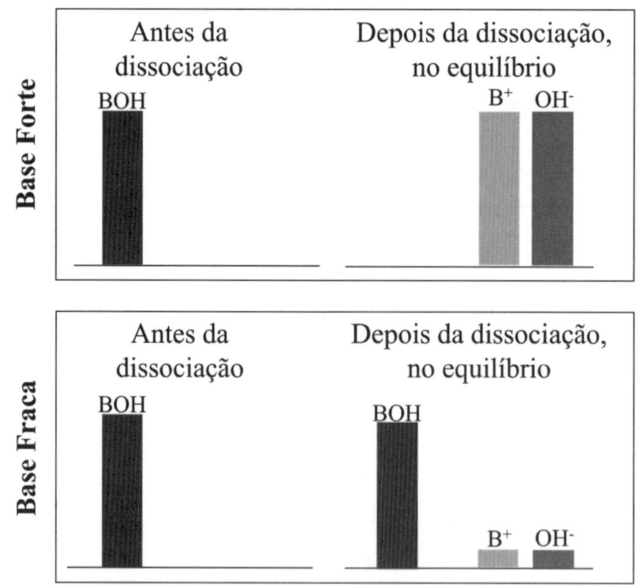

Figura 4.10 Representação da ionização/dissociação de bases fortes e bases fracas.

4.5 CONSTANTE DE IONIZAÇÃO ÁCIDA (K_A)

A maioria dos ácidos é ácida fraca, a qual se ioniza apenas parcialmente em água. Representando-se um ácido fraco não ionizado por *HA*, com base conjugada A^-, a ionização desse ácido em solução aquosa bem como sua força dependem do equilíbrio:

$$HA\,(aq) + H_2O\,(l) \rightleftarrows H_3O^+\,(aq) + A^-(aq)$$

No equilíbrio, a solução aquosa de ácidos fracos contém uma mistura de moléculas de ácido não ionizado (*HA*), íons H_3O^+ e a base conjugada (A^-).

A força de um ácido, isto é, a extensão com que este se ioniza em solução é determinada pela magnitude da constante de equilíbrio, chamada de "constante de ionização ácida" (K_a):

$$K_a = \frac{a_{H_3O^+} \times a_{A^-}}{a_{HA} \times a_{H_2O}}$$

Em que *a* representa a atividade de cada espécie. Para soluções suficientemente diluídas, as atividades dos solutos são aproximadamente iguais a suas concentrações (relativas à concentração-padrão de 1 $mol.L^{-1}$), e a atividade do solvente pode ser considerada igual a 1, o que resulta em:

$$K_a = \frac{[H_3O^+] \times [A^-}{[HA]} \quad \text{ou} \quad K_a = \frac{[H^+] \times [A^-]}{[HA]}$$

Quanto **maior o valor da constante de ionização** de um ácido (K_a), **maior será a força desse ácido.** A Figura 4.11 ilustra esse comportamento.

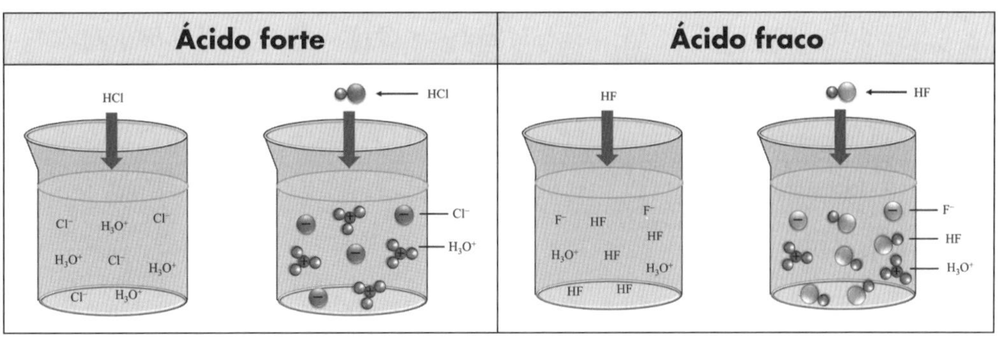

Figura 4.11 Representação esquemática da ionização de um ácido forte e um ácido fraco.

A Tabela 4.2 apresenta os valores de K_a para alguns ácidos fracos comuns.

Tabela 4.2 Valores de K_a para alguns ácidos fracos comuns

Ácido	Fórmula	K_a
Ácido cloroso	$HClO_2$	$1,1 \times 10^{-2}$
Ácido nitroso	HNO_2	$4,5 \times 10^{-4}$
Ácido fluorídrico	HF	$7,1 \times 10^{-4}$
Ácido fórmico	$HCOOH$	$1,8 \times 10^{-4}$
Ácido acético	CH_3COOH	$1,8 \times 10^{-5}$
Ácido benzoico	C_6H_5COOH	$6,5 \times 10^{-5}$
Ácido hipocloroso	$HClO$	$2,9 \times 10^{-8}$
Ácido cianídrico	HCN	$4,9 \times 10^{-10}$

Fonte: Tro, 2017.

Como visto anteriormente, ácidos fortes são definidos como aqueles que se ionizam completamente em água. Existem poucos ácidos fortes e a maioria deles é de ácidos inorgânicos. O Quadro 4.3 apresenta alguns exemplos.

Quadro 4.3 Alguns exemplos de ácidos inorgânicos fortes

Ácido	Ionização
Ácido clorídrico	$HCL\ (aq) + H_2O\ (l) \rightarrow H_3O^+\ (aq) + CL^-\ (aq)$
Ácido iodídrico	$HI\ (aq) + H_2O\ (l) \rightarrow H_3O^+\ (aq) + I^-\ (aq)$
Ácido bromídrico	$HBr\ (aq) + H_2O\ (l) \rightarrow H_3O^+\ (aq) + Br^-\ (aq)$
Ácido nítrico	$HNO_3\ (aq) + H_2O\ (l) \rightarrow H_3O^+\ (aq) + NO_3^-\ (aq)$
Ácido perclórico	$HClO_4\ (aq) + H_2O\ (l) \rightarrow H_3O^+\ (aq) + ClO_4^-\ (aq)$
Ácido sulfúrico	$H_2SO_4\ (aq) + H_2O\ (l) \rightarrow H_3O^+\ (aq) + HSO_4^-\ (aq)$

Fonte: Tro, 2017.

Deve-se observar que não é possível estabelecer as forças relativas dos ácidos e bases fortes em relação à água ($K_a > 1$). A água não tem capacidade para diferenciar a força dos ácidos e das bases fortes, comportamento denominado "efeito nivelador". A razão da existência do efeito nivelador se deve ao fato de que, para um ácido forte HX, a sua dissociação é completa em água, e a constante de equilíbrio dessa reação tende para infinito, pois a concentração de HX é desprezível.

4.6 CONSTANTE DE IONIZAÇÃO BÁSICA (K_B)

O comportamento de uma base fraca é análogo ao de um ácido fraco. Enquanto as bases fortes que contêm OH^- se dissociam totalmente em água, as bases fracas mais comuns produzem OH^- ao receberem um próton da água, ionizando a água para formar OH^-, de acordo com a reação genérica:

$$B\,(aq) + H_2O\,(l) \rightleftarrows BH^+\,(aq) + OH^-\,(aq)$$

Em que B representa uma base fraca genérica e BH^+ seu ácido conjugado.

A extensão da ionização de uma base fraca é quantificada por meio da constante de ionização básica, K_b. Para essa reação genérica mostrada, K_b é definida por:

$$K_b = \frac{a_{BH^+} \times a_{OH^-}}{a_B \times a_{H_2O}}$$

Em que a representa a atividade de cada espécie. Para soluções suficientemente diluídas, as atividades dos solutos são aproximadamente iguais a suas concentrações (relativas à concentração-padrão de 1 $mol.L^{-1}$), e a atividade do solvente pode ser considerada igual a 1, o que resulta em:

$$K_b = \frac{[BH^+] \times [OH^-]}{[B]}$$

Por analogia com K_a, quanto **maior o valor da constante de ionização** de uma base (K_b), **maior será a força dessa base** e vice-versa. A Figura 4.12 ilustra esse comportamento.

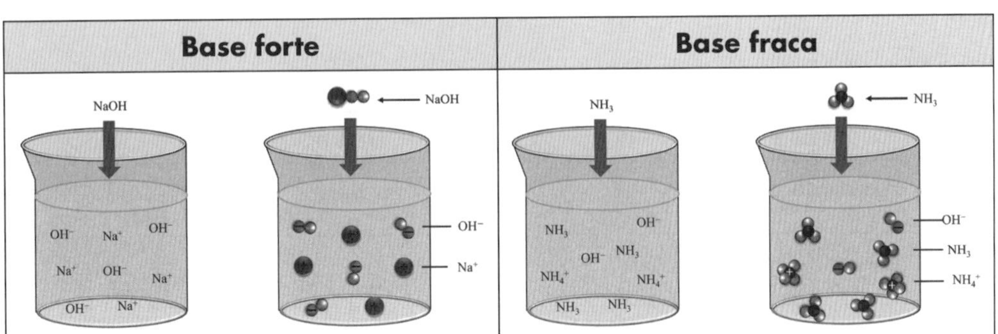

Figura 4.12 Representação esquemática da dissociação de uma base forte e uma base fraca.

A Tabela 4.3 apresenta os valores de K_b para algumas bases fracas comuns.

Tabela 4.3 Valores de K_b para algumas bases fracas comuns

Base	Fórmula	K_b
Carbonato (íon)	CO_3^{2-}	$1{,}8 \times 10^{-4}$
Etilamina	$C_2H_5NH_2$	$5{,}6 \times 10^{-4}$
Metilamina	CH_3NH_2	$4{,}4 \times 10^{-4}$
Amônia	NH_3	$1{,}8 \times 10^{-5}$
Bicarbonato (íon)	HCO_3^-	$2{,}3 \times 10^{-8}$
Piridina	$C_5H_5NH_2$	$1{,}7 \times 10^{-9}$
Anilina	$C_6H_5NH_2$	$3{,}8 \times 10^{-10}$
Cafeína	$C_8H_{10}N_2O_2$	$5{,}3 \times 10^{-14}$
Ureia	$(NH_2)_2CO$	$1{,}5 \times 10^{-14}$

Fonte: Tro, 2017.

De forma análoga aos ácidos fortes, as bases fortes são definidas como aquelas que se ionizam completamente em água. Hidróxidos de metais alcalinos e alguns hidróxidos de metais alcalinos terrosos são bases fortes. Há uma limitação com relação à solubilidade desses compostos. Todos os hidróxidos de metais alcalinos são solúveis em água; entre os hidróxidos de alcalinos terrosos, $Be(OH)_2$ e $Mg(OH)_2$ são insolúveis, $Ca(OH)_2$ e $Sr(OH)_2$ são parcialmente solúveis e $Ba(OH)_2$ é solúvel. Alguns exemplos estão na Tabela 4.4.

Tabela 4.4 Exemplos de algumas bases fortes

Base	Dissociação
Hidróxido de lítio	$LiOH\ (s) \xrightarrow{H_2O} Li^+\ (aq) + OH^-\ (aq)$
Hidróxido de sódio	$NaOH\ (s) \xrightarrow{H_2O} Na^+\ (aq) + OH^-\ (aq)$
Hidróxido de potássio	$KOH\ (s) \xrightarrow{H_2O} K^+\ (aq) + OH^-\ (aq)$
Hidróxido de rubídio	$RbOH\ (s) \xrightarrow{H_2O} Rb^+\ (aq) + OH^-\ (aq)$
Hidróxido de césio	$CsOH\ (s) \xrightarrow{H_2O} Cs^+\ (aq) + OH^-\ (aq)$

Base	Dissociação
Hidróxido de cálcio	$Ca(OH)_2\ (s) \xrightarrow{H_2O} Ca^{2+}\ (aq) + 2OH^-\ (aq)$
Hidróxido de estrôncio	$Sr(OH)_2\ (s) \xrightarrow{H_2O} Sr^{2+}\ (aq) + 2OH^-\ (aq)$
Hidróxido de bário	$Ba(OH)_2\ (s) \xrightarrow{H_2O} Ba^{2+}\ (aq) + 2OH^-\ (aq)$

É importante salientar que, na verdade, esses hidróxidos metálicos não são bases de Brönsted-Lowry porque não podem aceitar um próton. O íon hidróxido (OH^-) formado quando esses compostos sofrem ionização, no entanto, é uma base de Brönsted porque pode aceitar um próton. Portanto, quando se faz uma referência ao $NaOH$ ou a outro hidróxido metálico como uma base, na verdade está se fazendo uma referência à espécie OH^- derivada desse composto.

4.7 RELAÇÃO ENTRE K_A E K_B

Uma importante relação entre a constante de ionização de um ácido e a constante de ionização de sua base conjugada pode ser determinada usando-se o ácido acético como exemplo:

$$CH_3COOH\ (aq) \rightleftarrows H^+(aq) + CH_3COO^-\ (aq) \qquad K_a \qquad \frac{[H^+] \times [CH_3COO^-]}{CH_3COOH}$$

$$CH_3COO^-\ (aq) + H_2O\ (l) \rightleftarrows CH_3COOH\ (aq) + OH^-\ (aq \qquad K_b \qquad \frac{[CH_3COOH] \times [OH^-]}{CH_3COO^-}$$

$$H_2O\ (l) \rightleftarrows H^+(aq) + OH^-\ (aq) \qquad K_w = K_a \quad K_b \qquad [H^+] \times [OH^-]$$

Portanto:

$$K_w = K_a \times K_b$$

Essa relação mostra que quanto mais forte o ácido (maior K_a), mais fraca será sua base conjugada (menor K_b), e vice-versa.

Como os valores de K_a e K_b podem variar por várias ordens de magnitude, eles são frequentemente expressos em uma escala logarítmica (base 10) similar ao pH. Assim, pode-se definir pK_a e pK_b como:

$$pK_a = -\log K_a$$

$$pK_b = -\log K_b$$

e, consequentemente:

$$pK_a + pK_b = pK_w = 14$$

4.8 PERCENTUAL DE IONIZAÇÃO DE UM ÁCIDO

Pode-se quantificar a ionização de um ácido fraco de acordo com o percentual de moléculas de ácido que se encontram ionizadas. O percentual de ionização (ou grau de ionização) de um ácido fraco consiste na razão entre a concentração de ácido ionizado e a concentração inicial do ácido, multiplicada por 100%:

$$Percentual\ de\ ionização = \frac{[ácido\ ionizado]}{[ácido\ inicial]} \times 100\% = \frac{[H_3O^+]_{equil}}{[HA]_{inicial}} \times 100\%$$

É importante salientar que a concentração de H_3O^+ no equilíbrio aumenta de acordo com o aumento da concentração inicial do ácido, enquanto o percentual de ionização diminui com o aumento da concentração inicial do ácido.

4.9 LEI DE DILUIÇÃO DE OSTWALD

Proposta pelo químico alemão Friedrich Wilhelm Ostwald (1853-1932), em 1888, é um caso especial da lei de ação das massas e aplica-se à ionização de ácidos e bases fracas. Permite calcular a constante de ionização de um ácido ou base fraca (K_a ou K_b), relacionando o grau de ionização com a concentração do ácido ou da base. Supondo um eletrólito fraco, do tipo HA, em solução diluída, em que foram dissolvidos *n mols* iniciais do eletrólito, tem-se:

	$HA \rightleftarrows$	H^+ +	A^-
No início	n	0	0
Variação	$-x$	x	x
No equilíbrio	$n - x$	x	x
No equilíbrio: $\alpha = \frac{x}{n}$	$n - n\alpha$	$n\alpha$	$n\alpha$
Concentrações no equilíbrio	$\frac{n(1-\alpha)}{V}$	$\frac{n\alpha}{V}$	$\frac{n\alpha}{V}$

Em que n é o número de mols de cada espécie envolvida no equilíbrio e x é o número de mols de moléculas que sofrem ionização.

Enquanto α representa o grau de ionização, dado por:

$$\alpha = \frac{[ácido\ ionizado]}{[ácido\ inicial]}$$

Aplicando a Lei de Ação das Massas:

$$K_a = \frac{[H^+] \times [A^-]}{[HA]}$$

Fazendo:

$$M = \frac{n}{V}$$

Tem-se:

$$K_a = \frac{\frac{n\alpha}{V} \times \frac{n\alpha}{V}}{\frac{n(1-\alpha)}{V}} = \frac{M\alpha \times M\alpha}{M(1-\alpha)}$$

$$K_a = \frac{M\alpha^2}{1-\alpha}$$

Essa expressão representa a lei de diluição de Ostwald, em que K_a é a constante de ionização do ácido, α é o grau de ionização e *M* é a concentração em quantidade de matéria.

No caso de ácidos que apresentem α menor que 5%, pode-se fazer a seguinte simplificação:

$$1 - \alpha \approx 1$$

E, portanto:

$$K_a = M\alpha^2$$

Exemplo: em uma solução de ácido fluorídrico a 0,02 *M*, apenas $3{,}9 \times 10^{-3}$ *M* do ácido se encontra ionizado no equilíbrio. Determine o grau de ionização e a constante de ionização desse ácido.

Resolução:

O grau de ionização (α) pode ser obtido por:

$$\alpha = \frac{[ácido\ ionizado]}{[ácido\ inicial]}$$

Substituindo-se os valores das concentrações, tem-se:

$$\alpha = \frac{3{,}9 \times 10^{-3}}{0{,}02} = 0{,}195$$

Como o ácido fluorídrico apresenta grau de ionização menor que 0,05, a constante de ionização ácida pode ser obtida por:

$$K_a = M\alpha^2$$

Logo:

$$K_a = 0{,}02.(0{,}195)^2 = 6{,}5 \times 10^{-4}$$

4.10 CÁLCULO DE [H_3O^+] E *pH* DE SOLUÇÕES DE ÁCIDOS FORTES E FRACOS

Uma solução com um ácido forte ou um ácido fraco tem duas fontes de íons [H_3O^+]: a própria ionização do ácido e a autoionização da água.

$$HA\,(aq) + H_2O\,(l) \rightleftarrows H_3O^+\,(aq) + A^-(aq) \qquad \text{Ácido fraco ou forte}$$

$$2H_2O\,(l) \rightleftarrows H_3O^+(aq) + OH^-\,(aq) \qquad K_w = 1{,}0 \times 10^{-14}$$

Exceto em soluções extremamente diluídas, a autoionização da água contribui com quantidade desprezível para o total de H_3O^+ em solução, em comparação com a contribuição oriunda da ionização do ácido fraco ou forte. Levando-se em conta o princípio de Le Chatelier, na maioria das soluções de ácidos fortes ou fracos, a autoionização da água produz menos H_3O^+ do que a água pura e, por isso, pode ser ignorada.

• Soluções de ácidos fortes

Como os ácidos fortes, por definição, se ionizam completamente em solução e como pode-se ignorar a contribuição da autoionização da água (na quase totalidade dos casos), a concentração de H_3O^+ em uma solução de ácido forte é igual à concentração do ácido forte, levando-se em conta a quantidade de hidrogênios ionizáveis, conforme os exemplos a seguir:

Exemplo: qual o *pH* de uma solução de ácido clorídrico (*HCl*) a 0,10 *mol/L* (ácido forte)?

Resolução:

Sendo o ácido clorídrico um ácido forte, sua ionização é total, conforme descrito a seguir:

$HCl \rightleftarrows H^+ + Cl^-$			
Antes da dissociação	0,10	0	0
Depois da dissociação	0	0,10	0,10

Nesse caso, a concentração de H^+ é igual à concentração do ácido.

$$0{,}10\ M\ HCl \Rightarrow [H_3O^+] = 0{,}10\ M \Rightarrow pH = -\log(0{,}10) = 1{,}00$$

Exemplo: qual o *pH* de uma solução de ácido sulfúrico (H_2SO_4) a 0,10 *mol/L* (ácido forte)?

Resolução:

Sendo o ácido sulfúrico um ácido forte, sua ionização é total, conforme descrito a seguir:

	H_2SO_4 ⇄	$2\,H^+$ +	Cl^-
Antes da dissociação	0,10	0	0
Depois da dissociação	0	0,20	0,10

Nesse caso, a concentração de H^+ é o dobro da concentração do ácido.

$$0{,}10\ M\ H_2SO_4 \Rightarrow [H_3O^+] = 0{,}20\ M \Rightarrow pH = -\log(0{,}20) = 0{,}70$$

• Soluções de ácidos fracos

Determinar o *pH* de uma solução de ácido fraco é mais complicado porque a concentração de H_3O^+ não é igual à concentração do ácido fraco. Calcular $[H_3O^+]$ formado pela ionização de um ácido fraco requer a solução de um problema de equilíbrio, conforme o exemplo a seguir:

Exemplo: calcule o *pH* de uma solução de ácido acético (H_3CCOOH) a 0,10 *mol/L* (ácido fraco), $K_a = 1{,}75 \times 10^{-5}$.

Resolução:

Montando uma tabela de equilíbrio, tem-se:

	H_3CCOOH ⇄	H_3CCOO^- +	H^+
Início	0,10	0	0
Variação	– x	+ x	+ x
Equilíbrio	0,10 – x	x	x

Sendo a constante de ionização ácida dada por:

$$K_a = \frac{[H_3CCOO^-].[H^+]}{[H_3CCOOH]}$$

Substituindo-se os valores de equilíbrio obtidos na tabela, obtém-se:

$$1{,}75 \times 10^{-5} = \frac{x.x}{0{,}10 - x}$$

Em que x representa a concentração do íon hidrogênio. Essa equação pode ser rearranjada para:

$$a.x^2 + b.x + c = 0$$

Tornando-se:

$$x^2 + (1{,}75 \times 10^{-5}).x - (1{,}75 \times 10^{-6}) = 0$$

Em que x pode ser obtido por:

$$x = \frac{-b \pm \sqrt{b^2 - 4.a.c}}{2.a}$$

ou:

$$x = \frac{-(1{,}75 \times 10^{-5}) \pm \sqrt{(1{,}75 \times 10^{-5})^2 - 4.1.(1{,}75 \times 10^{-6})}}{2.1}$$

Nesse caso, são encontrados dois valores para x, sendo que deve ser desconsiderado o valor negativo por não apresentar significativo físico (concentrações negativas).

$$x' = 1{,}31 \times 10^{-3} \text{ e } x'' = -1{,}31 \times 10^{-3}$$

Para o exemplo em análise:

$$x = [H_3O^+] = 1{,}31\ x\ 10^{-3}\ mol/L$$

E, consequentemente:

$$pH = -\log[H_3O^+] = -\log(1{,}31\ x\ 10^{-3}) = 2{,}88$$

Em alguns casos, quando o valor de K_a é pequeno e a concentração é baixa, pode-se fazer uma aproximação para simplificar os cálculos. Essa simplificação consiste em desprezar o valor de x no denominador da expressão de K_a. Assim, a equação se torna:

$$1{,}75 \times 10^{-5} = \frac{x.x}{0{,}10}$$

E, consequentemente:

$$x = [H_3O^+] = 1{,}32\ x\ 10^{-3}\ mol/L$$

E:

$$pH = -\log[H_3O^+] = -\log(1{,}32\ x\ 10^{-3}) = 2{,}88$$

Pode-se testar a validade dessa aproximação pela comparação entre o valor calculado de x e o número do qual ele foi subtraído no denominador da expressão de K_a. Se a razão entre x e o número do qual ele foi subtraído for menor que 0,05 (5%), a aproximação é válida. Para o exemplo em questão:

$$\frac{1{,}32 \times 10^{-3}}{0{,}10} = 0{,}0132\ ou\ 1{,}32\%$$

Procedimento para calcular o pH (ou $[H_3O^+]$) em uma solução de ácido fraco:

1) Escrever a equação balanceada para a ionização do ácido e usá-la como guia para preencher a tabela de equilíbrio contendo as concentrações iniciais, a variação e as concentrações de equilíbrio de cada espécie;
2) Representar a variação na concentração de $[H_3O^+]$ com a variável x. Definir as variações nas concentrações das outras espécies em termos de x, sempre levando-se em conta a estequiometria da reação;
3) Somar cada coluna para determinar as concentrações de equilíbrio em termos das concentrações iniciais e de x;
4) Substituir as concentrações de equilíbrio (da etapa anterior) na expressão da constante de ionização ácida (K_a). Substituir também o valor da constante de ionização ácida na expressão de K_a e resolver para x. Em muitos casos, nesse ponto pode ser feita a aproximação discutida anteriormente quando x é pequeno em relação à concentração do ácido;
5) Determinar $[H_3O^+]$ a partir do valor encontrado para x e, em seguida, calcular o pH, se necessário.

4.11 CALCULANDO $[OH^-]$, *pOH* E *pH* DE SOLUÇÕES DE BASES FORTES E FRACAS

Encontrar $[OH^-]$ e pH de uma solução de base forte é relativamente semelhante aos cálculos envolvendo ácidos fortes. Da mesma forma que foi feito no cálculo de $[H_3O^+]$ em soluções de ácidos fortes, pode-se desconsiderar a contribuição da autoionização da água para a $[OH^-]$ e focar apenas na base forte em si.

Pode-se determinar a $[OH^-]$ e o pH de uma solução de base fraca de forma análoga ao procedimento adotado para encontrar $[H_3O^+]$ e pH em soluções de ácidos fracos. Similarmente, despreza-se a contribuição da autoionização da água para a $[OH^-]$, considerando-se apenas a ionização da base. A contribuição de base fraca para a $[OH^-]$ pode ser obtida com o auxílio de uma tabela de equilíbrio, substituindo-se as concentrações das espécies em equilíbrio na expressão da constante de ionização básica. Por fim, obtendo-se $[OH^-]$, pOH e, então, o pH da solução.

• Soluções de bases fortes

Assim como os ácidos fortes, as bases fortes se ionizam completamente em solução, e, como se pode ignorar a contribuição da autoionização da água (na quase totalidade dos casos), a concentração de OH^- em uma solução de base forte é igual à concentração da própria base, levando-se em conta a quantidade de OH^- ionizáveis. A partir da $[OH^-]$, calcula-se o pOH e, em seguida, o pH, conforme os exemplos a seguir:

Exemplo: qual o pH de uma solução de hidróxido de sódio ($NaOH$) a 0,10 mol/L (base forte)?

Resolução:

Sendo o hidróxido de sódio uma base forte, sua dissociação é total, conforme mostrado na tabela a seguir:

$NaOH \rightleftarrows Na^+ + OH^-$			
Antes da dissociação	0,10	0	0
Depois da dissociação	0	0,10	0,10

Nesse caso, a concentração de OH^- é igual à concentração da base.

$$0{,}10\,M\,NaOH \Rightarrow [OH^-] = 0{,}10\,M \Rightarrow pOH = -\log(0{,}10) = 1{,}00$$

$$pH + pOH = 14{,}00 \therefore pH = 14{,}00 - 1{,}00 = 13{,}00$$

Exemplo: qual o pH de uma solução de hidróxido de bário ($Ba(OH)_2$) a 0,10 mol/L (base forte)?

Resolução:

Sendo o hidróxido de bário uma base forte, sua dissociação é total, conforme mostrado na tabela a seguir:

$Ba(OH)_2 \rightleftarrows Ba^{2+} + OH^-$			
Antes da dissociação	0,10	0	0
Depois da dissociação	0	0,10	0,20

Nesse caso, a concentração de OH^- é o dobro da concentração da base.

$$0{,}10\,M\;\;Ba(OH)_2 \Rightarrow [OH^-] = 0{,}20\,M\;\;\Rightarrow pOH = -\log(0{,}20) = 0{,}70$$

$$pH + pOH = 14{,}00 \therefore pH = 14{,}00 - 0{,}70 = 13{,}30$$

• Soluções de bases fracas

De maneira similar às soluções de ácidos fracos, determinar o pH de uma solução de base fraca se torna mais complexo porque a concentração de $[OH^-]$ não é igual à concentração da base fraca. Para se determinar a $[OH^-]$ e o pH da solução, é preciso resolver um problema de equilíbrio, recorrendo ao uso de tabelas de equilíbrio, conforme o exemplo a seguir:

Exemplo: calcule o pH de uma solução de hidróxido de amônio (NH_4OH) a 0,10 *mol/L* (base fraca), $K_b = 1{,}80 \times 10^{-5}$.

Resolução:

Montando-se uma tabela de equilíbrio, tem-se:

	NH_4OH $\rightleftarrows$	NH_4^+ +	OH^-
Início	0,10	0	0
Variação	– x	+ x	+ x
Equilíbrio	0,10 – x	x	x

Sendo a constante de ionização básica dada por:

$$K_b = \frac{[NH_4^+].[\,OH^-]}{NH_4OH}$$

Substituindo-se os valores de equilíbrio obtidos na tabela, obtém-se:

$$1{,}80\;\times 10^{-5} = \frac{x\;x}{0{,}10 - x}$$

Em que x representa a concentração de OH^-. Essa equação pode ser rearranjada para:

$$a.x^2 + b.x + c = 0$$

Tornando-se:

$$x^2 + (1{,}80\;\times 10^{-5}).x - (1{,}80\;\times 10^{-6}) = 0$$

Em que x pode ser obtido por:

$$x = \frac{-b \pm \sqrt{b^2 - 4.a.c}}{2.a}$$

ou:

$$x = \frac{-(1{,}80 \times 10^{-5}) \pm \sqrt{(1{,}80 \times 10^{-5})^2 - 4.1.(1{,}80 \times 10^{-6})}}{2.1}$$

Nesse caso, são encontrados dois valores para x, sendo que deve ser desconsiderado o valor negativo por não apresentar significativo físico (concentrações negativas).

$$x' = 1{,}35 \times 10^{-3} \text{ e } x'' = -1{,}35 \times 10^{-3}$$

Para o exemplo em análise:

$$x = [OH^-] = 1{,}35\, x\, 10^{-3}\, mol/L$$

E, consequentemente:

$$pOH = -\log[OH^-] = -\log(1{,}35\, x\, 10^{-3}) = 2{,}87$$

$$pH + pOH = 14{,}00 \therefore pH = 14{,}00 - 2{,}87 = 11{,}13$$

Em alguns casos, quando o valor de K_b é pequeno e a concentração é baixa, pode-se fazer uma aproximação para simplificar os cálculos. Essa simplificação consiste em desprezar o valor de x no denominador da expressão de K_b. Assim, a equação se torna:

$$1{,}80 \times 10^{-5} = \frac{x.x}{0{,}10}$$

E, consequentemente:

$$x = [OH^-] = 1{,}34\, x\, 10^{-3}\, mol/L$$

E:

$$pOH = -\log[OH^-] = -\log(1{,}34\, x\, 10^{-3}) = 2{,}87$$

$$pH + pOH = 14{,}00 \therefore pH = 14{,}00 - 2{,}87 = 11{,}13$$

Pode-se testar a validade dessa aproximação pela comparação entre o valor calculado de x e o número do qual ele foi subtraído no denominador da expressão de K_b. Se a razão entre x e o número do qual ele foi subtraído for menor que 0,05 (5%), a aproximação é válida. Para o exemplo em questão:

$$\frac{1{,}34 \times 10^{-3}}{0{,}10} = 0{,}0134 \ ou \ 1{,}34\%$$

Procedimento para calcular o pH (ou $[OH^-]$) em uma solução de base fraca:

1) Escrever a equação balanceada para a ionização da base e usá-la como guia para preencher a tabela de equilíbrio com as concentrações iniciais, a variação e as concentrações de equilíbrio de cada espécie;
2) Representar a variação na concentração de $[OH^-]$ com a variável x. Definir as variações nas concentrações das outras espécies em termos de x, sempre levando-se em conta a estequiometria da reação;
3) Somar cada coluna para determinar as concentrações de equilíbrio em termos das concentrações iniciais e de x;
4) Substituir as concentrações de equilíbrio (da etapa anterior) na expressão da constante de ionização básica (K_b). Substituir também o valor da constante de ionização ácida na expressão de K_b e resolver para x. Em muitos casos, nesse ponto pode ser feita a aproximação discutida anteriormente quando x é pequeno em relação à concentração do ácido;
5) Determinar $[OH^-]$ a partir do valor encontrado para x e, em seguida, calcular pOH e o pH.

EXERCÍCIOS

1) Calcule a concentração de íons hidrogênio em uma solução com pH de 3,45.
2) Em uma amostra de sangue a 25 °C, $[H^+] = 4{,}6 \times 10^{-8}$ mol/L. Encontre a concentração molar de OH^- e decida se a amostra é básica, ácida ou neutra.
3) A 25 °C, um ácido fraco HX apresenta $K_a = 1{,}8 \times 10^{-5}$. Calcular a concentração molar de cada espécie derivada do soluto numa solução 0,5 mol/L de HX, nesta temperatura.
4) A constante de dissociação do ácido cianídrico, HCN, é $7{,}2 \times 10^{-10}$. Calcule o pH de uma solução a 0,50 mol/L do ácido.
5) Calcule a concentração analítica de uma solução de ácido acético (HA_c), que apresenta $pH = 2{,}45$. ($K_a = 1{,}78 \times 10^{-5}$).
6) Calcule a concentração analítica de uma solução de ácido hipocloroso, $HClO$ ($K_a = 3{,}2 \times 10^{-8}$), que apresenta $pH = 4{,}24$.

7) A metilamina (CH_3NH_2) é uma base fraca que se ioniza em água. Se uma solução de concentração 0,25 *mol/L* dessa base estiver 4,0% ionizada a 25 °C, qual o valor do *pH*?

$$CH_3NH_2 + H_2O \rightleftarrows CH_3NH_3^+ + OH^-$$

8) Calcule a concentração analítica de uma solução de hidroxilamina, NH_2OH ($K_b = 1{,}1 \times 10^{-8}$), que apresenta $pH = 9{,}48$.

$$NH_2OH + H_2O \rightleftarrows NH_3OH^+ + OH^-$$

9) A 25 °C, para uma solução 0,010 *mol/L* de amônia, NH_3 ($K_b = 1{,}78 \times 10^{-5}$), calcule:

a) A concentração dos íons OH^- e NH_4^+.

b) A concentração de amônia molecular (NH_3).

10) Calcule o *pH* das seguintes soluções, a 25 °C. Considere as espécies como ácidos fortes ou bases fortes:

a) $NaOH$ – 0,045 *mol/L*

b) KOH – 0,002 *mol/L*

c) HNO_3 – 0,03 *mol/L*

d) HI – 0,050 *mol/L*

e) $Ca(OH)_2$ – 0,05 *mol/L*

f) $Al(OH)_3$ – 0,02 *mol/L*

11) Um estudante planejou um experimento que deveria utilizar ácido acético ($K_a = 1{,}8\text{x}10^{-5}$) a 0,100 *mol/L*. Calcule os valores de $[H^+]$ e *pH* desta amostra.

12) Ácido fórmico, $HCOOH$, é um ácido monoprótico. Em uma solução 0,100 *M* de ácido fórmico, o *pH* é 2,38 a 25 °C. Calcule o K_a e o pK_a para ácido fórmico a esta temperatura, $pK_a = -\log K_a$.

13) Ácido cacodílico, $(CH_3)_2As(O)OH$, é usado como desfolhante de algodão. Uma solução 0,011 *mol/L* de ácido cacodílico está 0,77% ionizada em água. Quais são o *pH* da solução e o K_a do ácido cacodílico?

14) Estime as molaridades de H_3O^+ e OH^- em uma solução a $6{,}0 \times 10^{-5}$ *mol/L* de HI. Considere HI como um ácido forte.

15) Uma solução aquosa de uma base fraca ($K_b = 1{,}0 \times 10^{-4}$) é mantida à temperatura de 25 °C. Na condição de equilíbrio, esta base está 2,0% ionizada. Calcule os valores da concentração molar do íon hidrogênio e do *pH* nesta solução aquosa.

16) Uma solução de um ácido fraco se encontra 18% ionizada. A constante de ionização do ácido é igual a $K_a = 4{,}5 \times 10^{-6}$. Calcule a concentração dessa solução em *mol/L*.

17) A constante de ionização de certo ácido a 25 °C é $4{,}2 \times 10^{-5}$. Calcule seu grau de dissociação em uma solução com concentração de 0,08 *mol/L*.

4.12 HIDRÓLISE DE SAIS

Em Química Analítica, é comum a utilização de soluções aquosas dos mais diversos sais. Por isso, é importante conhecer os efeitos da dissolução de sais sobre as concentrações de $[H^+]$ e $[OH^-]$ em solução.

Dependendo do tipo de sal e das interações de seus cátions e ânions com as moléculas de água, nem sempre a dissolução resultará em uma solução neutra. Ao interagirem com a água, esses íons provenientes do sal provocam um processo chamado hidrólise, que consiste no deslocamento do equilíbrio de autoionização da água, tendo como consequência o excesso de H^+ ou de OH^- em solução, dependendo do tipo de sal.

Nesse contexto, podem-se dividir os sais em quatro tipos diferentes, de acordo com os ácidos e as bases que lhe deram origem: (1) sais de ácidos fortes e bases fortes; (2) sais de ácidos fracos e bases fortes; (3) sais de ácidos fortes e bases fracas; e (4) sais de ácidos fracos e bases fracas.

i. Sais de ácidos fortes e bases fortes

As soluções aquosas desses sais apresentam *pH* neutro, pois nem o cátion nem o ânion provenientes do sal têm afinidade por H^+ ou OH^-, por isso não provocam alteração no equilíbrio de autoionização da água e, consequentemente, não promovem a hidrólise. Como é o caso do *NaCl*, que é formado pela neutralização entre o ácido clorídrico (*HCl*) e o hidróxido de sódio (*NaOH*).

$$NaCl\,(s) \rightarrow Na^+\,(aq) + Cl^-\,(aq)$$

$$H_2O\,(l) \rightarrow H^+\,(aq) + OH^-\,(aq)$$

ii. Sais de ácidos fracos e bases fortes

Os sais derivados de ácidos fracos e bases fortes, quando dissolvidos em água, produzem uma solução de caráter básico, ou seja, alcalino (*pH* maior que 7,0). Isso decorre do fato de o ânion combinar-se com os íons hidrogênio provenientes da autoionização da água, formando um ácido fraco levemente dissociado e deixando um excesso de íons OH^- livres em solução. Um exemplo é o acetato de sódio ($NaCH_3COO$), cuja dissociação é dada por:

$$NaCH_3COO\,(s) \rightarrow Na^+\,(aq) + CH_3COO^-\,(aq)$$

E o processo de hidrólise pode ser representado por:

$$NaCH_3COO\ (s) \rightarrow Na^+\ (aq) + CH_3COO^-\ (aq)$$

$$H_2O\ (l) \rightleftarrows H^+\ (aq) + OH^-\ (aq) \qquad K_w$$

$$CH_3COO^-\ (aq) + H^+\ (aq) \rightleftarrows CH_3COOH\ (aq) \qquad \frac{1}{K_a}$$

$$CH_3COO^-\ (aq) + H_2O\ (l) \rightleftarrows CH_3COOH\ (aq) + OH^-\ (aq) \qquad K_h = \frac{K_w}{K_a}$$

A última equação representa o **equilíbrio global da hidrólise**, que pode ser escrita de forma genérica como:

$$A^-\ (aq) + H_2O\ (l) \rightleftarrows HA\ (aq) + OH^-\ (aq)$$

A constante de equilíbrio para a reação global é chamada **constante de hidrólise** (K_h), descrita como:

$$K_h = \frac{K_w}{K_a} = \frac{[HA].[OH^-]}{[A^-]}$$

Nesse caso, quanto maior o valor de K_h, maior será o pH da solução.

O **grau de hidrólise**, representado por x, é definido como a fração de moléculas do ânion que se encontram hidrolisadas no equilíbrio. Sendo c a concentração total do ânion (concentração do sal):

$A^-\ (s)$ + $H_2O\ (l)$ $\rightleftarrows$ $HA\ (aq)$ + $OH^-\ (aq)$				
Início	c		0	0
Variação	1 – x		x	x
Equilíbrio	c.(1 – x)		c.x	c.x

Substituindo-se os valores de equilíbrio na expressão de K_h:

$$K_h = \frac{(c.x).(c.x)}{c.(1-x)} = \frac{c.x^2}{1-x}$$

Resolvendo para x, tem-se:

$$x = -\frac{K_h}{2.c} + \sqrt{\frac{K_h^2}{4.c^2} + \frac{K_h}{c}}$$

Quando o grau de hidrólise (x) for menor que 0,05 (5%), pode-se simplificar a equação anterior para:

$$x = \sqrt{\frac{K_h}{c}}$$

Para se obter o pH de uma solução desse tipo de sal, partindo-se do equilíbrio, pode-se fazer as seguintes considerações:

$$[OH^-] = [HA] \qquad \text{e} \qquad [A^-] = c$$

Assim,

$$K_h = \frac{[HA].[OH^-]}{[A^-]} \qquad \text{torna-se} \qquad K_h = \frac{[OH^-]^2}{c}$$

Como

$$K_h = \frac{K_w}{K_a} \qquad \text{e} \qquad [OH^-] = \frac{K_w}{[H^+]}$$

Tem-se:

$$\frac{K_w}{K_a}.c = \frac{K_w^2}{[H^+]^2}$$

Rearranjando:

$$[H^+] = \sqrt{\frac{K_a.K_w}{c}}$$

Aplicando o logaritmo em ambos os lados da equação:

$$pH = \frac{1}{2}.pK_w + \frac{1}{2}.pK_a + \frac{1}{2}.\log c$$

Exemplo: determine a constante de hidrólise, o grau de hidrólise e o valor do pH de uma solução aquosa 0,10 $mol.L^{-1}$ de acetato de sódio ($NaCH_3COO$).

Dados: K_a (CH_3COOH) = 1,75 x 10^{-5}

Resolução: como o acetato de sódio se trata de um sal formado pela reação entre um ácido fraco (CH_3COOH) e uma base forte ($NaOH$), apenas o ânion do sal provoca a hidrólise. Dessa forma, a constante de hidrólise é dada por:

$$K_h = \frac{K_w}{K_a} \quad \therefore \quad K_h = \frac{1{,}0 \times 10^{-14}}{1{,}75 \times 10^{-5}} = 5{,}71 \times 10^{-10}$$

Já o grau de hidrólise (x) pode ser calculado por:

$$x = -\frac{K_h}{2.c} + \sqrt{\frac{K_h^2}{4.c^2} + \frac{K_h}{c}}$$

Substituindo os valores da constante de hidrólise e da concentração do sal, tem-se:

$$x = -\frac{5{,}71 \times 10^{-10}}{2.(0{,}10)} + \sqrt{\frac{(5{,}71 \times 10^{-10})^2}{4.(0{,}10)^2} + \frac{5{,}71 \times 10^{-10}}{0{,}10}} = 7{,}56 \times 10^{-5}$$

E o pH de uma solução desse tipo de sal é calculado por:

$$pH = \frac{1}{2}.pK_w + \frac{1}{2}.pK_a + \frac{1}{2}.\log c$$

Substituindo-se os valores de K_w, K_b e c:

$$pH = \frac{1}{2}.(-\log 1{,}0 \times 10^{-14}) + \frac{1}{2}.(-\log 1{,}75 \times 10^{-5}) + \frac{1}{2}.(\log 0{,}10)$$

$$pH = 7{,}00 + 2{,}38 - 0{,}50 = 8{,}88$$

iii. Sais de ácidos fortes e bases fracas

Os sais derivados de ácidos fortes e bases fracas, quando dissolvidos em água, produzem uma solução de caráter ácido (pH menor que 7,0). Isso decorre do fato de o cátion combinar-se com os íons OH^- provenientes da autoionização da água, formando uma base fraca levemente ionizada e deixando um excesso de íons H^+ livres em solução. Um exemplo é o cloreto de amônio (NH_4Cl), cuja dissociação é dada por:

$$NH_4Cl\,(s) \rightarrow NH_4^+\,(aq) + Cl^-\,(aq)$$

E o processo de hidrólise pode ser representado por:

$$H_2O\,(l) \rightleftarrows H^+\,(aq) + OH^-\,(aq) \qquad K_w$$

$$NH_4^+\,(aq) + OH^-\,(aq) \rightleftarrows NH_4OH\,(aq) \qquad \frac{1}{K_b}$$

$$NH_4^+(aq) + H_2O\,(l) \rightleftarrows NH_4OH\,(aq) + H^+\,(aq) \qquad K_h = \frac{K_w}{K_b}$$

A última equação representa o **equilíbrio global da hidrólise**, que pode ser escrita de forma genérica como:

$$B^+\ (aq) + H_2O\ (l) \rightleftarrows BOH\ (aq) + H^+\ (aq)$$

A constante de equilíbrio para a reação global é chamada **constante de hidrólise** (K_h), descrita como:

$$K_h = \frac{K_w}{K_b} = \frac{[BOH].[H^+]}{[B^+]}$$

Nesse caso, quanto maior o valor de K_h, menor será o pH da solução.

O **grau de hidrólise**, representado por x, é definido como a fração de moléculas do cátion que se encontram hidrolisadas no equilíbrio. Sendo c a concentração total do ânion (concentração do sal) e usando-se o mesmo procedimento utilizado para o sal anterior:

$$x = -\frac{K_h}{2.c} + \sqrt{\frac{K_h^2}{4.c^2} + \frac{K_h}{c}}$$

Quando o grau de hidrólise (x) for menor que 0,05 (5%), pode-se simplificar a equação anterior para:

$$x = \sqrt{\frac{K_h}{c}}$$

Para se obter o pH de uma solução desse tipo de sal, partindo-se do equilíbrio, pode-se fazer as seguintes considerações:

$$[H^+] = [BOH] \qquad \text{e} \qquad [B^+] = c$$

Assim,

$$K_h = \frac{[BOH].[H^+]}{[B^+]} \qquad \text{torna-se} \qquad K_h = \frac{[H^+]^2}{c}$$

Como

$$K_h = \frac{K_w}{K_b}$$

Tem-se:

$$\frac{K_w}{K_b} = \frac{[H^+]^2}{c}$$

Rearranjando:

$$[H^+] = \sqrt{\frac{K_w . c}{K_b}}$$

Aplicando o logaritmo em ambos os lados da equação:

$$pH = \frac{1}{2}.pK_w - \frac{1}{2}.pK_b - \frac{1}{2}.\log c$$

Exemplo: determine a constante de hidrólise, o grau de hidrólise e o valor do pH de uma solução aquosa 0,10 $mol.L^{-1}$ de cloreto de hidrazina (N_2H_5Cl).

Dados: K_b (N_2H_4) = $1{,}7 \times 10^{-6}$

Resolução: como o cloreto de hidrazina se trata de um sal formado pela reação entre um ácido forte (HCl) e uma base fraca (N_2H_4), apenas o cátion do sal provoca a hidrólise. Dessa forma, a constante de hidrólise é dada por:

$$K_h = \frac{K_w}{K_b} \quad \therefore \quad K_h = \frac{1{,}0 \times 10^{-14}}{1{,}7 \times 10^{-6}} = 5{,}88 \times 10^{-9}$$

Já o grau de hidrólise (x) pode ser calculado por:

$$x = -\frac{K_h}{2.c} + \sqrt{\frac{K_h^2}{4.c^2} + \frac{K_h}{c}}$$

Substituindo-se os valores da constante de hidrólise e da concentração do sal, tem-se:

$$x = -\frac{5{,}88 \times 10^{-9}}{2.(0{,}10)} + \sqrt{\frac{(5{,}88 \times 10^{-9})^2}{4.(0{,}10)^2} + \frac{5{,}88 \times 10^{-9}}{0{,}10}} = 2{,}42 \times 10^{-4}$$

E o pH de uma solução desse tipo de sal é calculado por:

$$pH = \frac{1}{2}.pK_w - \frac{1}{2}.pK_b - \frac{1}{2}.\log c$$

Substituindo-se os valores de K_w, K_b e c:

$$pH = \frac{1}{2}.(-\log 1{,}0 \times 10^{-14}) - \frac{1}{2}.(-\log 1{,}7 \times 10^{-6}) - \frac{1}{2}.(\log 0{,}10)$$

$$pH = 7{,}00 - 2{,}88 + 0{,}5 = 4{,}62$$

iv. Sais de ácidos fracos e bases fracas

No caso dos sais derivados de ácidos fracos e bases fracas, tanto o cátion quanto o ânion (provenientes do sal) têm tendência a se combinar com os íons H^+ e OH^- provenientes da autoionização da água. Isso leva à formação de uma base fraca e um ácido fraco levemente ionizados, enquanto os íons H^+ e OH^- se combinam para formar água. Um exemplo é o acetato de amônio (NH_4CH_3COO), cuja dissociação é dada por:

$$NH_4CH_3COO\,(s) \rightarrow NH_4^+\,(aq) + CH_3COO^-\,(aq)$$

E o processo de hidrólise pode ser representado por:

$$H_2O\,(l) \rightleftarrows H^+\,(aq) + OH^-\,(aq) \qquad K_w$$

$$CH_3COO^-\,(aq) + H^+\,(aq) \rightleftarrows CH_3COOH\,(aq) \qquad \frac{1}{K_a}$$

$$NH_4^+\,(aq) + OH^-\,(aq) \rightleftarrows NH_4OH\,(aq) \qquad \frac{1}{K_b}$$

$$NH_4^+ + CH_3COO^- + H_2O\,(l) \rightleftarrows NH_4OH + CH_3COOH\ H^+ + OH^- \qquad K_h = \frac{K_w}{K_a.K_b}$$

A última equação representa o **equilíbrio global da hidrólise**, que pode ser escrita de forma genérica como:

$$B^+\,(aq) + A^-(aq) + H_2O\,(l) \rightleftarrows BOH\,(aq) + HA(aq) + H^+(aq) + OH^-(aq)$$

A constante de equilíbrio para a reação global é chamada **constante de hidrólise** (K_h), descrita como:

$$K_h = \frac{K_w}{K_a.K_b} = \frac{[BOH].[HA].[OH^-].[H^+]}{[B^+].[A^-]}$$

Nesse caso, dependendo dos valores das constantes de ionização K_a e K_b, o pH pode se situar em três situações distintas:

- Se $K_a > K_b$, a solução será ácida;
- Se $K_a < K_b$, a solução será básica;
- Se $K_a = K_b$, a solução será neutra.

O **grau de hidrólise**, x, nesse caso é definido como a fração de moléculas do cátion e do ânion que se encontram hidrolisadas no equilíbrio, sendo c a concentração total do ânion (concentração do sal):

$B^+(aq) + A^-(aq) + H_2O\,(l) \rightleftarrows HA\,(aq) + BOH\,(aq)$					
Início	c	c		0	0
Variação	1 – x	1 – x		x	x
Equilíbrio	c.(1 – x)	c.(1 – x)		c.x	c.x

Substituindo-se os valores de equilíbrio na expressão de K_h:

$$K_h = \frac{(c.x).(c.x)}{c.(1-x).c.(1-x)} = \frac{x^2}{(1-x)^2}$$

Nesse caso, o grau de hidrólise (x) não depende da concentração do sal (c), assim, pode-se simplificar a equação anterior para:

$$x = \sqrt{K_h}$$

Ou:

$$x = \sqrt{\frac{K_w}{K_a.K_b}}$$

Para se calcular o pH de uma solução desse tipo de sal, pode-se partir da dissociação do ácido fraco formado (também poderia se utilizar a dissociação da base fraca formada).

$$HA\,(aq) \rightleftarrows H^+(aq) + A^-(aq)$$

Sendo a constante de ionização ácida dada por:

$$K_a = \frac{[A^-].[H^+]}{[HA]} \qquad \text{ou} \qquad [H^+] = \frac{K_a\,.[HA]}{[A^-]}$$

Da tabela de equilíbrio, tem-se:

$$[HA] = c.x \qquad \text{e} \qquad [A^-] = c.(1-x)$$

Substituindo-se na equação anterior:

$$[H^+] = \frac{K_a\,.c.x}{c.(1-x)} \qquad \text{ou} \qquad [H^+] = \frac{K_a\,.x}{1-x}$$

Fazendo a aproximação $1 - x \cong 1$:

$$[H^+] = K_a.x$$

Substituindo a expressão de x:

$$[H^+] = K_a.\sqrt{\frac{K_w}{K_a.K_b}} \quad \text{ou} \quad [H^+] = K_a.K_w^{1/2}.K_a^{-1/2}.K_b^{-1/2}$$

Fazendo-se as simplificações e aplicando-se (–log) nos dois lados da equação:

$$pH = \frac{1}{2}.pK_w + \frac{1}{2}.pK_a - \frac{1}{2}.pK_b$$

Exemplo: determine a constante de hidrólise, o grau de hidrólise e o valor do pH de uma solução aquosa 0,1 $mol.L^{-1}$ de cianeto de amônio (NH_4CN).

Dados: K_b (NH_4OH) = $1,8 \times 10^{-5}$; $K_a(HCN) = 4,0 \times 10^{-10}$

Resolução: como o cianeto de amônio se trata de um sal formado pela reação entre um ácido fraco (HCN) e uma base fraca (NH_4OH), tanto o cátion quanto o ânion do sal provocam a hidrólise. Dessa forma, a constante de hidrólise é dada por:

$$K_h = \frac{K_w}{K_a.K_b} \quad \therefore \quad K_h = \frac{1,0 \times 10^{-14}}{(4,0 \times 10^{-10}).(1,8 \times 10^{-5})} = 1,39$$

Já o grau de hidrólise (x) pode ser calculado por:

$$x = \sqrt{K_h} \quad \therefore \quad x = \sqrt{1,39} = 1,18$$

E o pH de uma solução desse tipo de sal é calculado por:

$$pH = \frac{1}{2}.pK_w + \frac{1}{2}.pK_a - \frac{1}{2}.pK_b$$

Substituindo-se os valores de K_w, K_a e K_b:

$$pH = \frac{1}{2}.(-\log 1,0 \times 10^{-14}) + \frac{1}{2}.(-\log 4,0 \times 10^{-10}) - \frac{1}{2}.(-\log 1,8 \times 10^{-5})$$

$$pH - 7,00 + 4,74 - 2,37 = 9,33$$

EXERCÍCIOS

1) Calcule o pH, a 25 °C das seguintes soluções aquosas:

a) Cianeto de potássio, 0,049 mol/L.

b) Hipoclorito de sódio, 0,067 mol/L.

2) Identifique se a solução aquosa de cada sal/substância a seguir é ácida, básica ou neutra:

a) NH_4Br b) $KClO_3$ c) $NaNO_2$ d) LiF e) NH_4CN

3) Calcule as constantes de hidrólise dos sais:

a) $NaNO_2$ b) NH_4Cl c) NH_4NO_2

4) O hipoclorito de sódio, $NaClO$, é um ingrediente usado em desinfetantes e alvejantes. Uma solução 0,10 $mol.L^{-1}$ de $NaClO$ pode ser considerada ácida, básica ou neutra? Qual o pH?

5) O cianeto de sódio é um sal do ácido fraco HCN. Calcule as concentrações de H^+ e OH^- numa solução preparada pela dissolução de 10,8 g de $NaCN$ em 500 mL de solução (T = 25 °C).

6) Indique o caráter ácido, básico ou neutro das soluções aquosas dos sais $NaCN$, $ZnCl_2$, $NaNO_3$ e NH_4Cl.

7) Para uma solução 0,10 M de acetato de sódio, $NaAc$, calcular:

a) a constante de hidrólise do sal;

b) o grau de hidrólise do sal;

c) o pH da solução formada.

8) Para uma solução 0,10 M de cloreto de hidrazina (N_2H_5Cl, K_b $(N_2H_4) = 1{,}7 \times 10^{-6}$), calcular:

a) a constante de hidrólise;

b) o grau de hidrólise;

c) o pH da solução formada.

Dados: $N_2H_5^+ + H_2O \rightleftarrows H_3O^+ + N_2H_4$

9) O nitrito de sódio, $NaNO_2$, é um dos aditivos mais utilizados na conservação de alimentos. Alguns estudos indicam que a ingestão deste aditivo pode proporcionar a formação no estômago de ácido nitroso e este desencadear a formação de metabólitos carcinogênicos. Qual a concentração analítica de uma solução aquosa de nitrito de sódio, pH = 8,0, a 25 °C?

10) Determine a constante de hidrólise e o valor do pH de uma solução aquosa 0,1 $mol.L^{-1}$ de cianeto de amônio.

11) Qual a massa de acetato de potássio, KCH_3CO_2, que deve ser dissolvida em 0,250 L, para preparar uma solução com pH = 9,18, a 25 °C?

12) Qual a massa de brometo de amônio, NH_4Br, necessária para preparar 400,0 mL de solução, pH = 5,04, a 25 °C?

4.13 SOLUÇÕES-TAMPÃO

A maioria das soluções sofrem alterações significativas em seu pH quando a elas são adicionados um ácido ou uma base. No entanto, há um conjunto de soluções que conseguem resistir a mudanças no pH mesmo quando são adicionados ácidos ou bases, essas soluções são chamadas de "tampões".

Existem dois tipos principais de solução-tampão:

i) solução-tampão formada pela mistura de um ácido fraco e sua base conjugada (seu sal);
ii) solução-tampão formada pela mistura de uma base fraca e seu ácido conjugado (seu sal).

Uma solução-tampão deve conter uma concentração relativamente alta de ácido para reagir com qualquer OH^- adicionado e também deve conter uma concentração similar de base para reagir com qualquer H^+ adicionado. Além disso, os componentes ácido e básico do tampão não devem consumir um ao outro numa reação de neutralização. Essas exigências são todas satisfeitas por um par ácido-base conjugando, por exemplo, um ácido fraco e sua base conjugada (fornecida por um sal que tenha o mesmo ânion), ou uma base fraca e seu ácido conjugado (fornecido por um sal que tenha o mesmo cátion).

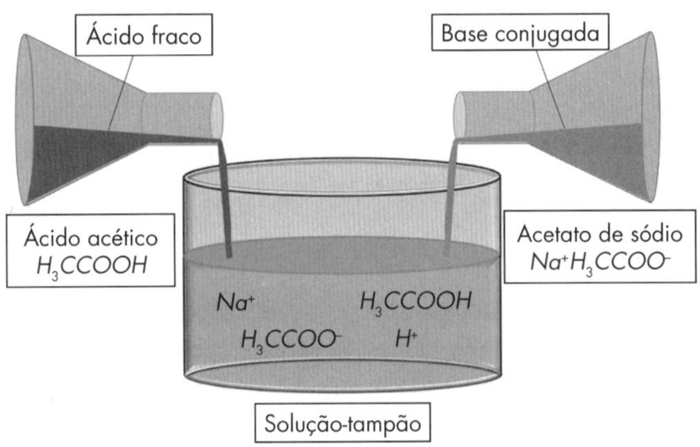

Figura 4.13 Representação de uma solução-tampão ácida.

Uma solução-tampão comum pode ser preparada pela adição de quantidades suficientes de ácido acético (CH_3COOH) e seu sal acetato de sódio ($NaCH_3COO$), em água, conforme apresentado na Figura 4.13. Como o acetato de sódio é um eletrólito forte, esse sal se dissocia totalmente em água:

$$NaCH_3COO\,(s) \rightarrow Na^+\,(aq) + CH_3COO^-\,(aq)$$

Se uma certa quantidade de ácido for adicionada, os íons H^+ serão neutralizados pela base conjugada do tampão (CH_3COO^-) de acordo com a equação:

$$CH_3COO^- \, (aq) + H^+ \, (aq) \rightleftarrows CH_3COOH \, (aq)$$

Se uma certa quantidade de base for adicionada ao tampão, os íons OH^- serão neutralizados pelo ácido do tampão (CH_3COOH):

$$CH_3COOH \, (aq) + OH^- \, (aq) \rightleftarrows CH_3COO^- \, (aq) + H_2O \, (l)$$

A capacidade tamponante, ou seja, a efetividade do tampão, depende da quantidade de ácido e de base conjugada dos quais o tampão foi feito. Quanto maior a quantidade dessas substâncias, maior a capacidade tamponante.

Para se determinar o pH de uma solução tampão, pode-se partir do equilíbrio de ionização do ácido fraco:

$$HA \rightleftarrows H^+ + A^-$$

Sendo a constante de ionização ácida dada por:

$$K_a = \frac{[H^+].[A^-]}{[HA]} \quad \text{ou} \quad [H^+] = \frac{K_a[HA]}{[A^-]}$$

Extraindo-se o logaritmo negativo nos dois lados da equação:

$$-\log[H^+] = -\log K_a + \log \frac{[A^-]}{[HA]}$$

Ou:

$$pH = pK_a + \log \frac{[A^-]}{[HA]}$$

Considerando que o valor de x é muito pequeno e fazendo a mesma aproximação feita nos problemas para ácidos e bases fracos, pode-se considerar que as concentrações de equilíbrio para HA e A^- são essencialmente iguais às concentrações iniciais do ácido e do sal, respectivamente. Assim, a equação anterior pode ser escrita como:

$$pH = pK_a + \log \frac{[sal]}{[ácido]}$$

Essa equação, conhecida como "equação de Henderson-Hasselbalch", permite calcular de forma simples o pH de uma solução-tampão formada por um ácido fraco mais seu sal.

Exemplo: qual o pH de uma solução-tampão formada pela adição de volumes iguais de uma solução de fluoreto de sódio (NaF) a 0,050 M e de uma solução de ácido fluorídrico (HF) a 0,080 M? Dados: K_a (HF) = $7{,}2 \times 10^{-4}$.

Resolução: tendo em vista que foram adicionados volumes iguais de duas soluções (x) com concentrações distintas, é preciso levar em conta a diluição dessas soluções após a mistura, assumindo-se que o volume final seja o dobro do volume inicial ($2x$):

Para o NaF:

$$M_i.V_i = M_f.V_f \quad \therefore \quad 0{,}050\, mol.L^{-1}.x\, L = M_f.2x\, L \quad \therefore \quad M_f = 0{,}025\, M$$

Para o HF:

$$M_i.V_i = M_f.V_f \quad \therefore \quad 0{,}080\, mol.L^{-1}.x\, L = M_f.2x\, L \quad \therefore \quad M_f = 0{,}040\, M$$

Substituindo-se agora os valores das concentrações e do K_a na expressão de Handerson-Hasselbalch:

$$pH = pK_a + log\frac{[sal]}{[ácido]} \quad \therefore \quad pH = (-\log(7{,}2 \times 10^{-4})) - \log\frac{(0{,}025)}{(0{,}040)}$$

$$pH = 3{,}14 + 0{,}20 \quad \therefore \quad pH = 3{,}34$$

Importante salientar que o que determina efetivamente o pH do tampão são o pK_a do ácido e a relação entre as concentrações do ácido e do sal. Assim, o fato de se adicionar volumes iguais das duas soluções altera as concentrações, mas não altera a proporção entre elas (NaF/F).

Nesse caso, quando forem utilizados volumes iguais de ácido e de sal, a diluição não afeta o cálculo do pH do tampão.

Uma solução-tampão básica pode ser preparada pela adição de quantidades suficientes de base fraca e de seu ácido conjugado; nesse caso, um sal que tenha em comum o mesmo cátion da base fraca. Por exemplo, hidróxido de amônio (NH_4OH) e seu sal cloreto de amônio (NH_4Cl) em água (Figura 4.14).

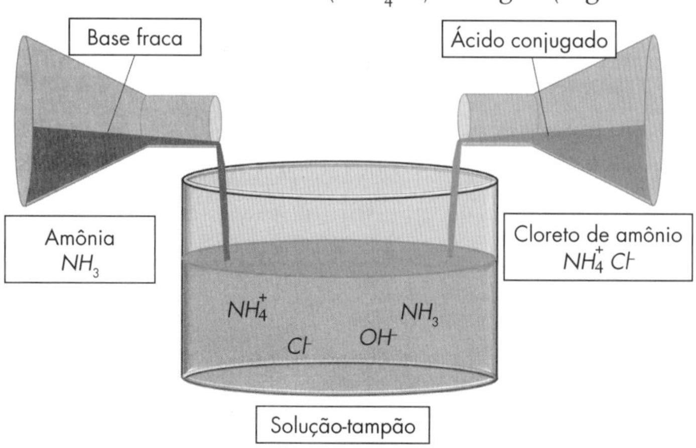

Figura 4.14 Representação de uma solução-tampão básica.

Para se determinar o pH de uma solução-tampão desse tipo, pode-se partir do equilíbrio de ionização da base fraca:

$$BOH \rightleftarrows B^+ + OH^-$$

Sendo a constante de ionização ácida dada por:

$$K_b = \frac{[B^+].[OH^-]}{[BOH]} \quad \text{ou} \quad [OH^-] = \frac{K_b[BOH]}{[B^+]}$$

Extraindo-se o logaritmo negativo nos dois lados da equação:

$$-\log[OH^-] = -\log K_b + \log \frac{[B^+]}{[BOH]}$$

Ou:

$$pOH = pK_b + \log \frac{[B^+]}{[BOH]}$$

Fazendo:

$$pH + pOH = 14 \quad \therefore \quad pH = 14 - pK_b - \log \frac{[B^+]}{[BOH]}$$

Considerando que o valor de x é muito pequeno e fazendo a mesma aproximação feita nos problemas para ácidos e bases fracos, pode-se considerar que as concentrações de equilíbrio para BOH e B^+ são essencialmente iguais às concentrações iniciais da base e do sal, respectivamente. Assim, a equação anterior pode ser escrita como:

$$pH = 14 - pK_b - \log \frac{[sal]}{[base]}$$

Exemplo: qual o pH de uma solução-tampão formada pela adição de 200 mL de uma solução de cloreto de amônio (NH_4Cl) a 0,040 M a 300 mL de uma solução de hidróxido de amônio (NH_4OH) a 0,030 M? Dados: K_a (NH_4OH) = 1,8 × 10^{-5}.

Resolução: tendo em vista que foram adicionados volumes diferentes de duas soluções com concentrações distintas, é preciso se levar em conta a diluição dessas soluções após a mistura:

Para o NH_4Cl:

$$M_i.V_i = M_f.V_f \quad \therefore \quad 0{,}040\ mol.L^{-1} \times 0{,}2\ L = M_f \times 0{,}5\ L \quad \therefore \quad M_f = 0{,}016\ M$$

Para o NH_4OH:

$$M_i.V_i = M_f.V_f \quad \therefore \quad 0{,}030\ mol.L^{-1} \times 0{,}3\ L = M_f \times 0{,}5\ L \quad \therefore \quad M_f = 0{,}018\ M$$

Substituindo agora os valores das concentrações e do K_b na expressão de Henderson-Hasselbach:

$$pH = 14 - pK_b - \log \frac{[sal]}{[base]} \quad \therefore \quad pH = 14 - (-\log(1{,}8 \times 10^{-5})) - \log \frac{(0{,}016)}{(0{,}018)}$$

$$pH = 14 - 4{,}74 - 0{,}05 \quad \therefore \quad pH = 9{,}31$$

4.13.1 Capacidade tamponante

É definida como a máxima quantidade de ácido ou de base que pode ser adicionada antes que o tampão perca sua capacidade de resistir a mudanças no *pH*.

O tampão tem sua capacidade exaurida quando a maior parte do ácido fraco (ou base fraca) é convertida em sua base conjugada (ou ácido conjugado).

Quanto mais concentrado o tampão, maior sua capacidade tamponante. Essa capacidade de tamponamento depende também das concentrações relativas do ácido fraco e sua base conjugada.

Em resumo:

- A capacidade de um tampão é determinada pela sua concentração e pelo seu *pH*.
- Um tampão mais concentrado pode reagir com mais ácido (ou base) adicionado do que um tampão menos concentrado.
- Um tampão é geralmente mais efetivo quando o *pH* está na faixa de $pK_a \pm 1$.

EXERCÍCIOS

1) Em relação às soluções do tipo tampão, responda:

   a) Para que serve uma solução-tampão?

   b) Como uma solução-tampão pode ser formada?

2) Calcule a razão ([sal]/[ácido]) na qual ácido acético ($K_a = 1{,}8 \times 10^{-5}$) e acetato de sódio devem ser misturados para fornecer um tampão com *pH* 4,50.

3) O tampão H_2CO_3/HCO_3^- está presente no sangue humano, para o qual o *pH* vale 7,4. Sabendo que a constante de ionização do ácido carbônico vale 4×10^{-7}, determine o valor da relação $[HCO_3^-]/[H_2CO_3]$ no sangue.

4) Calcule o *pH* de uma solução-tampão contendo 0,20 *mol/L* de acetato de sódio (H_3CCOON_a) e 0,15 *mol/L* de ácido acético (H_3CCOOH). K_a (H_3CCOOH) = $1{,}8 \times 10^{-5}$.

5) Calcule o pH de uma solução-tampão que apresenta 0,250 mol/L de ácido fórmico ($HCOOH$) e 0,100 mol/L de formiato de sódio ($HCOON_a$). K_a ($HCOON_a$) = $1,8 \times 10^{-4}$.

6) O K_a do ácido propiônico é $1,34 \times 10^{-5}$. Qual é o pH de uma solução-tampão contendo 0,5 mol/L de ácido propiônico (C_2H_5COOH) e 0,5 mol/L de propionato de sódio ($C_2H_5COON_a$)? O que acontece com o pH dessa solução-tampão se as concentrações forem reduzidas pela metade mediante a adição de água?

7) Calcule o pH da solução obtida pela dissolução de 2,0 g de ácido benzoico (C_6H_5COOH) e 2,0 g de benzoato de sódio (C_6H_5COONa) em água suficiente para ter 1,0 L de solução. K_a (C_6H_5COOH) = $6,6 \times 10^{-5}$.

8) O pH de uma solução-tampão formada por ácido fluorídrico (HF) e fluoreto de sódio (NaF) é igual a 3,74. Sendo a concentração do ácido igual é a 0,017 mol/L, calcule a concentração do sal (NaF). K_a (HF) = $7,2 \times 10^{-4}$.

9) Calcular o pH de uma solução-tampão formada por hidróxido de amônio (NH_4OH) 0,30 mol/L e cloreto de amônio (NH_4Cl) 0,02 mol/L. K_b (NH_4OH) = $1,8 \times 10^{-5}$.

10) O pH de uma solução-tampão NH_4OH/NH_4Cl é igual a 9,03. Sendo a concentração da base (NH_4OH) 0,015 mol/L, calcule a concentração do sal (NH_4Cl). K_b (NH_4OH) = $1,8 \times 10^{-5}$.

11) Calcule o pH de uma solução-tampão formada por hidróxido de amônio (NH_4OH) 0,25 mol/L e nitrato de amônio (NH_4NO_3) 0,15 mol/L. K_b (NH_4OH) = $1,8 \times 10^{-5}$.

12) O K_b da anilina, uma base fraca, é igual a $3,8 \times 10^{-10}$. Qual o pH de uma solução-tampão formada por 0,25 M de anilina, $C_6H_5NH_2$, e 0,15 M de cloreto de anilina, $C_6H_5NH_3Cl$?

13) Uma solução de concentrações iguais de ácido láctico e lactato de sódio tem pH = 3,08.

   a) Quais são os valores de pK_a e K_a do ácido láctico?

   b) Qual seria o pH se o ácido tivesse duas vezes a concentração do sal?

14) Qual desses tampões listados na tabela a seguir seria a melhor escolha para preparar um tampão com pH próximo de 5,0?

Composição	**pK_a**
Tampões ácidos	
CH_3COOH/CH_3COO^-	4,75
HNO_2/NO_2^-	3,37
$HClO_2/ClO_2^-$	2,00
Tampões básicos	
NH_4^+/NH_3	9,25
$(CH_3)_3NH^+/(CH_3)_3N$	9,81
$H_2PO_4^-/HPO_4^{2-}$	7,21

15) Qual dos tampões listados na tabela anterior seria a melhor escolha para preparar um tampão com pH próximo de 10,0?

5 CAPÍTULO

Equilíbrios de solubilidade

Um dos tipos de reações mais comuns em solução aquosa são as reações de precipitação, ou seja, as que resultam em um produto insolúvel, chamado de "precipitado". Quando se diz que um composto é insolúvel, na verdade este não é totalmente insolúvel, mas sim levemente solúvel. Essas reações geralmente envolvem compostos iônicos, por isso são tratadas como equilíbrios iônicos. Por exemplo, quando se adiciona certa quantidade de cloreto de prata ($AgCl$) em água, uma pequena porção desse sal se dissolve; no entanto, a maior parte do material permanece na forma sólida, segundo o equilíbrio:

$$AgCl\ (s) \rightleftarrows Ag^+\ (aq) + Cl^-\ (aq)$$

Dessa forma, a solubilidade de um composto iônico é mais bem compreendida pela aplicação do conceito de equilíbrio ao processo de dissolução do sal, conforme a reação mostrada. Nesse caso, tem-se uma solução saturada de $AgCl$ em equilíbrio com o $AgCl$ sólido, conforme ilustrado na Figura 5.1.

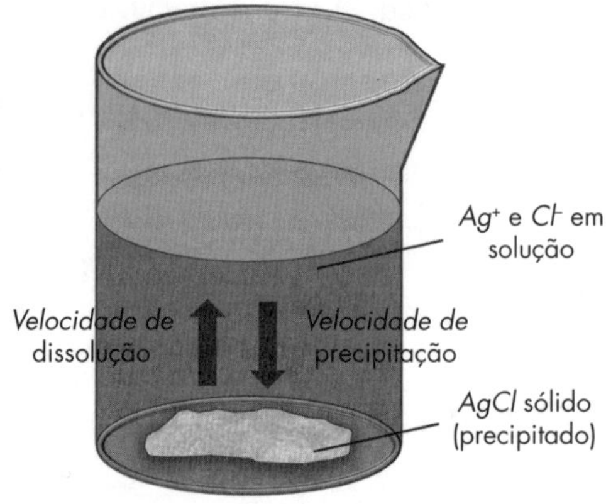

Figura 5.1 Representação do equilíbrio de solubilidade entre o precipitado e os íons em solução.

5.1 PRODUTO DE SOLUBILIDADE

A constante de equilíbrio para a reação química que representa a dissolução de um composto iônico é a constante do produto de solubilidade (K_{ps} ou, simplesmente K_s). Para a reação mostrada anteriormente, a expressão para a constante do produto de solubilidade, em termos das atividades das espécies, é dada por:

$$K_s = \frac{a_{Ag^+(aq)} \cdot a_{Cl^-(aq)}}{a_{AgCl(s)}}$$

Como visto na seção sobre ácidos e bases, a atividade de um sólido puro em uma reação pode ser considerada aproximadamente igual a 1. Além disso, se as concentrações dos solutos são suficientemente pequenas, então a solução pode ser considerada ideal e as atividades dos solutos podem ser substituídas pelas suas concentrações relativas, em relação à concentração-padrão (1 $mol.L^{-1}$). Com essas aproximações, a expressão para o produto de solubilidade é dada por:

$$K_s = [Ag^+].[Cl^-]$$

Assim, o produto de solubilidade de um composto é dado pelo produto das concentrações (em quantidade de matéria) das espécies iônicas presentes, cada uma elevada ao seu respectivo coeficiente estequiométrico na reação de equilíbrio. Do exposto, para reação genérica a seguir,

$$A_xB_y\ (s) \rightleftarrows x.A^+ + y.B^-$$

a expressão do produto de solubilidade é dada por:

$$K_s = [A^+]^x.[B^-]^y$$

O valor de K_s é uma medida da solubilidade de um composto, quanto menor o valor de K_s, menos solúvel é o composto. No entanto, para fins de comparação, deve-se observar se os compostos apresentam fórmulas semelhantes, como $AgCl$ e ZnS (1:1) ou CaF_2 e $Fe(OH)_2$ (1:2). Na Tabela 5.1 são apresentados os valores de K_s (a 25 °C) de alguns compostos iônicos e equilíbrios de solubilidade.

Tabela 5.1 Produto de solubilidade para alguns compostos iônicos a 25°C

Sal	Equilíbrio	Expressão de K_s	K_s
Fluoreto de bário	$BaF_2\,(s) \rightleftarrows Ba^{2+}\,(aq) + 2F^-\,(aq)$	$[Ba^{2+}].[F^-]^2$	2,45 × 10^{-5}
Sulfato de bário	$BaSO_4\,(s) \rightleftarrows Ba^{2+}\,(aq) + SO_4^{2-}\,(aq)$	$[Ba^{2+}].[SO_4^{2-}]$	1,07 × 10^{-10}
Carbonato de cálcio	$CaCO_3\,(s) \rightleftarrows Ca^{2+}\,(aq) + CO_3^{2-}\,(aq)$	$[Ca^{2+}].[CO_3^{2-}]$	4,96 × 10^{-9}
Fluoreto de cálcio	$CaF_2\,(s) \rightleftarrows Ca^{2+}\,(aq) + 2F^-\,(aq)$	$[Ca^{2+}].[F^-]^2$	1,46 × 10^{-10}
Hidróxido de cálcio	$CaF_2\,(s) \rightleftarrows Ca^{2+}\,(aq) + 2F^-\,(aq)$	$[Ca^{2+}].[F^-]^2$	4,68 × 10^{-6}
Sulfato de cálcio	$Ca(OH)_2\,(s) \rightleftarrows Ca^{2+}\,(aq) + 2OH^-\,(aq)$	$[Ca^{2+}].[OH^-]^2$	7,10 × 10^{-5}
Carbonato de ferro (II)	$CaSO_4\,(s) \rightleftarrows Ca^{2+}\,(aq) + SO_4^{2-}\,(aq)$	$[Ca^{2+}].[SO_4^{2-}]$	3,07 × 10^{-11}
Hidróxido de ferro (II)	$FeCO_3\,(s) \rightleftarrows Fe^{2+}\,(aq) + CO_3^{2-}\,(aq)$	$[Fe^{2+}].[CO_3^{2-}]$	4,87 × 10^{-17}
Cloreto de chumbo (II)	$Fe(OH)_2\,(s) \rightleftarrows Fe^{2+}\,(aq) + 2OH^-\,(aq)$	$[Fe^{2+}].[OH^-]^2$	1,17 × 10^{-5}
Brometo de chumbo (II)	$PbCl_2\,(s) \rightleftarrows Pb^{2+}\,(aq) + 2Cl^-\,(aq)$	$[Pb^{2+}].[Cl^-]^2$	4,67 × 10^{-6}
Sulfato de chumbo (II)	$PbBr_2\,(s) \rightleftarrows Pb^{2+}\,(aq) + 2Br^-\,(aq)$	$[Pb^{2+}].[Br^-]^2$	1,82 × 10^{-8}
Carbonato de magnésio	$PbSO_4\,(s) \rightleftarrows Pb^{2+}\,(aq) + SO_4^{2-}\,(aq)$	$[Pb^{2+}].[SO_4^{2-}]$	6,82 × 10^{-6}
Hidróxido de magnésio	$MgCO_3\,(s) \rightleftarrows Mg^{2+}\,(aq) + CO_3^{2-}\,(aq)$	$[Mg^{2+}].[CO_3^{2-}]$	2,06 × 10^{-13}
Cloreto de prata	$Mg(OH)_2\,(s) \rightleftarrows Mg^{2+}\,(aq) + 2OH^-\,(aq)$	$[Mg^{2+}].[OH^-]^2$	1,77 × 10^{-10}

Sal	Equilíbrio	Expressão de K_s	K_s
Cromato de prata	$AgCl\,(s) \rightleftarrows Ag^{+}\,(aq) + Cl^{-}\,(aq)$	$[Ag^{+}].[Cl^{-}]$	$1{,}12 \times 10^{-12}$
Brometo de prata	$Ag_2CrO_4\,(s) \rightleftarrows 2Ag^{+}\,(aq) + CrO_4{}^{2-}\,(aq)$	$[Ag^{+}]^2.[CrO_4{}^{2-}]$	$5{,}35 \times 10^{-13}$
Iodeto de prata	$AgBr\,(s) \rightleftarrows Ag^{+}\,(aq) + Br^{-}\,(aq)$	$[Ag^{+}].[Br^{-}]$	$8{,}51 \times 10^{-17}$

Fonte: Tro, 2017.

5.2 SOLUBILIDADE E SOLUBILIDADE MOLAR

Há duas outras formas de expressar o quão solúvel é um composto: (1) por meio da **solubilidade** (em $g.L^{-1}$), que é a massa de soluto, em gramas, que se pode dissolver em determinada quantidade de solvente; e (2) por meio da **solubilidade molar "*s*"** (em $mol.L^{-1}$), que indica o número de mols de soluto presentes em 1 L de solução saturada. A relação entre solubilidade (em $g.L^{-1}$) e solubilidade molar (em $mol.L^{-1}$) é dada por:

$$\text{Solubilidade (em } g.L^{-1}) \; \underset{\times\, Massa\ molar}{\overset{\div\, Massa\ molar}{\rightleftarrows}} \; \text{Solubilidade molar (em } mol.L^{-1})$$

Vale ressaltar que a solubilidade do $AgCl$ é diretamente relacionada às quantidades de Ag^{+} ou Cl^{-} presente na solução quando o equilíbrio é atingido, e não à quantidade de precipitado presente. Por isso, o cálculo para se determinar a solubilidade molar *s* envolve a solução de um problema de equilíbrio. Assim, é necessário o auxílio de tabelas de equilíbrio.

Exemplo: determine a solubilidade molar do $AgCl$, sabendo-se que seu K_s vale $1{,}77 \times 10^{-10}$. Quantos gramas desse sal se consegue dissolver em 1 litro de solução?

Resolução:

Inicialmente deve-se preencher uma tabela de equilíbrio, lembrando que a concentração do sólido não interessa nesse caso porque não afeta o equilíbrio.

	$AgCl\,(s)$ $\rightleftarrows$	Ag^{+} +	Cl^{-}
Início	–	0	0
Variação	–	$+\,s$	$+\,s$
Equilíbrio	–	s	s

Em que *s* representa a concentração de *AgCl* que se encontra dissolvida (que é igual à solubilidade molar do composto) e, consequentemente, também representa as concentrações dos íons formados. Nesse caso, para cada 1 *mol* de *AgCl* que é dissolvido, 1 *mol* de Ag^+ e 1 *mol* de Cl^- são produzidos. Substituindo as concentrações de equilíbrio dos íons na expressão do produto de solubilidade, tem-se:

$$K_s = [Ag^+].[Cl^-] \quad \therefore \quad K_s = s.s \quad \therefore \quad K_s = s^2 \quad \therefore \quad s = \sqrt{K_s}$$

Substituindo o valor de K_s:

$$s = \sqrt{1{,}77 \times 10^{-10}} = 1{,}33 \times 10^{-5}\, mol.L^{-1}$$

Para responder a segunda parte do problema, precisamos converter a solubilidade molar do sal para solubilidade em *g/L*. Assim:

$$solubilidade\ (g.L^{-1}) = s \times MM$$

$$solubilidade\ (g.L^{-1}) = 1{,}33 \times 10^{-5}\, mol.L^{-1} \times 143{,}5\, g.mol^{-1} = 1{,}9 \times 10^{-3}$$

Ou seja, cada litro de solução contém dissolvidos $1{,}9 \times 10^{-3}$ *g*.

Exemplo: calcule o produto de solubilidade do cromato de prata (Ag_2CrO_4) sabendo-se que 1 litro de solução saturada desse sal em equilíbrio com a fase sólida contém 0,0357 *g* de material dissolvido.

O equilíbrio de solubilidade é dado por: $Ag_2CrO_{4\,(s)} \rightleftharpoons 2\, Ag^+_{(aq.)} + CrO_4{}^{2-}{}_{(aq.)}$

Dado: Massa Molar (Ag_2CrO_4) = 331,7 *g/mol*.

Resolução:

Sabendo-se a solubilidade em *g/L* do sal, pode-se obter sua solubilidade molar (*s*) pela expressão:

$$s = \frac{solubilidade\ (g.L^{-1})}{MM}$$

Assim:

$$s = \frac{0{,}0357\, g.L^{-1}}{331{,}7\, g.mol^{-1}} = 1{,}08 \times 10^{-4}\, mol.L^{-1}$$

Utilizando-se uma tabela de equilíbrio, pode-se determinar a relação entre K_s e a solubilidade molar do composto:

$Ag_2CrO_4\ (s)$	$\rightleftharpoons$	$2\,Ag^+$ +	$CrO_4{}^{2-}$
Início	–	0	0
Variação	–	+2s	+ s
Equilíbrio	–	2s	s

Substituindo-se os dados do equilíbrio na expressão de K_s, tem-se:

$$K_s = [Ag^+]^2.[CrO_4^{\ 2-}] \ \therefore \ K_s = (2s)^2.s = 4.s^3$$

Substituindo-se o valor da solubilidade molar obtida anteriormente, obtém-se:

$$K_s = 4.(1{,}08 \times 10^{-4})^3 = 4{,}98 \times 10^{-12}$$

Exemplo: qual deve ser a concentração de prata adicionada a uma solução contendo $1{,}0 \times 10^{-3}$ $mol.L^{-1}$ de $NaCl$ para iniciar a precipitação de $AgCl$ (s)? Dados: K_s ($AgCl$) = $1{,}0 \times 10^{-10}$.

Resolução:

Nesse exemplo, para se determinar a concentração mínima de Ag^+ para precipitar o $AgCl$, deve-se considerar que a precipitação só tem início quando se excede o valor de K_s, ou seja, a precipitação só começa a ocorrer quando:

$$[Ag^+].[Cl^-] > K_s$$

Como o cloreto de sódio se dissocia totalmente em solução, a concentração de íons cloreto é dada por:

$$[Cl^-] = NaCl_{dissolvido} = 1{,}0 \times 10^{-3}\, mol.L^{-1}$$

Substituindo-se os valores informados no problema:

$$[Ag^+].(1{,}0 \times 10^{-3}) > 1{,}77 \times 10^{-10}$$

Logo:

$$[Ag^+] > 1{,}77 \times 10^{-7} mol.L^{-1}$$

5.3 PRODUTO IÔNICO (Q)

Quando as concentrações dos íons forem diferentes das concentrações de equilíbrio, pode-se utilizar o quociente de reação, que nesse caso é chamado de **produto iônico** (Q), para prever em que direção a reação prosseguirá até atingir o equilíbrio, se haverá formação ou dissolução do precipitado.

Deve-se notar que Q apresenta a mesma forma de K_s, exceto que as concentrações usadas para o cálculo do produto iônico não são concentrações de equilíbrio. Por exemplo, se forem misturadas uma solução contendo íons Ag^+ e outra contendo íons Cl^-, o produto iônico é dado por:

$$Q = [Ag^+].[Cl^-]$$

Sendo o K_s igual a $1,77 \times 10^{-10}$, a 25 °C, as possíveis relações entre Q e K_s, são:

$Q < K_s$	$[Ag^+].[Cl^-] < 1,77 \times 10^{-10}$	Solução insaturada
$Q = K_s$	$[Ag^+].[Cl^-] = 1,77 \times 10^{-10}$	Solução saturada (equilíbrio)
$Q > K_s$	$[Ag^+].[Cl^-] > 1,77 \times 10^{-10}$	Solução supersaturada, AgCl vai precipitar até Q se tornar igual a K_s

Conhecendo-se o valor do produto iônico e do produto de solubilidade, é possível prever se um precipitado será formado ao se misturar duas soluções ou ao se adicionar um composto solúvel a uma solução. É comum em práticas de Química Analítica ajustar as concentrações dos íons até que o produto iônico exceda o K_s para se obter um dado composto na forma de precipitado.

Exemplo: ao se adicionar 200 *mL* de cloreto de bário ($BaCl_2$) com concentração de 0,0040 $mol.L^{-1}$ a um recipiente contendo 600 *mL* de uma solução de sulfato de potássio (K_2SO_4) a 0,0080 $mol.L^{-1}$, haverá formação de sulfato de bário ($BaSO_4$)? Dados: $K_s = 1,07 \times 10^{-10}$

Resolução:

Antes de tudo, é preciso calcular a concentração de cada íon após a mistura das duas soluções.

O número de mols de íons Ba^{2+} adicionados foi:

$$n_{Ba^{2+}} = M.V = 0,0040\ mol.L^{-1} \times 0,2\ L = 8,0 \times 10^{-4}\ mol\ de\ Ba^{2+}$$

Assim, sua concentração na solução resultante é:

$$[Ba^{2+}] = \frac{n_1}{V} = \frac{8,0 \times 10^{-4}\ mol\ de\ Ba^{2+}}{0,8\ L} = 1,0\ \times 10^{-3}\ mol.L^{-1}$$

Fazendo o mesmo para o íon SO_4^{2-}:

$$n_{SO_4^{2-}} = M.V = 0,0080\ mol.L^{-1} \times 0,6\ L = 4,8 \times 10^{-3}\ mol\ de\ SO_4^{2-}$$

E:

$$[SO_4^{2-}] = \frac{n_1}{V} = \frac{4,8 \times 10^{-3}\ mol\ de\ SO_4^{2-}}{0,8\ L} = 6,0\ \times 10^{-3}\ mol.L^{-1}$$

O equilíbrio de solubilidade e o valor do produto de solubilidade para esse caso são dados por:

$$BaSO_4\,(s) \rightleftarrows Ba^{2+}\,(aq) + SO_4^{2-}\,(aq) \qquad K_s = 1{,}07\,x\,10^{-10}$$

O produto iônico pode ser calculado como:

$$Q = [Ba^{2+}].[SO_4^{2-}] = (1{,}0 \times 10^{-3}) \times (6{,}0 \times 10^{-3}) = 6{,}0 \times 10^{-6}$$

Portanto,

$$Q > K_s$$

O que indica que, nesse ponto, há uma solução supersaturada e que os íons Ba^{2+} e SO_4^{2-} continuarão a formar precipitado até que $Q = K_s$.

5.4 SEPARAÇÃO DE ÍONS POR PRECIPITAÇÃO FRACIONADA

Em análises químicas, muitas vezes é desejável remover um determinado íon, enquanto outros íons permanecem na solução. Por exemplo, a adição de íons sulfato a uma solução contendo cátions K^+ e Ba^{2+} promoverá a precipitação do $BaSO_4$, ao passo que o íon K^+ permanece em solução. A partir desse ponto, o $BaSO_4$ pode ser separado da solução por meio de um processo de filtração, já que o K_2SO_4 é solúvel em meio aquoso.

No entanto, quando ambos os íons de interesse formam compostos insolúveis, pode-se ainda atingir determinado grau de separação por intermédio da escolha do reagente precipitante adequado, dependendo da diferença de solubilidade entre os precipitados. Por exemplo, numa solução contendo íons Cl^-, Br^- e I^-, uma forma de separar esses íons é convertê-los em seus sais de prata insolúveis ($AgCl$, $AgBr$ e AgI). Os valores dos produtos de solubilidade são $K_s(AgCl) = 1{,}77 \times 10^{-10}$, $K_s(AgBr) = 5{,}35 \times 10^{-13}$ e $K_s(AgI) = 8{,}51 \times 10^{-17}$, logo, ao se adicionar $AgNO_3$ lentamente a essa solução, AgI precipitará primeiro, seguido de $AgBr$ e, por último, $AgCl$. Esse procedimento é chamado de **precipitação fracionada** ou **precipitação seletiva;** e, para que essa separação seja viável, a diferença entre os valores de K_s dos precipitados deve ser superior a 10^3.

Exemplo: uma solução contém $1{,}0 \times 10^{-4}$ $mol.L^{-1}$ de Cu^+ e $2{,}0 \times 10^{-3}$ $mol.L^{-1}$ de Pb^{2+}. A essa solução é adicionada gradualmente uma fonte de íons I^-. Utilizando-se a precipitação fracionada, qual dos sais precipitará primeiro (PbI_2 ou CuI) e qual a concentração de I^- necessária para iniciar a precipitação de cada sal?

Resolução:

Para o iodeto de chumbo (PbI_2), a expressão de K_s é:

$$K_s = [Pb^{2+}].[I^-]^2 = 1{,}4 \times 10^{-8}$$

Como a concentração de Pb^{2+} é conhecida, a maior concentração de I^- que pode estar presente sem causar precipitação pode ser calculada pela expressão do K_s:

$$1{,}4 \times 10^{-8} = (2{,}0 \times 10^{-3}).[I^-]^2 \qquad [I^-] = 2{,}6 \times 10^{-3} mol.L^{-1}$$

Qualquer excesso de I^- além dessa concentração provocará a precipitação de PbI_2.

De maneira similar para o CuI:

$$K_s = [Cu^+].[I^-] = 5{,}3 \times 10^{-12}$$

E:

$$5{,}3 \times 10^{-12} = (1{,}0 \times 10^{-4}).[I^-] \qquad [I^-] = 5{,}3 \times 10^{-8} mol.L^{-1}$$

Assim, uma concentração de I^- superior a $5{,}3 \times 10^{-8}$ $mol.L^{-1}$ causará a formação do sólido CuI.

Como o I^- é adicionado à solução sob agitação, CuI precipitará primeiro, já que a concentração de I^- requerida é menor. Portanto, o íon Cu^{2+} pode ser separado do íon Pb^{2+} usando-se esse procedimento.

5.5 FATORES QUE AFETAM A SOLUBILIDADE

• Efeito do íon comum

Como visto anteriormente, o produto de solubilidade é a constante de equilíbrio para o processo de dissolução de um sólido pouco solúvel e a precipitação de um composto iônico em uma solução ocorre quando o produto iônico Q excede o valor de K_s para esse composto. Em uma solução saturada de $AgCl$, por exemplo, o produto iônico Q é igual ao produto de solubilidade K_s e a estequiometria mostra que $[Ag^+ = [Cl^-]$, mas essa igualdade não se aplica em todas as situações. Supondo-se que uma solução contenha duas substâncias dissolvidas que compartilham um mesmo íon em comum, como $AgCl$ e $AgNO_3$. além da dissociação do $AgCl$, a concentração total do íon Ag^+ na solução também recebe a contribuição pela dissolução do $AgNO_3$:

$$AgNO_3\,(s) \xrightarrow{H_2O} Ag^+(aq) + NO_3^-$$

O equilíbrio de solubilidade do $AgCl$ é dado por:

$$AgCl\,(s) \rightleftarrows Ag^+(aq) + Cl^-(aq)$$

Assim, se $AgNO_3$ é adicionado a uma solução saturada de $AgCl$, o aumento na concentração do íon Ag^+ tornará o produto iônico Q maior que o K_s:

$$Q = [Ag^+].[Cl^-] > K_s$$

Para se reestabelecer o equilíbrio, uma certa quantidade de $AgCl$ precipitará, conforme previsto pelo princípio de Le Chatelier, até que o produto iônico se iguale novamente ao K_s.

Assim, o efeito da adição de um íon comum consiste em diminuir a solubilidade de um sal em solução. Nesse caso, $[Ag^+]$ não é igual a $[Cl^-]$, $[Ag^+] > [Cl^-]$.

Ou seja, em geral, a solubilidade de um composto iônico é menor em uma solução contendo um íon comum do que em água pura.

Exemplo: qual a influência do íon comum sobre a solubilidade molar do fluoreto de cálcio (CaF_2) em uma solução contendo 0,100 $mol.l^{-1}$ de fluoreto de sódio (NaF)? Dado: $K_s = 1{,}46 \times 10^{-10}$.

Resolução:

Inicialmente, deve-se escrever a reação pela qual o CaF_2 se dissolve em seus íons constituintes e escrever sua expressão para K_s:

$$CaF_2(s) \rightleftarrows Ca^{2+}(aq) + 2\,F^-(aq) \qquad\qquad K_s = [Ca^{2+}].[F^-]^2$$

Em seguida, faz-se uso da estequiometria da reação para preencher a tabela de equilíbrio inserindo-se também a concentração inicial do íon comum:

$CaF_2(s)\ \rightleftarrows\ Ca^{2+}(aq)\ +\ 2\,F^-(aq)$			
Início	–	0,00	0,100
Variação	– s	+ s	+ 2s
Equilíbrio	–	s	0,100 + 2s

Substituindo-se os valores das concentrações dos íons no equilíbrio na expressão de K_s, tem-se:

$$K_s = s.(0{,}100 + 2s)^2$$

Como o valor de K_s é pequeno ($1{,}46 \times 10^{-10}$), pode-se considerar que $2s$ é muito menor que 0,100 e, por isso, pode ser desconsiderado no cálculo. Assim:

$$1{,}46 \times 10^{-10} = s.(0{,}100)^2 \qquad\qquad s = 1{,}46 \times 10^{-8}\ mol.L^{-1}$$

Para fins de comparação, a solubilidade molar do CaF_2 em água pura é de $3{,}32 \times 10^{-4}\ mol.L^{-1}$, o que significa que o CaF_2 é cerca de 20 mil vezes mais solúvel em água do que na solução de NaF.

• Efeito do *pH*

O pH influencia a solubilidade de sais que contêm um ânion básico (base conjugada de ácidos fracos). Os ânions básicos mais comuns são OH^-, S^{2-}, CO_3^{2-}, F^-, entre outros. Por exemplo, o equilíbrio de solubilidade do BaF_2:

$$BaF_2(s) \rightleftarrows Ba^{2+}(aq) + 2\,F^-(aq)$$

Cujo K_s é dado por:

$$K_s = [Ba^{2+}].[F^-]^2$$

Em meio ácido, a alta concentração de H^+ desloca o seguinte equilíbrio para a direita:

$$H^+(aq) + F^-(aq) \rightleftarrows HF(aq)$$

Como $[F^-]$ diminui, a $[Ba^{2+}]$ aumenta para manter a condição de equilíbrio. Então, o BaF_2 se dissolve, conforme a reação global:

$$\begin{array}{c} BaF_2(s) \rightleftarrows Ba^{2+}(aq) + 2\,F^-(aq) \\ 2H^+(aq) + 2F^-(aq) \rightleftarrows 2HF(aq) \\ \hline BaF_2(s) + 2H^+(aq) \rightleftarrows Ba^{2+}(aq) + 2HF(aq) \end{array}$$

Em geral, a solubilidade de um composto iônico na presença de um ânion básico aumenta com a acidez (diminuição do pH).

As solubilidades de ânions que não se hidrolisam não são afetadas pelo pH, como é o caso de Cl^-, Br^-, I^-, entre outros.

EXERCÍCIOS

1) Iodeto de bismuto, BiI_3, tem uma solubilidade de 7,76 mg/L. Qual o seu K_s?

2) Qual é a concentração de Ag^+ e CrO_4^{2-} em uma solução saturada de Ag_2CrO_4? $K_s = 1{,}1 \times 10^{-12}$.

3) Qual deve ser a concentração de PO_4^{3-} para iniciar a precipitação de Ag_3PO_4 em uma solução 0,10 M $AgNO_3$? $K_s(Ag_3PO_4) = 1{,}3 \times 10^{-20}$.

4) Qual deve ser a concentração de Ag^+ para iniciar a precipitação em uma solução 0,10 M PO_4^{3-}? E em 0,10 M de Cl^-? Dados: $K_s(Ag_3PO_4) = 1{,}3 \times 10^{-20}$; $K_s(AgCl) = 1{,}77 \times 10^{-10}$.

5) Qual massa de Ag_3AsO_4 pode ser dissolvida em 250 mL de água? $K_s(Ag_3AsO_4) = 1{,}0 \times 10^{-22}$.

6) O K_s do hidróxido de cobre II $[Cu(OH)_2]$ é $2{,}2 \times 10^{-20}$. Calcule sua solubilidade em g/L.

7) Os compostos AB e AC_2 têm produto de solubilidade (K_s) igual a $4{,}0 \times 10^{-18}$. Qual é o mais solúvel, em mol/L?

8) A partir dos dados de solubilidade apresentados, calcule os produtos de solubilidade (K_s) dos seguintes compostos:

a) SrF_2, 7,3 × 10^{-2} g/L

b) Ag_3PO_4, 6,7 × 10^{-3} g/L.

9) A solubilidade molar do carbonato de manganês ($MnCO_3$) é de 4,2 × 10^{-6} $mol.L^{-1}$. Qual o valor do K_s para esse composto?

10) A solubilidade de um composto iônico M_2X_3 (MM = 288 g/mol) é 3,6 × 10^{-3} g/L. Qual o valor de K_s para esse composto?

11) Qual é o pH de uma solução saturada de hidróxido de zinco [$Zn(OH_2)$]? Dado: $K_s(Zn(OH)_2)$ = 1,8 × 10^{-14}.

12) Se 20,0 mL de 0,10 M $Ba(NO_3)_2$ são adicionados a 50,0 mL de 0,10 M Na_2CO_3, haverá formação de precipitado $BaCO_3$? Dado: $K_s(BaCO_3)$ = 8,1 × 10^{-9}.

13) Se volumes iguais de soluções de nitrato de prata $AgNO_3$ e ácido clorídrico HCl com concentração de 1,0 × 10^{-6} $mol.L^{-1}$ são misturados, ocorrerá precipitação? Qual a quantidade do composto precipitado?

14) Como o efeito do íon comum influencia o equilíbrio de solubilidade? Use o princípio de Le Chatelier para explicar a diminuição da solubilidade do $CaCO_3$ em uma solução de Na_2CO_3.

15) Determine a molaridade do íon chumbo II (Pb^{2+}) na solução de cada um dos sais:

a) $PbSO_4$ com produto de solubilidade 1,82 × 10^{-8};

b) PbI_2 com produto de solubilidade 9,8 × 10^{-9}.

16) A solubilidade do hidróxido de manganês (II), em uma solução de pH = 11,50 é de 1,0 × 10^{-10} $mol.L^{-1}$. Calcule o K_s para o $Mn(OH)_2$.

17) Qual é o pH mais baixo no qual Co^{2+} 0,10 $mol.L^{-1}$ pode ser precipitado como sulfeto de cobalto CoS ($K_s(CoS)$ = 5,0 × 10^{-22}) de uma solução saturada de H_2S (0,20 $mol.L^{-1}$)?

18) As pedras nos rins se formam pela precipitação de oxalato de cálcio monoidratado ($CaC_2O_4 \times H_2O$, K_s = 2,3 × 10^{-9}). O pH da urina varia de 5,5 a 7,0, e a [Ca^{2+}] média na urina é 2,6 × 10^{-3} M.

a) Se a [ácido oxálico] na urina for 3,0 × 10^{-13} M, pedras nos rins se formam em pH = 5,5?

b) Elas se formarão em pH = 7,0?

c) Os vegetarianos têm um pH urinário acima de 7. Eles têm mais ou menos probabilidade de formar cálculos renais?

CAPÍTULO 6

Equilíbrios de complexação

Reações ácido-base que envolvem um cátion metálico (ácido de Lewis) se combinando com uma base de Lewis resultam na formação de **íons complexos.** Assim, pode-se definir um íon complexo como um íon contendo um cátion metálico central ligado a um ou mais ligantes. Os ligantes podem ser moléculas neutras ou íons que atuam como bases de Lewis quando ligados ao átomo central. Esses compostos também são chamados **complexos metálicos.** Quando um íon complexo se combina com um ou mais contraíons (íons de carga oposta que não agem como ligante), o resultado é um composto neutro chamado **composto de coordenação.** Uma representação de um composto de coordenação é apresentado na Figura 6.1.

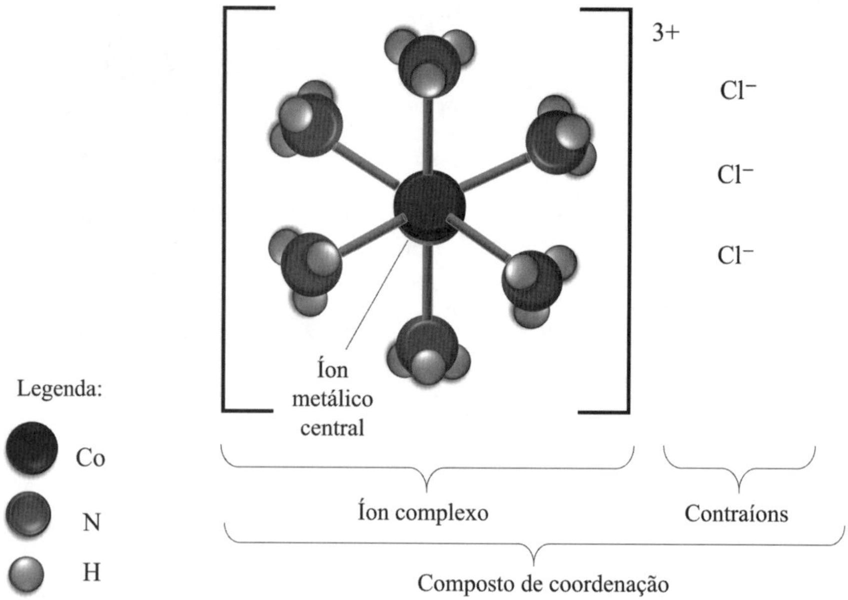

Figura 6.1 Representação do composto de coordenação cloreto de hexamincobalto (III).

O primeiro composto de coordenação conhecido foi o azul da Prússia, descoberto em 1704 por Heinrich Diesbach. Hoje sabe-se que esse pigmento se trata do hexacianoferrato (II) de ferro (III) ($Fe_4[Fe(CN)_6]_3$), um corante azul de relevante importância comercial. Porém, os estudos acerca dos compostos de coordenação só se iniciaram efetivamente a partir de 1798, quando Tassaert sintetizou um sal de cobalto e amônia (cloreto de hexamincobalto (III)), apresentado na Figura anterior, hoje sabe-se que sua fórmula é ($[Co(NH_3)_6]Cl_3$). Na época em que esse composto foi descoberto, não havia embasamento científico suficiente para explicar a estrutura e a estabilidade desse composto. Durante os quase 100 anos seguintes, diversas teorias e vários outros compostos foram desenvolvidos a fim de solucionar esse problema. Coube ao químico suíço Alfred Werner (1866-1919) propor uma teoria que realmente explicasse as ligações em compostos de coordenação em 1893.

Para explicar a estrutura de compostos como o ($[Co(NH_3)_6]Cl_3$, Werner propôs que o íon metálico central apresenta dois tipos de interação, as quais ele chamou de **valência primária** e **valência secundária**. A primeira valência é o estado de oxidação do átomo metálico central, e a segunda valência é o número de moléculas ou íons diretamente ligados ao átomo metálico central, chamada de **número de coordenação**.

Pode-se considerar o complexo metal-ligante como um produto de uma reação ácido-base de Lewis porque a ligação é formada quando o ligante doa um par de elétrons a um orbital vazio do metal. Uma ligação desse tipo é chamada de **ligação covalente coordenada.** Um exemplo desse tipo de ligação é apresentado na Figura 6.2.

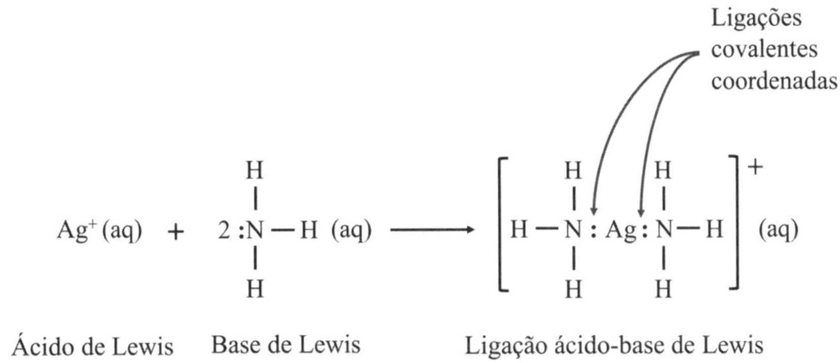

Figura 6.2 Representação da formação de um composto de coordenação.

6.1 TIPOS DE LIGANTES

Ligantes que doam apenas um par de elétrons ao átomo central são chamados **monodentados.** Alguns ligantes têm a habilidade de doar dois pares de elétrons (a partir de dois átomos diferentes) ao metal, estes são chamados **bidentados.** Alguns ligantes, chamados **polidentados,** podem doar mais de dois pares de elétrons (a partir de mais de dois átomos) ao metal. Um íon complexo que apresenta um ligante bidentado ou polidentado é chamado de **quelato,** e o ligante, nesse caso, é chamado de **agente quelante.** Alguns exemplos de ligantes são mostrados no Quadro 6.1:

Quadro 6.1 Alguns exemplos de ligantes

Ligante	Fórmula	Tipo
Água	H_2O	Monodentado
Amônia	NH_3	Monodentado
Íon cloreto	Cl^-	Monodentado
Monóxido de carbono	CO	Monodentado
Íon cianeto	CN^-	Monodentado
Íon tiocianato	SCN^-	Monodentado
Íon oxalato	$C_2O_4^{2-}$	Bidentado
Etilenodiamina	$C_2H_8N_2$	Bidentado
Etilenodiaminotetracetato (*EDTA*)	$C_{10}H_{12}N_2O_8$	Polidentado

Fonte: Adaptado de Tro, 2017.

Dependendo do número de ligantes, os complexos podem assumir diferentes configurações geométricas, como linear ($[Ag(NH_3)_2]^+$), quadrado planar ($[PdCl_4]^{2-}$), tetraédrica ($[Zn(NH_3)_4]^{2+}$), octaédrica ($[Fe(H_2O)_6]^{3+}$).

Com relação ao átomo central, pode-se caracterizá-lo pelo seu número de coordenação, que é um número inteiro que indica o número de ligantes monodentados que podem formar um complexo estável com esse átomo central. O Quadro 6.2 apresenta alguns exemplos de espécies metálicas que podem atuar como átomo central:

Quadro 6.2 Alguns exemplos de átomos centrais e seus números de coordenação.

Número de coordenação	Átomo central	Geometria	Exemplo
2	Ag^+, Cu^+, Au^+	Linear	$Ag(NH_3)_2^+$
4	**Pd^{2+}**, Ni^{2+}, Cu^{2+}, **Pt^{2+}**	Quadrado planar	$Pt(NH_3)_4^{2+}$
4	Al^{3+}, Au^+, **Zn^{2+}**, Cu^+, Co^{2+}, Ni^{2+}, **Cd^{2+}**	Tetraédrica	$Zn(NH_3)_4^{2+}$
6	Al^{3+}, Co^{2+}, Co^{3+}, Cr^{3+}, Cu^{2+}, **Fe^{2+}**, **Fe^{3+}**, Ni^{2+}, **Pt^{4+}**	Octaédrica	$Co(NH_3)_6^{3+}$

* Os cátions que normalmente apresentam apenas um número de coordenação estão em negrito.

Fonte: Masterton e Hurley, 2015.

6.2 CONSTANTE DE ESTABILIDADE DE COMPLEXOS

Quando um sal solúvel contendo um cátion metálico n-valente (M^{n+}) é adicionado à água ou a uma solução aquosa, tem-se a dissolução desse sal e a hidratação do ânion e do cátion M^{n+}, sendo que o número máximo de moléculas H_2O coordenando o íon metálico é igual ao número de coordenação (N) desse íon $[M(H_2O)_x^{n+}]$.

Se a esta solução for adicionada uma solução contendo um ligante L, as moléculas de água coordenando o cátion metálico serão substituídas pelo ligante L em etapas sucessivas. Por exemplo, quando a uma solução contendo íons Co^{2+} hidratados é adicionada uma solução de NH_3:

$$Co(H_2O)_6^{2+}(aq) + NH_3\ (aq) \rightleftarrows Co(H_2O)_5(NH_3)^{2+}(aq) + H_2O(l)$$

$$Co(H_2O)_5(NH_3)^{2+}(aq) + NH_3\ (aq) \rightleftarrows Co(H_2O)_4(NH_3)_2^{2+}(aq) + H_2O(l)$$

$$Co(H_2O)_4(NH_3)_2^{2+}(aq) + NH_3\ (aq) \rightleftarrows Co(H_2O)_3(NH_3)_3^{2+}(aq) + H_2O(l)$$

$$Co(H_2O)_3(NH_3)_3^{2+}(aq) + NH_3\ (aq) \rightleftarrows Co(H_2O)_2(NH_3)_4^{2+}(aq) + H_2O(l)$$

$$Co(H_2O)_2(NH_3)_4^{2+}(aq) + NH_3\,(aq) \rightleftarrows Co(H_2O)(NH_3)_5^{2+}(aq) + H_2O(l)$$

$$Co(H_2O)(NH_3)_5^{2+}(aq) + NH_3\,(aq) \rightleftarrows Co(NH_3)_6^{2+}(aq) + H_2O(l)$$

Outro exemplo é a reação entre um íon metálico (M^{2+}) e a amônia (NH_3) em solução aquosa. As moléculas de amônia substituirão as moléculas de água no íon hidratado [$M(H_2O)_4^{2+}$]: em etapas sucessivas, conforme a Figura 6.3, até formar o complexo [$M(NH_3)_4^{2+}$]:

$$M(H_2O)_4^{2+}(aq) + NH_3\,(aq) \rightleftarrows M(H_2O)_3(NH_3)^{2+}(aq) \rightleftarrows M(NH_3)_4^{2+}(aq) + H_2O(l)$$

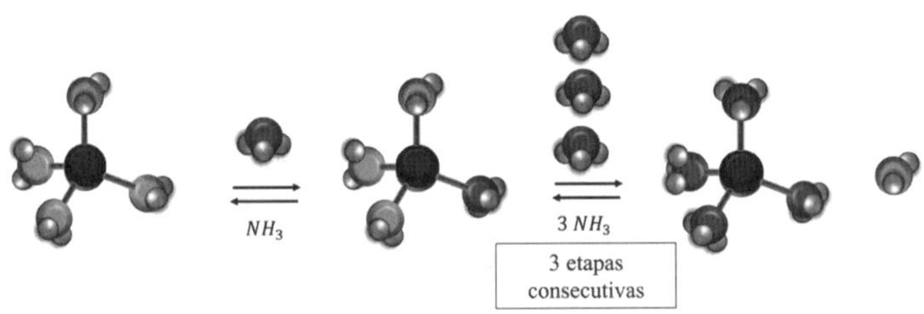

Figura 6.3 Representação da substituição da água pela amônia num composto de coordenação.

Note-se que, nessas reações, o Co^{2+} atua como ácido de Lewis e a amônia atua como base de Lewis, sendo que a reação de complexação ocorre quando o ligante (doador de elétrons) se associa à esfera de coordenação interna do cátion metálico, nesse caso o Co^{2+}.

Para melhor representar os equilíbrios de complexação, opta-se por omitir as cargas do cátion metálico e do ligante, as moléculas de água e os estados físicos das espécies presentes. Assim, de forma genérica, tem-se:

$$M + L \rightleftarrows ML \qquad K_1 = \frac{[ML]}{[M].[L]}$$

$$ML + L \rightleftarrows ML_2 \qquad K_2 = \frac{[ML_2]}{[ML].[L]}$$

$$ML_2 + L \rightleftarrows ML_3 \qquad K_3 = \frac{[ML_3]}{[ML_2].[L]}$$

$$ML_3 + L \rightleftarrows ML_4 \qquad K_4 = \frac{[ML_4]}{[ML_3].[L]}$$

$$ML_4 + L \rightleftarrows ML_5 \qquad K_5 = \frac{[ML_5]}{[ML_4].[L]}$$

$$ML_{n-1} + L \rightleftarrows ML_n \qquad K_n = \frac{[ML_n]}{[ML_{n-1}].[L]}$$

Em que M representa o cátion metálico, L é o ligante (molecular ou iônico) e as espécies ML, ML_2, ML_3,..., e ML_n representam os complexos metálicos formados em etapas sucessivas.

Somando-se todas as equações parciais, obtém-se:

$$M + nL \rightleftarrows ML_n$$

As constantes de equilíbrio de cada etapa K_1, K_2, K_3,..., e K_5 são as constantes de estabilidade parciais dos complexos, ou constantes de formação parciais. O produto de todas essas constantes de estabilidade parcial resulta na constante de estabilidade global ou, simplesmente, constante de estabilidade K_{est}. Quanto maior o valor da constante de estabilidade, mais estável será o complexo.

$$K_1 \times K_2 \dots \times K_n = K_{est} = \frac{[ML_n]}{[M].[L]^n}$$

Exemplo: um químico industrial converte $Zn(H_2O)_4^{2+}$ no complexo mais estável $[Zn(NH_3)_4^{2+}]$, K_{est} = 7,8 × 10^8, pela mistura de 50,0 L de $Zn(H_2O)_4^{2+}$ a 0,0020 M e 25,0 L de NH_3 a 0,15 M. Qual a concentração de $Zn(H_2O)_4^{2+}$ no equilíbrio?

Resolução:

A reação e a expressão de K_{est} são dadas por:

$$Zn(H_2O)_4^{2+}(aq) + 4NH_3\ (aq) \rightleftarrows Zn(NH_3)_4^{2+}(aq) + 4H_2O(l)$$

$$K_{est} = \frac{[Zn(NH_3)_4^{2+}]}{[Zn(H_2O)_4^{2+}].[NH_3]^4}$$

Encontram-se as concentrações iniciais dos reagentes:

$$[Zn(H_2O)_4^{2+}]_{inicial} = \frac{50{,}0\ L \times 0{,}0020\ M}{50{,}0\ L + 25{,}0\ L} = 1{,}3 \times 10^{-3}\ M$$

$$[NH_3]_{inicial} = \frac{25{,}0\ L \times 0{,}15\ M}{50{,}0\ L + 25{,}0\ L} = 5{,}0 \times 10^{-2}\ M$$

A partir desses dados, preenche-se uma tabela de equilíbrio, levando-se em conta as seguintes considerações: aproximadamente todo $Zn(H_2O)_4^{2+}$ é convertido em $Zn(NH_3)_4^{2+}$, assim, ao se preencher a tabela, considera-se $x = [Zn(H_2O)_4^{2+}]$ no equilíbrio.

	$Zn(H_2O)_4^{2+}(aq) + 4NH_3\ (aq) \rightleftarrows Zn(NH_3)_4^{2+}(aq) + 4H_2O(l)$			
Início	1,3 × 10^{-3}	5,0 × 10^{-2}	0,0	–
Variação	~(–1,3 × 10^{-3})	~4 × (–1,3 × 10^{-3})	~(+1,3 × 10^{-3})	–
Equilíbrio	x	4,5 × 10^{-2}	1,3 × 10^{-3}	–

Substituindo-se os valores da linha do equilíbrio na expressão da constante de estabilidade do complexo e resolvendo para x, tem-se:

$$K_{est} = \frac{[Zn(NH_3)_4^{2+}]}{[Zn(H_2O)_4^{2+}].[NH_3]^4} \therefore 7{,}8 \times 10^8 = \frac{1{,}3 \times 10^{-3}}{x.(4{,}5 \times 10^{-2})^4}$$

$$x = [Zn(H_2O)_4^{2+}] = 4{,}1 \times 10^{-7} M$$

Como o valor de K_{est} é grande, a $[Zn(H_2O)_4^{2+}]$ remanescente no equilíbrio é pequena.

Exemplo: uma aplicação do equilíbrio de complexação consiste na mistura de 200 mL de uma solução de nitrato de cobre, $Cu(NO_3)_2$, a $1{,}5 \times 10^{-3}$ $mol.L^{-1}$, com 250 mL de solução de amônia, NH_3, a 0,20 $mol.L^{-1}$, em que a reação de complexação prossegue até que seja atingido o equilíbrio.

Qual será a concentração de Cu^{2+} remanescente?

Resolução:

O procedimento para a resolução do problema pode ser resumido como segue:

i) Primeiro deve-se escrever a equação balanceada para o equilíbrio de formação do íon complexo buscar o valor de K_{est} em tabelas apropriadas.

$$Cu^{2+}(aq.) + 4\,NH_3(aq.) \rightleftarrows [Cu(NH_3)_4]^{2+}(aq.) \qquad K_{est} = 1{,}7 \times 10^{13}$$

ii) Em seguida, calcular as concentrações iniciais das espécies participantes do equilíbrio:

$$[Cu^{2+}]_{inicial} = \frac{0{,}200L \times \frac{1{,}5 \times 10^{-3} mol}{L}}{0{,}200\,L + 0{,}250L} = 6{,}7 \times 10^{-4} M$$

$$[NH_3]_{inicial} = \frac{0{,}250L \times \frac{0{,}20\,mol}{L}}{0{,}200\,L + 0{,}250L} = 0{,}11\,M$$

iii) Construir uma tabela de equilíbrio para a reação e preenchê-la com as concentrações iniciais da espécie:

	$Cu^{2+}(aq)$ +	$4\,NH_3(aq)$ $\rightleftarrows$	$[Cu(NH_3)_4]^{2+}(aq)$
Início	$6{,}7 \times 10^{-4}$	0,11	0,0
Variação			
Equilíbrio			

iv) Como a constante de estabilidade é muito grande e a concentração de amônia é muito maior que a concentração de Cu^{2+}, pode-se assumir que a reação está totalmente deslocada para a direita e que praticamente todo Cu^{2+} foi consumido. Em outros casos de equilíbrio anteriores, x representava a variação ocorrida na concentração de uma espécie. Nesse caso, x representa a pequena concentração de Cu^{2+} remanescente quando o equilíbrio é atingido. Assim:

	$Cu^{2+}(aq) +$	$4\,NH_3(aq) \rightleftarrows$	$[Cu(NH_3)_4]^{2+}(aq)$
Início	$6{,}7 \times 10^{-4}$	$0{,}11$	$0{,}0$
Variação	$\approx (-6{,}7 \times 10^{-4})$	$\approx 4 \times (-6{,}7 \times 10^{-4})$	$\approx (+6{,}7 \times 10^{-4})$
Equilíbrio	x	$0{,}11$	$6{,}7 \times 10^{-4}$

v) Substituindo-se os valores na expressão da constante de estabilidade, tem-se:

$$K_{est} = \frac{[Cu(NH_3)_4^{2+}]}{[Cu^{2+}].[NH_3]^4} \qquad 1{,}7 \times 10^{13} = \frac{6{,}7 \times 10^{-4}}{x.(0{,}11)^4} \qquad x = [Cu^{2+}] = 2{,}7 \times 10^{-13} mol.L^{-1}$$

Como a $[Cu^{2+}]_{equil.}$ é muito menor que a $[Cu^{2+}]_{inicial}$, a aproximação feita no item (iv) é válida.

É comum também se utilizar as constantes de estabilidade acumulativas, βi, quando há equilíbrios em etapas sucessivas:

$$M + L \rightleftarrows ML \qquad \beta_1 = K_1 = \frac{[ML]}{[M].[L]}$$

$$M + 2L \rightleftarrows ML_2 \qquad \beta_2 = K_1 \times K_2 = \frac{[ML_2]}{[M].[L]^2}$$

$$M + 3L \rightleftarrows ML_3 \qquad \beta_3 = K_1 \times K_2 \times K_3 = \frac{[ML_3]}{[M].[L]^3}$$

$$\vdots \qquad \vdots$$

$$M + 6L \rightleftarrows ML_6 \qquad \beta_6 = K_1 \times K_2 \times K_3 \times K_4 \times K_5 \times K_6 = \frac{[ML_6]}{[M].[L]}$$

Como exemplo da utilização da constante de estabilidade, considere a formação do complexo entre Ag^+ e NH_3, que ocorre em duas etapas sucessivas, com $K_1 = 1{,}9 \times 10^3$ e $K_2 = 7{,}9 \times 10^3$.

$$Ag^+ + NH_3 \rightleftarrows [Ag(NH_3)]^+ \qquad K_1 = \frac{[Ag(NH_3)]^+}{[Ag^+].[NH_3]} \qquad \beta_1 = K_1 = 1{,}9 \times 10^3$$

$$[Ag(NH_3)]^+ + NH_3 \rightleftarrows [Ag(NH_3)_2]^+ \qquad K_2 = \frac{[Ag(NH_3)_2]^+}{[Ag(NH_3)]^+.[NH_3]} \qquad K_2 = 7{,}9 \times 10^3$$

$$Ag^+ + 2NH_3 \rightleftarrows [Ag(NH_3)_2]^+ \qquad K_{est} = \frac{[Ag(NH_3)_2]^+}{[Ag^+].[NH_3]^2} \qquad \beta_2 = K_1 \times K_2 = 1{,}5 \times 10^7$$

Observa-se, então, que a constante de estabilidade global é muito maior que as constantes de estabilidade parcial, o que indica que, se houver ligante em excesso na solução, o complexo da reação global será mais estável que os complexos das etapas parciais e, assim, no equilíbrio, praticamente não haverá íon metálico livre em solução.

6.3 COMPOSIÇÃO FRACIONÁRIA DAS ESPÉCIES NO EQUILÍBRIO

Pode-se obter a composição fracionária utilizando-se as frações das concentrações das espécies em equilíbrio. Considerando-se a formação de um complexo metálico contendo n ligantes, tem-se:

$$M + nL \rightleftarrows ML_n$$

E as frações das concentrações de todas as espécies, α_n, do cátion metálico livre, M, e do cátion metálico complexado ML, ML_2, ML_3, ..., ML_m podem ser calculadas por:

$$\alpha_0 = \frac{[M]}{C_M} = \frac{[M]}{[M] + [ML] + [ML_2] + [ML_3] + \cdots + [ML_n]}$$

$$\alpha_1 = \frac{[ML]}{C_M} = \frac{[ML]}{[M] + [ML] + [ML_2] + [ML_3] + \cdots + [ML_n]}$$

$$\alpha_2 = \frac{[ML_2]}{C_M} = \frac{[ML_2]}{[M] + [ML] + [ML_2] + [ML_3] + \cdots + [ML_n]}$$

$$\alpha_3 = \frac{[ML_3]}{C_M} = \frac{[ML_3]}{[M] + [ML] + [ML_2] + [ML_3] + \cdots + [ML_n]}$$

$$\alpha_i = \frac{[ML_i]}{C_M} = \frac{[ML_i]}{[M] + [ML] + [ML_2] + [ML_3] + \cdots + [ML_n]}$$

sendo que: $\alpha_0 + \alpha_1 + \alpha_2 + \alpha_3 + ... + \alpha_n = 1$

E:

$$C_M = [M] + [ML] + [ML_2] + [ML_3] + \cdots + [ML_n]$$

E, como visto nas constantes cumulativas:

$$[ML] = \beta_1.[M].[L] \; ; [ML_2] = \beta_2.[M].[L]^2 \; ; [ML_3] = \beta_3.[M].[L]^3$$

E assim sucessivamente.

Dessa forma, a concentração total do metal pode ser escrita por:

$$C_M = [M] + [ML] + [ML_2] + [ML_3] + \cdots + [ML_n]$$

$$C_M = [M] + \beta_1.[M].[L] + \beta_2.[M].[L]^2 + \beta_3.[M].[L]^3 + \cdots + \beta_n.[M].[L]^n,$$

ou ainda:

$$C_M = [M].\{1 + \beta_1.\ [L] + \beta_2.\ [L]^2 + \beta_3.\ [L]^3 + \cdots + \beta_n.\ [L]^n\}$$

Assim, a fração do íon metálico livre em solução é dada por:

$$\alpha_M = \frac{[M]}{[M].\{1 + \beta_1.\ [L] + \beta_2.\ [L]^2 + \beta_3.\ [L]^3 + \cdots + \beta_n.\ [L]^n\}}$$

Ou ainda:

$$\alpha_M = \frac{1}{1 + \beta_1.\ [L] + \beta_2.\ [L]^2 + \beta_3.\ [L]^3 + \cdots + \beta_n.\ [L]^n}$$

Exemplo: Zn^{2+} e NH_3 formam os complexos $Zn(NH_3)^{2+}$, $Zn(NH_3)_2^{2+}$, $Zn(NH_3)_3^{2+}$ e $Zn(NH_3)_4^{2+}$. Se a concentração de amônia livre não protonada é 0,10 M, qual a concentração de zinco que se encontra na forma Zn^{2+}? E, quando a concentração de amônia livre for de 0,02 M, qual será a concentração de Zn^{2+}?

Dados:

$$Zn^{2+} + NH_3 \rightleftarrows Zn(NH_3)^{2+} \qquad \beta_1 = \frac{[Zn(NH_3)^{2+}]}{[Zn^{2+}].[NH_3]} = 10^{2,18}$$

$$Zn^{2+} + 2NH_3 \rightleftarrows Zn(NH_3)_2^{2+} \qquad \beta_2 = \frac{[Zn(NH_3)_2^{2+}]}{[Zn^{2+}].[NH_3]^2} = 10^{4,43}$$

$$Zn^{2+} + 3NH_3 \rightleftarrows Zn(NH_3)_3^{2+} \qquad \beta_3 = \frac{[Zn(NH_3)_3^{2+}]}{[Zn^{2+}].[NH_3]^3} = 10^{6,74}$$

$$Zn^{2+} + 4NH_3 \rightleftarrows Zn(NH_3)_4^{2+} \qquad \beta_4 = \frac{[Zn(NH_3)_4^{2+}]}{[Zn^{2+}].[NH_3]^4} = 10^{8,70}$$

Resolução:

Para se obter a solução do problema, a equação mais apropriada é:

$$\alpha_M = \frac{1}{1 + \beta_1.\ [L] + \beta_2.\ [L]^2 + \beta_3.\ [L]^3 + \cdots + \beta_n.\ [L]^n}$$

Assim, quando a concentração do ligante (NH_3) for de 0,10 M, a fração de livre:

$$\alpha_{Zn^{2+}} = \frac{1}{1 + (10^{2,18}.\ 0,10) + 10^{4,43}.\ (0,10)^2 + 10^{6,74}.\ (0,10)^3 + 10^{8,70}.\ (0,10)^4}$$

Logo:

$$\alpha_{Zn^{2+}} = 1,8 \times 10^{-5}$$

Esse valor indica que na presença de uma solução de NH_3 a 0,10 M, a concentração de 7^{2+} é muito pequena.

E quando a concentração do ligante (NH_3) for de 0,02 M, a concentração do metal será de:

$$\alpha_{Zn^{2+}} = \frac{1}{1 + (10^{2,18}.\ 0,02) + 10^{4,43}.\ (0,02)^2 + 10^{6,74}.\ (0,02)^3 + 10^{8,70}.\ (0,02)^4}$$

Logo:

$$\alpha_{Zn^{2+}} = 0,0072$$

Note que, com a concentração de ligante reduzida, a concentração do íon metálico livre aumenta consideravelmente.

6.4 INFLUÊNCIA DO *pH* SOBRE A CONCENTRAÇÃO DO LIGANTE

Como as espécies envolvidas em reações de complexação são ácidos e bases de Lewis, essas reações sofrem reações laterais em que os íons H^+ competem com o íon metálico pela ligação com o ligante (base de Lewis); por isso, as constantes de estabilidade dependem do pH da solução e assumem valores específicos para cada valor de pH, por isso são chamadas **constante de formação condicional** ou **constante de estabilidade condicional.**

Os ligantes podem sofrer ligações laterais e a mais comum é a protonação do ligante que apresenta um caráter ácido-base.

$$H_nL\ (aq.) \rightleftarrows nH^+\ (aq.) + L^-\ (aq.) \qquad M^+\ (aq.) + L^-\ (aq.) \rightleftarrows [ML]\ (aq.)$$

ácido conjugado base conjugada

A adição de ácido (H^+) a uma solução que contém M e L reduz a concentração de L livre disponível para formar o complexo com M. Isso diminui a eficiência do agente complexante L (efeito do pH).

Como exemplo, considere o equilíbrio a seguir:

$$M^+ \,(aq.) + L^- \,(aq.) \rightleftarrows [ML] \,(aq.)$$

Sendo α a fração de L que se encontra na forma disponível, a concentração efetiva de L na solução é dada por:

$$\alpha_L = \frac{[L]}{C_L} \quad \therefore \quad [L] = \alpha_L \times C_L$$

Em que $[L]$ é a concentração efetiva de L (disponível) e C_L é a concentração total de L (todas as formas presentes).

A constante de estabilidade para a reação apresentada é:

$$K_{est} = \frac{[ML]}{[M].[L]}$$

Substituindo-se nessa expressão a equação para $[L]$, tem-se:

$$K_{est} = \frac{[ML]}{[M].\alpha_L.C_L}$$

Fazendo $K_{est} \times \alpha_L = K'_{est}$, obtém-se:

$$K'_{est} = \frac{[ML]}{[M].C_L}$$

Em que K'_{est} é a constante de estabilidade condicional para uma determinada fração de ligante disponível, α_L.

Exemplo: o ácido etilenodiaminotetracético ($EDTA$), representado por Y, forma complexos estáveis com muitos metais. Pode ser encontrado sob diferentes formas protonadas (H_4Y, H_3Y^-, H_2Y^{2-}, HY^{3-} e Y^{4-}), sendo a forma Y^{4-} a que forma complexos mais estáveis. Por ser um ácido fraco, esse ligante sofre influência do pH sobre sua concentração. A constante de estabilidade para o complexo Ca-$EDTA$ (CaY^{2-}) é de $4{,}46 \times 10^{10}$. Calcule a concentração de Ca^{2+} livre em uma solução de CaY^{2-} 0,10 $mol.L^{-1}$ em pH 10,0 e em pH 3,0. Dado: $\alpha_y^{4-}(pH\ 10{,}0) = 0{,}30$; $\alpha_y^{4-}(pH\ 3{,}0) = 2{,}1 \times 10^{-11}$.

Resolução:

O equilíbrio nesse caso é dado por:

$$Ca^{2+}\,(aq.) + Y^{4-}(aq.) \rightleftarrows CaY^{2-}(aq.) \qquad K_{est} = 4{,}46 \times 10^{10}$$

- Para pH = 10,0, a constante de estabilidade condicional é dada por:

$$K'_{est} = K_{est}.\alpha_L \quad \therefore \quad K'_{est} = 4{,}46 \times 10^{10}.(0{,}30) = 1{,}34 \times 10^{10}$$

E a concentração do íon Ca^{2+} livre pode ser obtida por meio da solução do seguinte equilíbrio:

	$Ca^{2+}(aq) + Y^{4-}(aq.) \rightleftarrows CaY^{2-}(aq.)$		
Início	0	0	0,10
Variação	+x	+x	−x
Equilíbrio	x	x	0,10 – x

Substituindo-se os valores da linha de equilíbrio na expressão da constante de estabilidade condicional e considerando que 0,10 – $x \approx$ 0,10, tem-se:

$$K'_{est} = \frac{[CaY^{2-}]}{[Ca^{2+}].[Y^{4-}]} \quad 1{,}34 \times 10^{10} = \frac{0{,}10 - x}{x.x} \quad x = [Ca^{2+}] = 2{,}7 \times 10^{-6} mol.L^{-1}$$

- Para pH = 3,0, a constante de estabilidade condicional é dada por:

$$K'_{est} = K_{est}.\alpha_L \quad \therefore \quad K'_{est} = (4{,}46 \times 10^{10}).(2{,}1 \times 10^{-11}) = 9{,}37 \times 10^{-1}$$

E a concentração do íon Ca^{2+} livre pode ser obtida por meio da solução do seguinte equilíbrio:

	$Ca^{2+}(aq) + Y^{4-}(aq.) \rightleftarrows CaY^{2-}(aq.)$		
Início	0	0	0,10
Variação	+x	+x	−x
Equilíbrio	x	x	0,10 – x

Substituindo-se os valores da linha de equilíbrio na expressão da constante de estabilidade condicional e considerando que 0,10 – ≈ 0,10, tem-se:

$$K'_{est} = \frac{[CaY^{2-}]}{[Ca^{2+}].[Y^{4-}]} \quad 9{,}37 \times 10^{-1} = \frac{0{,}10 - x}{x.x} \quad x = [Ca^{2+}] = 3{,}3 \times 10^{-1} mol.L^{-1}$$

Verifica-se que em pH elevado praticamente todo o Ca^{2+} é complexado, enquanto em pH baixo ainda ocorre uma quantidade considerável de íon metálico livre em solução.

6.5 ÍONS COMPLEXOS E A SOLUBILIDADE DE PRECIPITADOS

Na seção anterior foi visto que um aumento na $[H_3O^+]$ provoca um aumento na solubilidade de um composto iônico fracamente solúvel se seu ânion for proveniente de um ácido fraco. De maneira similar, um ligante aumenta a solubilidade de um composto iônico fracamente solúvel se este forma um complexo com o cátion do composto iônico. Por exemplo, o sulfeto de ferro (II) é muito pouco solúvel em água:

$$FeS\,(s) \rightleftarrows Fe^{2+}(aq.) + S^{2-}(aq.) \quad \therefore \quad K_s = 8{,}0 \times 10^{-16}$$

Quando se adiciona certa quantidade de cianeto de sódio ($NaCN$) a 1,0 M, os íons cianeto atuam como ligantes e reagem com a pequena quantidade de íons Fe^{2+} dissolvidos para formar o complexo $Fe(CN)_6^{4-}$:

$$Fe^{2+}\,(aq.) + 6CN^- \rightleftarrows Fe(CN)_6^{4-}(aq.) \quad \therefore \quad K_{est} = 3{,}0 \times 10^{35}$$

Para se verificar a influência da formação do complexo na solubilidade do FeS, pode-se somar as duas equações e observar a constante de equilíbrio da equação global:

$$FeS\,(s) + 6CN^-(aq.) \rightleftarrows Fe(CN)_6^{4-}(aq.) + S^{2-}(aq.)$$

$$K_{global} = K_s \times K_{est} = (8{,}0 \times 10^{-16}) \times (3{,}0 \times 10^{35}) = 2{,}0 \times 10^{20}$$

Como a constante de equilíbrio da equação global apresenta um valor muito grande, a reação direta é bastante favorecida, ocorrendo praticamente de forma completa. Assim, para repor a quantidade de Fe complexado, o sistema atua dissolvendo mais FeS em solução, conforme o princípio de Le Chatelier.

Exemplo: na revelação de filmes fotográficos em preto e branco, um excesso de brometo de prata ($AgBr$) é removido do "negativo" com uma solução aquosa de tiossulfato de sódio ($Na_2S_2O_3$), o que causa a formação do complexo $Ag(S_2O_3)_2^{3-}$. Calcule a solubilidade do $AgBr$ em: a) H_2O e; b) $Na_2S_2O_3$ a 1,0 M. Dados: $K_s(AgBr) = 5{,}0 \times 10^{-13}$; $K_{est}(Ag(S_2O_3)_2^{3-}) = 4{,}7 \times 10^{13}$.

Resolução:

a) Para determinar a solubilidade do $AgBr$ em água, deve-se escrever a equação para a dissolução desse sal em solução saturada e a expressão do K_s:

$$AgBr\,(s) \rightleftarrows Ag^+(aq.) + Br^-(aq.) \quad \therefore \quad K_s = [Ag^+] \times [Br^-]$$

Na resolução do equilíbrio, considera-se que a variação das concentrações dos íons é igual à solubilidade molar (s) do $AgBr$:

$$s = [AgBr]_{dissolvido} = [Ag^+] = [Br^-]$$

$$K_s = [Ag^+] \times [Br^-] = s^2 = 5{,}0 \times 10^{-13}$$

Assim:

$$s = 7{,}1 \times 10^{-7} M$$

b) Para se determinar a solubilidade do *AgBr* em solução aquosa de tiossulfato de sódio, deve-se, inicialmente, escrever a expressão global para a dissolução do precipitado e da formação do complexo:

$$AgBr\,(s) \rightleftarrows Ag^+(aq.) + Br^-(aq.)$$

$$Ag^+(aq.) + 2S_2O_3^{2-}(aq.) \rightleftarrows Ag(S_2O_3)_2^{3-}(aq.)$$

$$\overline{AgBr\,(s) + 2S_2O_3^{2-}(aq.) \rightleftarrows Ag(S_2O_3)_2^{3-}(aq.) + Br^-(aq.)}$$

Cálculo da constante de equilíbrio da equação global:

$$K_{global} = \frac{[Ag(S_2O_3)_2^{3-}].[Br^-]}{[S_2O_3^{2-}]^2} = K_s \times K_{est} = (5{,}0 \times 10^{-13}) \times (4{,}7 \times 10^{13}) = 24$$

Preenchimento da tabela de equilíbrio, considerando-se $s = [AgBr]_{dissolvido} = [Ag(S_2O_3)_2^{3-}]$:

	$AgBr\,(s)$	$+ 2S_2O_3^{2-}(aq.) \rightleftarrows$	$Ag(S_2O_3)_2^{3-}(aq.)$	$+ Br^-(aq.)$
Início	–	1,0	0,0	0,0
Variação	–	– 2.s	+s	+s
Equilíbrio	–	1,0 – 2.s	s	s

Substituindo-se os valores de equilíbrio na expressão da constante da equação global:

$$K_{global} = \frac{[Ag(S_2O_3)_2^{3-}].[Br^-]}{[S_2O_3^{2-}]^2} = \frac{s^2}{(1{,}0 - 2.s)^2} = 24$$

Extraindo a raiz quadrada nos dois lados da equação e resolvendo para *s*, tem-se:

$$[Ag(S_2O_3)_2^{3-}] = s = 0{,}45\ M$$

Portanto, verifica-se que a adição do tiossulfato de sódio provoca um aumento bastante significativo na solubilidade do *AgBr*, de $7{,}1 \times 10^{-7}$ para 0,45 *M*.

EXERCÍCIOS

1) Uma solução é preparada para se obter 1,1 × 10^{-3} M de nitrato de zinco ($Zn(NO_3)_2$) e 0,150 M de amônia (NH_3). Após o equilíbrio ser atingido, qual a concentração de zinco remanescente? (K_{est} ($Zn(NH_3)_4^{2+}$) = 7,8 × 10^8)

2) Uma amostra de 120,0 mL contendo nitrato de prata ($AgNO_3$) a 2,8 × 10^{-3} M deste sal é misturada com uma amostra de 225,0 mL de uma solução de cianeto de sódio ($NaCN$) a 0,10 M. Após se atingir o equilíbrio, qual a concentração de Ag^+ remanescente? (K_{est} ($Ag(CN)_2^-$) = 3,0 x 10^{20})

3) O íon cálcio (Ca^{2+}) forma um complexo fraco 1:1 com o íon nitrato (NO_3^-) com constante de estabilidade (K_{est}) igual a 2,0. Qual seria a concentração de equilíbrio de Ca^{2+} e $Ca(NO_3)^+$ em uma solução preparada pela adição de 10 mL de 0,010 M $CaCl_2$ e 10 mL de 2,0 M de $NaNO_3$? Despreze o efeito dos íons diversos.

4) A constante de formação do complexo etilenodiaminoprata, $Ag(NH_2CH_2CH_2NH_2)^+$, é 5,0 × 10^4. Calcule a concentração de Ag^+ em equilíbrio com uma solução 0,10 M do complexo.

5) Um metal divalente M^{2+} reage com um ligante monodentado L para formar um complexo estável na proporção 1:1 com K_{est} igual a 1,0 × 10^8.

$$M^{2+} + L \rightleftarrows ML^{2+}$$

Calcule a concentração do íon metálico em uma solução preparada pela mistura de volumes iguais de uma solução de M^{2+} a 0,20 M com uma solução de L a 0,20 M.

6) O íon Ag^+ forma um complexo estável 1:1 com a trietilenotetramina, também conhecida como "trien", $[NH_2(CH_2)_2NH(CH_2)_2NH(CH_2)_2NH_2]$. Calcule a concentração do íon Ag_+ no equilíbrio quando forem adicionados 25 mL de $AgNO_3$ (0,010 M) a 50 mL de trien (0,015 M). Dado: K_{est} = 5,0 x 10^7.

$$Ag^+ + trien \rightleftarrows Ag[trien]^+$$

7) Íons prata formam complexos com íon tiossulfato ($S_2O_3^{2-}$) em etapas sucessivas, com constantes de estabilidades cumulativas β_1 = 6,6 × 10^8 e β_2 = 4,4 × 10^4. Calcule as concentrações de equilíbrio de todas as espécies que contêm prata para $[AgNO_3]$ = 0,0100 M e $[Na_2S_2O_3]$ = 1,00 M.

8) A constante de formação do complexo CaY^{2-} ($CaEDTA$) é 5,0 × 10^{10}. Calcule a constante de formação condicional a pH 10 e a pH 3.

9) A constante de formação do complexo chumbo-*EDTA* (PbY^{2-}) é $1{,}1 \times 10^{18}$. Calcule a constante de formação condicional a *pH* 10 e a *pH* 3.

10) Dado que Cu^{2+} forma um complexo tetramina ($Cu(NH_3)^{2+}$) com a amônia em etapas sucessivas cujas constantes de estabilidade acumulativas são $\beta_1 = 10^{3{,}99}$, $\beta_2 = 10^{7{,}33}$, $\beta_3 = 10^{10{,}06}$ e $\beta_4 = 10^{12{,}03}$, e dado que a constante de estabilidade do complexo *Cu-EDTA* é $6{,}30 \times 10^{18}$, calcular a constante de estabilidade condicional para o complexo *Cu-EDTA* em tampão amoniacal com *pH* 10,0 e $[NH_3] = 1{,}0\ M$.

Considere: $K'_{est} = \alpha_{Cu}.\alpha_{EDTA}.K_{est}$ e $\alpha_{EDTA} = 0{,}35$ e:

$$\alpha_{Cu^{2+}} = \frac{1}{1 + \beta_1.\ [L] + \beta_2.\ [L]^2 + \beta_3.\ [L]^3 + \cdots + \beta_n.\ [L]^n}$$

11) Calcule a constante de estabilidade condicional para o complexo níquel-*EDTA* em tampão amoniacal com *pH* 10 contendo $[NH_3] = 0{,}10\ M$. ($K'_{est} = 3{,}6 \times 10^{18}$).

12) Use os valores de K_s e K_{est} para determinar o valor da constante de equilíbrio da reação:

$$FeS\ (s) + 6CN^-(aq.) \rightleftarrows Fe(CN)_6^{4-}(aq.) + S^{2-}(aq.)$$

13) Use os valores de K_s e K_{est} para determinar o valor da constante de equilíbrio da reação:

$$PbCl_2\ (s) + 3\ OH^-(aq.) \rightleftarrows Pb(OH)_3^-(aq.) + 2\ Cl^-(aq.)$$

14) O ácido etilenodiaminotetracético (abreviado H_4EDTA) é um ácido tetraprótico. Seus sais são usados para tratar o envenenamento por metais tóxicos, formando íons complexos solúveis que são excretados. Como o $EDTA^{4-}$ também se liga aos íons de cálcio essenciais, é frequentemente administrado como sal dissódico de cálcio. Por exemplo, quando $Na_2Ca(EDTA)$ é dado a um paciente, os íons $[Ca(EDTA)]^{2-}$ reagem com os íons Pb^{2+} circulantes e os íons metálicos são trocados:

$$[Ca(EDTA)]^{2-}(aq) + Pb^{2+}(aq.) \rightleftarrows [Pb(EDTA)]^{2-}(aq) + Ca^{2+}(aq.)$$

Uma criança tem um nível perigoso de chumbo no sangue de 120 *μg*/100 *mL*. Se a criança receber 100,0 mL de $Na_2Ca(EDTA)$ a 0,10 *M*, qual é a concentração final de Pb^{2+} em *μg*/100 *mL* de sangue, supondo que a reação de troca e o processo de excreção sejam 100% eficientes?

(O volume total de sangue é 1,5 *L*.)

15) A solubilidade de íons prata (Ag^+) em solução aquosa contendo diferentes concentrações de íons cloretos (Cl^-) é baseada nos seguintes equilíbrios:

$$AgCl\,(s) \rightleftarrows Ag^+(aq.) + Cl^-(aq.) \quad \therefore \quad K_s = 1{,}8 \times 10^{-10}$$

$$Ag^+(aq.) + 2\,Cl^-(aq.) \rightleftarrows AgCl_2^-(aq.) \quad \therefore \quad K_{est} = 1{,}8 \times 10^5$$

Quando cloreto de prata sólido ($AgCl$) é adicionado a uma solução contendo íons cloreto (Cl^-), a prata presente pode estar tanto na forma de Ag^+ como de $AgCl_2^-$. A solubilidade de $AgCl$ é a soma das concentrações de Ag^+ e de $AgCl_2^-$.

(a) mostre que $[Ag^+]$ em solução é dado por:

$$[Ag^+] = (1{,}8 \times 10^{-10})/[Cl^-]$$

e que $[AgCl_2^-]$ em solução é dado por:

$$[AgCl_2^-] = (3{,}2 \times 10^{-5}).([Cl^-])$$

(b) encontre a $[Cl^-]$ quando $[Ag^+] = [AgCl_2^-]$.

16) O *EDTA* se liga a íons metálicos para formar íons complexos, então é usado para determinar as concentrações de íons metálicos em solução:

$$M^{n+}(aq.) + EDTA^{4-}(aq.) \rightleftarrows MEDTA^{n-4}(aq.)$$

Uma amostra de 50,0 *mL* de 0,048 *M* de Co^{2+} é titulada com 0,050 *M* de $EDTA^{4-}$. Encontre $[Co^{2+}]$ e $[EDTA^{4-}]$ após a adição de (a) 25,0 *mL* e (b) 75,0 *mL* de $EDTA^{4-}$ (K_{est} $CoEDTA^{2-} = 2{,}04 \times 10^{16}$).

CAPÍTULO 7

Equilíbrios de oxirredução

As titulações de oxirredução baseiam-se em reações de **oxidação** e **redução,** que consistem em reações que se processam com **transferência de elétrons entre as espécies.** Nessas reações, estão presentes espécies **oxidantes** (removem elétrons) e espécies **redutoras** (doam elétrons).

Agentes Oxidantes	Agentes Redutores
Recebem elétrons	Doam elétrons
São reduzidos	São oxidados
Sofrem diminuição do Nox	Sofrem aumento do Nox

Exemplos:

$$Ce^{4+}(aq.) + Fe^{2+}(aq.) \rightleftarrows Ce^{3+}(aq.) + Fe^{3+}(aq.)$$

$$Cu^{2+}(aq.) + Zn\,(s) \rightleftarrows Cu(s) + Zn^{2+}(aq.)$$

As reações de oxirredução (redox) podem se processar em células galvânicas (reação espontânea) ou através do processo de eletrólise em células eletrolíticas (não espontânea).

7.1 SEMIRREAÇÕES

Uma reação global de oxirredução pode ser dividida em dois componentes denominados "semirreações", as quais demonstram qual espécie recebe e qual espécie doa elétrons. As semirreações podem ser somadas para dar a equação global. Os elétrons aparecem apenas nas semirreações, não podendo aparecer na reação global.

Exemplo:

$$Ce^{4+}(aq.) + e^- \rightleftarrows Ce^{3+}(aq.) \qquad \textit{(redução)}$$

$$Fe^{2+}(aq.) \rightleftarrows e^- + Fe^{3+}(aq.) \qquad \textit{(oxidação)}$$

$$\overline{Ce^{4+}(aq.) + Fe^{2+}(aq.) \rightleftarrows Ce^{3+}(aq.) + Fe^{3+}(aq.)} \qquad \textit{(global)}$$

7.2 BALANCEAMENTO DE SEMIRREAÇÕES

As reações redox são relativamente fáceis de serem balanceadas. No entanto, em Química Analítica, é comum a presença de oxiânions (CrO_4^{2-}; $Cr_2O_7^{2-}$; MnO_4^-) em reações um pouco mais complexas.

Exemplo: escrever a reação global balanceada para a oxidação de Fe^{2+} a Fe^{3+} utilizando a redução do $Cr_2O_7^{2-}$ a Cr^{3+}, em meio ácido.

Um roteiro para o balanceamento de reações de oxirreduções envolvendo transferência de elétrons entre as espécies pode ser descrito por:

1) Identificar as espécies que sofrem oxidação e as que sofrem redução determinando seus respectivos números de oxidação;
2) Escrever as duas equações (não balanceadas) para as semirreações;
3) Balancear todos os elementos nas duas semirreações;
4) Se a reação envolver oxiânions, há duas situações:
   i) Reação em meio ácido: balancear os átomos de O adicionando H_2O, e os H adicionando H^+ no lado oposto da reação;
   ii) Reação em meio básico: balancear os átomos de O adicionando H_2O, o H adicionando H^+ e inserindo OH^- em cada lado da reação em quantidade igual à de H^+ (simplificando em um dos lados $H^+ + OH^- \rightarrow H_2O$);
5) Balancear as cargas elétricas por meio da adição de elétrons;

6) Multiplicar todas as espécies, nas semirreações necessárias, pelo fator que resulte em números iguais de elétrons nas duas semirreações e, então, somá-las cancelando os elétrons e as espécies que aparecem em cada lado da equação e verificando se o número de átomos e das cargas foi balanceado.

Exemplo: balanceie a seguinte reação de oxirredução:

$$Al\,(s) + Cu^{2+}\,(aq) \rightarrow Al^{3+} + Cu(s)$$

Resolução:

i) O primeiro passo é identificar os estados de oxidação de todos os átomos presentes indicando quais substâncias foram oxidadas ou reduzidas.

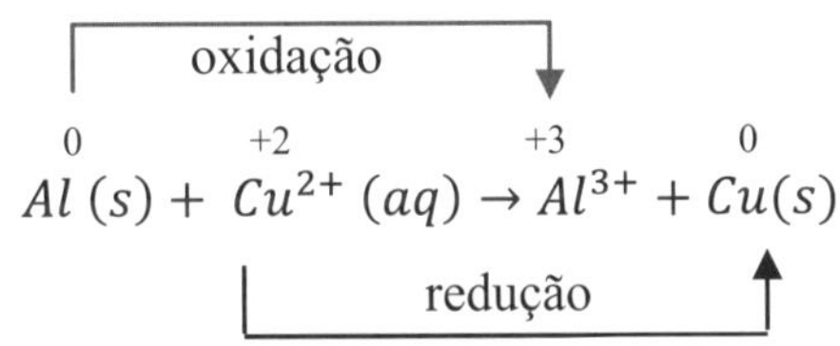

ii) Em seguida, deve-se separar a reação em duas semirreações, uma de oxidação e uma de redução:

Oxidação: $Al\,(s) \rightarrow Al^{3+}(aq)$

Redução: $Cu^{2+}\,(aq) \rightarrow Cu(s)$

iii) Balancear cada semirreação com relação ao número de átomos de cada elemento em cada lado da reação. Nesse caso, as semirreações já estão balanceadas.

iv) Balancear cada semirreação com relação às cargas adicionando elétrons (e^-) de forma que cada lado da reação tenha a mesma carga:

$$Al\,(s) \rightarrow Al^{3+}(aq) + 3\,e^-$$

$$Cu^{2+}\,(aq) + 2\,e^- \rightarrow Cu(s)$$

v) Igualar as quantidades de elétrons nas duas semirreações multiplicando-as pelo fator que resulte em números iguais de elétrons nas duas semirreações e, então, somá-las; cancelando os elétrons e as espécies que aparecem em cada lado da equação e verificando se o número de átomos e das cargas foi balanceado.

$$Al\,(s) \rightarrow Al^{3+}(aq) + 3\,e^- \quad \times 2$$

$$Cu^{2+}\,(aq) + 2\,e^- \rightarrow Cu(s) \quad \times 3$$

O que resulta em:

$$2\,Al\,(s) \rightarrow 2\,Al^{3+}(aq) + 6\,e^-$$

$$3\,Cu^{2+}\,(aq) + 6\,e^- \rightarrow 3\,Cu(s)$$

Somando-se as duas semirreações cancelando-se os elétrons, obtém-se a equação global balanceada:

$$2\,Al\,(s) + 3\,Cu^{2+}\,(aq) \rightarrow 2\,Al^{3+} + 3\,Cu(s)$$

Pode-se verificar que a reação está balanceada com números iguais de átomos de cada elemento e das cargas em cada lado da reação.

Exemplo: os íons permanganato são oxidantes poderosos usados em instalações de tratamento de água para remover metais como o ferro e produtos químicos como o H_2S, que produzem sabores e odores desagradáveis. Se estiverem sendo usadas soluções de permanganato, é necessário saber as concentrações exatas. A titulação de quantidades conhecidas de ácido oxálico é comumente usada para se determinar a concentração de soluções de MnO_4^-, portanto é necessário conhecer a equação redox balanceada.

Os íons permanganato, MnO_4^-, reagem com o ácido oxálico, $H_2C_2O_4$, em solução aquosa ácida, produzindo íons manganês (II) e dióxido de carbono. Escreva a reação global balanceada.

Resolução:

i) O primeiro passo é identificar os estados de oxidação de todos os átomos presentes indicando quais substâncias foram oxidadas ou reduzidas.

redução

$$\overset{+7\ -2}{MnO_4^-}\,(aq) + \overset{+3\ +1\ -2}{H_2C_2O_4}\,(aq) \rightarrow \overset{+2}{Mn^{2+}}(aq) + \overset{+4\ -2}{CO_2}(g)$$

oxidação

ii) Em seguida, deve-se separar a reação em duas semirreações, uma de oxidação e uma de redução:

Oxidação: $H_2C_2O_4\ (aq) \rightarrow CO_2(g)$
Redução: $MnO_4^-\ (aq) \rightarrow Mn^{2+}(aq)$

iii) Balancear cada semirreação com relação ao número de átomos de cada elemento em cada lado da reação. Como a reação envolve oxiânions em meio ácido, balanceiam-se os átomos de *O* adicionando-se H_2O, e os *H*, adicionando-se H^+ no lado oposto da reação;

Oxidação: $H_2C_2O_4 \rightarrow 2\ CO_2 + 2\ H^+$
Redução: $MnO_4^- + 8\ H^+ \rightarrow Mn^{2+} + 4\ H_2O$

iv) Balancear cada semirreação com relação às cargas adicionando elétrons (e^-) de forma que cada lado da reação tenham a mesma carga:

Oxidação: $H_2C_2O_4 \rightarrow 2\ CO_2 + 2\ H^+ + 2\ e^-$
Redução: $MnO_4^- + 8\ H^+ + 5\ e^- \rightarrow Mn^{2+} + 4\ H_2O$

v) Igualar as quantidades de elétrons nas duas semirreações multiplicando-as pelo fator que resulte em números iguais de elétrons nas duas semirreações e, então, somá-las; cancelando-se os elétrons e as espécies que aparecem em cada lado da equação e verificando-se se o número de átomos e o das cargas foi balanceado.

Oxidação: $H_2C_2O_4 \rightarrow 2\ CO_2 + 2\ H^+ + 2\ e^-$ $\times 5$
Redução: $MnO_4^- + 8\ H^+ + 5\ e^- \rightarrow Mn^{2+} + 4\ H_2O$ $\times 2$
O que resulta em:
Oxidação: $5\ H_2C_2O_4 \rightarrow 10\ CO_2 + 10\ H^+ + 10\ e^-$
Redução: $2\ MnO_4^- + 16\ H^+ + 10\ e^- \rightarrow 2\ Mn^{2+} + 8\ H_2O$

Somando-se as duas semirreações cancelando-se os elétrons, obtém-se a equação global balanceada:

$$2\ MnO_4^- + 5\ H_2C_2O_4 + 6\ H^+ \rightarrow 2\ Mn^{2+} + 8\ H_2O + 10\ CO_2$$

Pode-se verificar que a reação está balanceada com números iguais de átomos de cada elemento e das cargas em cada lado da reação.

Exemplo: você está trabalhando em um laboratório analítico e foi solicitado a usar a solução de permanganato para determinar a concentração de íons brometo em uma amostra de água subterrânea enviada a você por um órgão ambiental.

Os produtos da reação entre íons brometo e íons permanganato, MnO_4^-, em solução aquosa básica são óxido de manganês (IV) sólido, MnO_2 e íons bromato BrO_3^-. Equilibre a equação iônica líquida para a reação.

Resolução:

i) O primeiro passo é identificar os estados de oxidação de todos os átomos presentes indicando quais substâncias foram oxidadas ou reduzidas.

redução

$$\overset{+7\ -2}{MnO_4^-}\ (aq) + \overset{-1}{Br^-}\ (aq) \rightarrow \overset{+4\ -2}{MnO_2}(s) + \overset{+5\ -2}{BrO_3^-}(aq)$$

oxidação

ii) Em seguida, deve-se separar a reação em duas semirreações, uma de oxidação e uma de redução:

Oxidação: $Br^-\ (aq) \rightarrow BrO_3^-(aq)$

Redução: $MnO_4^-\ (aq) \rightarrow MnO_2(s)$

iii) Balancear cada semirreação com relação ao número de átomos de cada elemento em cada lado da reação. Como a reação envolve oxiânions em meio básico, balanceiam-se os átomos de *O* adicionando-se H_2O, e os átomos de *H* adicionando-se H^+ no lado oposto da reação e inserindo OH^- em cada lado da reação em quantidade igual à de H^+:

Oxidação: $Br^- + 3\,H_2O + 6\,OH^- \rightarrow BrO_3^- + 6\,H^+ + 6\,OH^-$

Redução: $MnO_4^- + 4\,H^+ + 4\,OH^- \rightarrow MnO_2 + 2\,H_2O + 4\,OH^-$

Simplificando $H^+ + OH^- \rightarrow H_2O$:

Oxidação: $Br^- + 6\,OH^- \rightarrow BrO_3^- + 3\,H_2O$

Redução: $MnO_4^- + 2\,H_2O \rightarrow MnO_2 + 4\,OH^-$

iv) Balancear cada semirreação com relação às cargas adicionando elétrons (e^-) de forma que cada lado da reação tenha a mesma carga:

Oxidação: $Br^- + 6\,OH^- \rightarrow BrO_3^- + 3\,H_2O + 6\,e^-$

Redução: $MnO_4^- + 2\,H_2O + 3\,e^- \rightarrow MnO_2 + 4\,OH^-$

v) Igualar as quantidades de elétrons nas duas semirreações multiplicando-as pelo fator que resulte em números iguais de elétrons nas duas semirreações e, então, somá-las; cancelando-se os elétrons e as espécies que aparecem em cada lado da equação e verificando-se se o número de átomos e cargas foi balanceado.

Oxidação: $Br^- + 6\,OH^- \rightarrow BrO_3^- + 3\,H_2O + 6\,e^- \qquad \times 1$

Redução: $MnO_4^- + 2\,H_2O + 3\,e^- \rightarrow MnO_2 + 4\,OH^- \qquad \times 2$

O que resulta em:

Oxidação: $Br^- + 6\,OH^- \rightarrow BrO_3^- + 3\,H_2O + 6\,e^-$

Redução: $2\,MnO_4^- + 4\,H_2O + 6\,e^- \rightarrow 2\,MnO_2 + 8\,OH^-$

Somando-se as duas semirreações e cancelando-se os elétrons, obtém-se a equação global balanceada:

$$2\,MnO_4^- + Br^- + H_2O \rightarrow 2\,MnO_2 + BrO_3^- + 2\,OH^-$$

Pode-se verificar que a reação está balanceada com números iguais de átomos de cada elemento e das cargas em cada lado da reação.

7.3 POTENCIAL ELÉTRICO

A presença de cargas elétricas cria um potencial elétrico que atrai ou repele partículas carregadas. A **diferença de potencial elétrico** (E) entre dois pontos é definida como o trabalho que pode ser realizado para transportar uma carga de um ponto a outro por unidade de carga, sendo medido em volts (V), por isso também costuma ser chamada de "voltagem".

Pode-se fazer a analogia de um circuito elétrico com um circuito hidráulico (Figura 7.1) em que o fluxo de água é usado para gerar energia por meio do movimento de uma turbina. A diferença de energia potencial causada pela diferença de altura que impulsiona a água no circuito hidráulico corresponde à diferença de potencial elétrico que impulsiona os elétrons no circuito. A vazão de água corresponde à corrente elétrica.

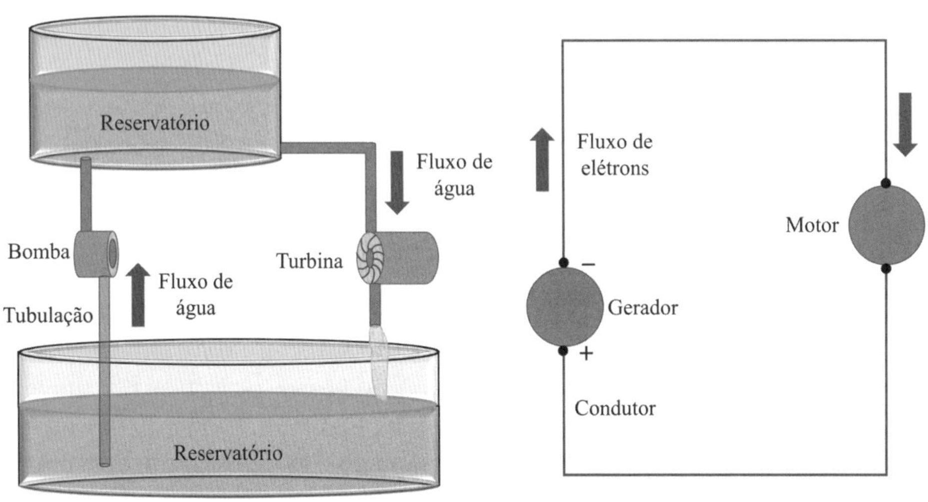

Figura 7.1 Analogia entre um circuito hidráulico e um circuito elétrico.

Observe-se o Quadro 7.1:

Quadro 7.1 Comparação entre o circuito hidráulico e o circuito elétrico.

Circuito hidráulico	Circuito elétrico
• A bomba impulsiona a água através da tubulação com determinada pressão; • A quantidade de água que passa por uma seção da tubulação por unidade de tempo é chamada "vazão"; • A água sob pressão transfere energia à turbina fazendo-a girar; • A água retorna ao reservatório, fechando o ciclo.	• O gerador impulsiona as cargas (e^-) através do condutor submetendo-os a uma diferença de potencial (em *V*); • A quantidade de cargas que passa por uma seção do condutor por unidade de tempo é chamada de "intensidade de corrente"; • As cargas transferem energia ao motor, fazendo-o girar; • As cargas retornam ao gerador, fechando o circuito.

Quando os elétrons de uma reação redox fluem através de um circuito elétrico, é possível obter informações sobre a reação a partir das medidas da corrente elétrica ou da voltagem. A corrente elétrica é proporcional à taxa de reação, e a voltagem da célula é proporcional à variação de energia livre da reação eletroquímica. Em técnicas como a voltametria, a voltagem é usada para identificar reagentes.

Nesse sentido, a carga elétrica (q) é medida em coulombs (C). A magnitude de carga de um único elétron é $1{,}602 \times 10^{-19}$ C. e então, para 1 *mol* de elétrons, tem-se uma carga de $(1{,}602 \times 10^{-19}\ C) \times (6{,}022 \times 10^{23}\ mol^{-1}) = 9{,}649 \times 10^{4}\ C.mol^{-1}$, que é chamada de "constante de Faraday" (F).

$$q = n \times F$$

Em que n é o número de mols de elétrons transferidos.

7.4 POTENCIAL-PADRÃO DE ELETRODO

O potencial-padrão de eletrodo mede a tendência de uma substância em se oxidar ou se reduzir em uma reação redox. Nesse caso, os elétrons se movem na direção do potencial elétrico mais positivo. A Figura 7.2 ilustra o esquema de funcionamento de uma célula eletroquímica, na qual pode-se verificar o potencial de eletrodo de uma substância.

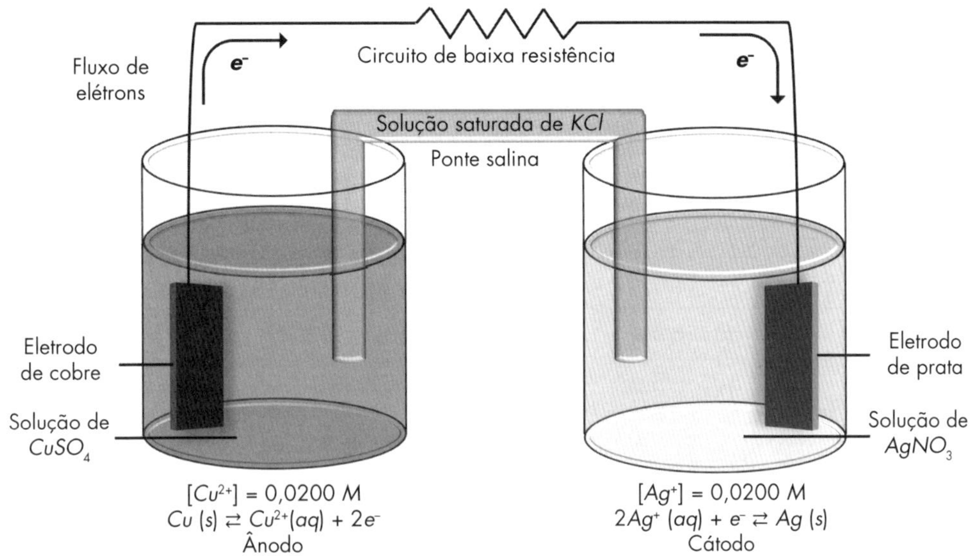

Figura 7.2 Representação de uma célula eletroquímica.

Cada meia-célula tem um potencial-padrão de eletrodo (V) medido em relação a um padrão de referência, que é o eletrodo-padrão de referência (EPH), estando todas as espécies a 1 mol/L ou 1 atm, cujo esquema de funcionamento é apresentado na Figura 7.3.

$$2H^+(aq.) + 2e^- \rightleftharpoons H_2\,(g) \qquad E^0 = 0\,Volts$$

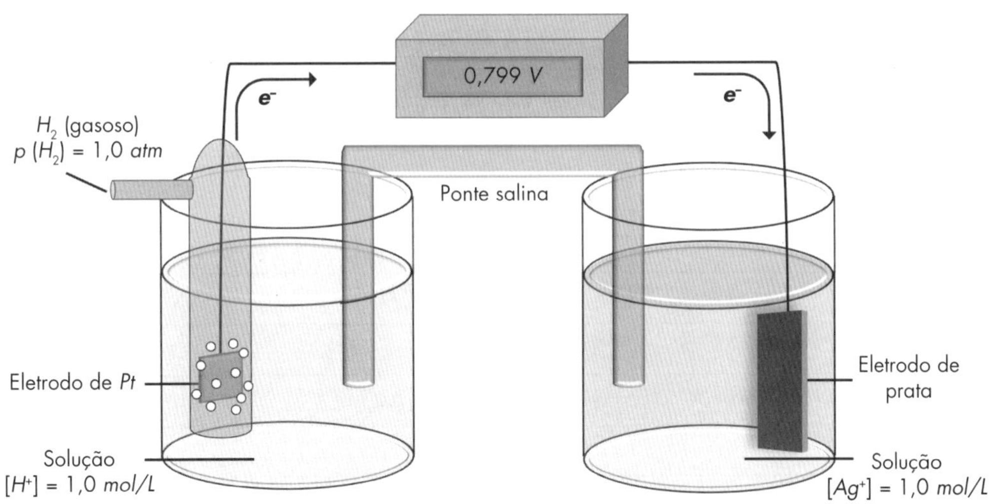

Figura 7.3 Eletrodo-padrão de hidrogênio (EPH).

Tabela 7.1 Potenciais-padrão de eletrodo a 25 °C.

Potenciais-padrão de eletrodos a 25 °C e redução		
Semirreação		**E° (V)**
$F_2(g) + 2\,e^-$	$\rightarrow 2\,F^-$	+2,87
$H_2O_2(aq) + 2H^+(aq) + 2\,e^-$	$\rightarrow 2\,H_2O(l)$	+1,78
$PbO_2(s) + 4H^+(aq) + SO_4^{2-} + 2\,e^-$	$\rightarrow PbSO_4(s) + 2\,H_2O(l)$	+1,69
$MnO_4^-(aq) + 4H^+(aq) + 3\,e^-$	$\rightarrow MnO_2(s) + 2\,H_2O(l)$	+1,68
$MnO_4^-(aq) + 8H^+(aq) + 5\,e^-$	$\rightarrow Mn^{2+}(aq) + 4\,H_2O(l)$	+1,51
$Au^{3+}(aq) + 3e^-$	$\rightarrow Au\,(s)$	+1,50
$PbO_2(s) + 4H^+(aq) + 2\,e^-$	$\rightarrow Pb^{2+}(aq) + 2\,H_2O(l)$	+1,46
$Cl_2(g) + 2e^-$	$\rightarrow 2Cl^-\,(aq)$	+1,36
$Cr_2O_7^{2-}(aq) + 14H^+(aq) + 6e^-$	$\rightarrow 2Cr^{3+}(aq) + 7\,H_2O(l)$	+1,33
$O_2(g) + 4H^+(aq) + 4\,e^-$	$\rightarrow 2\,H_2O(l)$	+1,23
$MnO_2(s) + 4H^+(aq) + 2\,e^-$	$\rightarrow Mn^{2+}(aq) + 2\,H_2O(l)$	+1,21
$IO_3^-(aq) + 6H^+(aq) + 5e^-$	$\rightarrow 1/2\,I_2(aq) + 3\,H_2O(l)$	+1,20
$Br_2(g) + 2e^-$	$\rightarrow 2Br^-\,(aq)$	+1,09
$VO_2^+(aq) + 2H^+(aq) + e^-$	$\rightarrow VO^{2+}(aq) + H_2O(l)$	+1,00
$NO_3^-(aq) + 4H^+(aq) + 3e^-$	$\rightarrow NO(g) + 2\,H_2O(l)$	+0,96
$ClO_2(g) + e^-$	$\rightarrow ClO_2^-\,(aq)$	+0,95
$Ag^+(aq) + 3e^-$	$\rightarrow Ag\,(s)$	+0,80
$Fe^{3+}(aq) + e^-$	$\rightarrow Fe^{2+}\,(aq)$	+0,77
$O_2(g) + 2H^+(aq) + 2\,e^-$	$\rightarrow 2\,H_2O_2(l)$	+0,70
$MnO_4^-(aq) + e^-$	$\rightarrow MnO_4^{2-}(aq)$	+0,56
$I_2(g) + 2e^-$	$\rightarrow 2I^-\,(aq)$	+0,54
$Cu^+(aq) + e^-$	$\rightarrow Cu\,(s)$	+0,52
$O_2(g) + 2H_2O(aq) + 4\,e^-$	$\rightarrow 4OH^-\,(aq)$	+0,40
$Cu^{2+}(aq) + 2e^-$	$\rightarrow Cu\,(s)$	+0,34
$SO_4^{2-}(aq) + 4H^+(aq) + 2e^-$	$\rightarrow H_2SO_3(aq) + H_2O(l)$	+0,20
$Cu^{2+}(aq) + e^-$	$\rightarrow Cu^+(aq)$	+0,16

Potenciais-padrão de eletrodos a 25 °C e redução		
Semirreação		**E° (V)**
$Sn^{4+}(aq) + 2e^-$	$\rightarrow Sn^{2+}(aq)$	+0,15
$2H^+(aq) + 2e^-$	$\rightarrow H_2(g)$	0,00
$Fe^{3+}(aq) + 3e^-$	$\rightarrow Fe\,(s)$	–0,04
$Pb^{2+}(aq) + 2e^-$	$\rightarrow Pb\,(s)$	–0,13
$Sn^{2+}(aq) + 2e^-$	$\rightarrow Sn\,(s)$	–0,14
$Ni^{2+}(aq) + 2e^-$	$\rightarrow Ni\,(s)$	–0,23
$Cd^{2+}(aq) + 2e^-$	$\rightarrow Cd\,(s)$	–0,40
$Fe^{2+}(aq) + 2e^-$	$\rightarrow Fe\,(s)$	–0,45
$Cr^{3+}(aq) + e^-$	$\rightarrow Cr^{2+}(aq)$	–0,50
$Cr^{3+}(aq) + 3e^-$	$\rightarrow Cr\,(s)$	–0,73
$Zn^{2+}(aq) + 2e^-$	$\rightarrow Zn\,(s)$	–0,76
$2H_2O(l) + 2e^-$	$\rightarrow H_2(g) + 2OH^-\,(aq)$	–0,83
$Mn^{2+}(aq) + 2e^-$	$\rightarrow Mn\,(s)$	–1,18
$Al^{3+}(aq) + 3e^-$	$\rightarrow Al\,(s)$	–1,66
$Mg^{2+}(aq) + 2e^-$	$\rightarrow Mg\,(s)$	–2,37
$Na^+(aq) + e^-$	$\rightarrow Na\,(s)$	–2,71
$Ca^{2+}(aq) + 2e^-$	$\rightarrow Ca\,(s)$	–2,76
$Ba^{2+}(aq) + 2e^-$	$\rightarrow Ba\,(s)$	–2,90
$K^+(aq) + e^-$	$\rightarrow K\,(s)$	–2,92
$Li^+(aq) + e^-$	$\rightarrow Li\,(s)$	–3,04

Fonte: Tro, 2017.

Quanto maior o valor do potencial de uma semirreação, mais oxidante será a espécie (maior tendência de se reduzir) e, consequentemente, quanto menor o valor de E^0, mais redutora é a espécie (menor tendência de se reduzir).

O potencial de uma célula é calculado por:

$$E_{célula} = E^o_{cátodo} - E^o_{ânodo}$$

Exemplo: calcule o potencial de uma célula formada pela oxidação do zinco no ânodo e pela redução do cobre no cátodo, em condições-padrão.

Ânodo: $Zn^{2+} + 2e^- \rightleftharpoons Zn\ (s)$

Cátodo: $Cu^{2+} + 2e^- \rightleftharpoons Cu\ (s)$

Resolução:

Consultando-se a Tabela 7.1, são encontrados os seguintes valores para as semirreações apresentadas:

Ânodo: $Zn^{2+} + 2e^- \rightleftharpoons Zn\ (s) \qquad E^o = -0{,}76\ V$

Cátodo: $Cu^{2+} + 2e^- \rightleftharpoons Cu\ (s) \qquad E^o = +0{,}34\ V$

Sendo que o potencial-padrão da célula é obtido por:

$$E_{célula} = E^o_{cátodo} - E^o_{ânodo}$$

Substituindo-se os valores dos potenciais-padrão tabelados:

$$E_{célula} = 0{,}34 - (-0{,}76) = +1{,}10\ V$$

Ou seja, a célula descrita apresenta um potencial positivo de 1,10 V.

Exemplo: calcule o potencial de uma célula formada pela oxidação do cádmio no ânodo e pela redução da prata no cátodo, em condições-padrão.

Ânodo: $Cd^{2+} + 2e^- \rightleftharpoons Cd\ (s)$

Cátodo: $Ag^+ + e^- \rightleftharpoons Ag\ (s)$

Resolução:

Consultando-se a Tabela 7.1, são encontrados os seguintes valores para as semirreações apresentadas:

Ânodo: $Cd^{2+} + 2e^- \rightleftharpoons Cd\ (s) \qquad E^o = -0{,}40\ V$

Cátodo: $Ag^+ + e^- \rightleftharpoons Ag\ (s) \qquad E^o = +0{,}80\ V$

Sendo que o potencial-padrão da célula é obtido por:

$$E_{célula} = E^o_{cátodo} - E^o_{ânodo}$$

Substituindo-se os valores dos potenciais-padrão tabelados:

$$E_{célula} = 0{,}80 - (-0{,}40) = +1{,}20\ V$$

Ou seja, a célula descrita apresenta um potencial positivo de 1,20 V.

Exemplo: um laboratório de pesquisas de uma empresa desenvolve novas formas de baterias para instalação em satélites. Como parte de sua investigação, decidiu-se estudar várias combinações de eletrodos de metal. O potencial-padrão de um eletrodo de zinco é – 0,76 V e o potencial-padrão da célula

$$Zn\,(s)|Zn^{2+}(aq)||\,Sn^{4+}(aq),\;Sn^{2+}(aq)|Pt(s)$$

é 0,91 V. Qual é o potencial-padrão do eletrodo Sn^{4+}/Sn^{2+}?

Resolução:

Consultando-se a Tabela 7.1, são encontrados os seguintes valores para as semirreações apresentadas:

Ânodo: $Zn^{2+} + 2e^- \rightleftharpoons Zn\,(s) \qquad E^o = -0{,}76\,V$

Cátodo: $Sn^{4+} + 2\,e^- \rightleftharpoons Sn^{2+}\,(aq) \qquad E^o = ?$

Sendo que o potencial-padrão da célula é obtido por:

$$E_{célula} = E^o_{cátodo} - E^o_{ânodo}$$

Substituindo-se os valores dos potenciais-padrão tabelados:

$$0{,}91 = E^o_{cátodo} - (-0{,}76) \;\therefore\; E^o_{cátodo} = 0{,}91 - 0{,}76 = +0{,}15\,V$$

Ou seja, o cátodo da célula descrita (Sn^{4+}/Sn^{2+}) apresenta um potencial positivo de 0,15 V.

7.5 CONSTANTE DE EQUILÍBRIO E ENERGIA LIVRE DE GIBBS

Para se determinar se um processo químico é espontâneo ou não, pode-se utilizar a variação da energia livre de Gibbs, ΔG, definida como o trabalho máximo que uma reação pode produzir a temperatura e pressão constantes, ou seja:

$$\Delta G = w$$

Para uma reação redox espontânea, que prossegue na direção da reação direta quando todos os reagentes e produtos estão em condições-padrão:

- ΔG^o é negativo (< 0);
- $E^o_{cél.}$ é positivo (> 0);
- $K > 1$.

Para uma reação redox não espontânea, que prossegue na direção da reação inversa quando todos os reagentes e produtos estão em condições-padrão:

- ΔG^o é positivo (> 0);
- $E^o_{cél.}$ é negativo (< 0);
- $K < 1$.

Quando se tem um processo não espontâneo, é preciso fornecer energia ao sistema para que uma reação ocorra, é o caso das células eletrolíticas. Quando se tem um processo espontâneo, a reação redox prossegue liberando energia, por exemplo, nas células galvânicas (pilhas e baterias).

O trabalho produzido quando uma quantidade n de elétrons (em mols) passa através de uma diferença de potencial E é igual à sua carga total vezes a diferença de potencial. A carga de um único elétron, simbolizado por $-e$, é igual a 1,602 × 10^{-19} C; a carga de um mol de elétrons é $-e.N_A$, em que N_A representa a constante de Avogadro (6,022 × 10^{23} mol^{-1}). Assim, a carga total é $-n.e.N_A$ e o trabalho produzido é:

$$w = carga\ total \times diferença\ de\ potencial = (-n.e.N_A) \times E$$

Como visto anteriormente, a constante de Faraday é dada por:

$$F = e.N_A = 9{,}649 \times 10^4\ C.(mol\ de\ e)^{-1}$$

Assim, a expressão para o trabalho produzido se reduz à:

$$w = -n.F.E$$

Substituindo-se o trabalho pela variação da energia livre de Gibbs:

$$\Delta G = -n.F.E$$

No caso de uma célula em condições-padrão:

$$\Delta G° = -n.F.E°_{cél.}$$

Exemplo: utilizando-se os valores tabelados de potencias-padrão de eletrodo, calcule a variação de energia livre da reação a seguir. Essa reação é espontânea?

$$I_2\ (s) + 2\ Br^-\ (aq) \rightarrow 2\ I^-\ (aq) + Br_2\ (l)$$

Resolução:

Inicialmente, é preciso separar as duas semirreações, de redução e oxidação, e encontrar os valores tabelados dos potenciais-padrão de eletrodo:

Ânodo: $2\ Br^-\ (aq) \rightarrow + Br_2\ (l) + 2\ e^-$ $E^o = +1{,}09\ V$

Cátodo: $I_2\ (s) + 2\ e^- \rightarrow 2\ I^-\ (aq)$ $E^o = +0{,}54\ V$

Sendo que o potencial-padrão da célula é obtido por:

$$E°_{célula} = E^o_{cátodo} - E^o_{ânodo}$$

Substituindo-se os valores dos potenciais-padrão tabelados:

$$E°_{célula} = 0{,}54 - (+1{,}09) \quad \therefore \quad E°_{célula} = -0{,}55\ V$$

Em seguida, calcula-se o valor de $\Delta G°$ a partir do $E_{célula}$.

$$\Delta G° = -n.F.E°_{cél.}$$

Sendo n = 2 $mol\ e^-$ e F = 96.485 C, tem-se:

$$\Delta G^\circ = -2\,mol\,e^-.\left(96.485.\frac{C}{mol\,e^-}\right).\left(-0,55\frac{J}{C}\right) \quad \therefore \quad \Delta G^\circ = +1,1 \times 10^5\,J$$

É possível obter uma relação entre o potencial-padrão da célula e a constante de equilíbrio de uma reação de oxirredução partindo-se da relação termodinâmica entre ΔG^o e K, dada por:

$$\Delta G^\circ = -R.T.\ln K$$

Em que R é a constante universal dos gases, T é a temperatura em Kelvin e K é a constante de equilíbrio da reação.

Substituindo $\Delta G^o = -n.F.E^o_{cél.}$ na equação acima:

$$-n.F.E^\circ_{cél.} = -R.T.\ln K$$

Ou:

$$\ln K = \frac{n.F.E^\circ_{cél.}}{R.T}$$

Como a magnitude de K cresce exponencialmente com $E^o_{cél.}$, uma reação com um elevado valor positivo de $E^o_{cél.}$ tem $K >> 1$, e vice-versa.

Substituindo-se os valores: $R = 8,314\ J.mol^{-1}.K^{-1}$; $F = 96.485\ C.(mol\ de\ e^-)^{-1}$ T = 298,15 K; e, In $K = 2,303.\log K$, tem-se:

$$\log K = E^\circ_{cél.}.\frac{n}{0,0592}$$

As relações entre K, $E^o_{cél.}$ e ΔG^o pode ser sumarizado pela Figura 7.4a seguir:

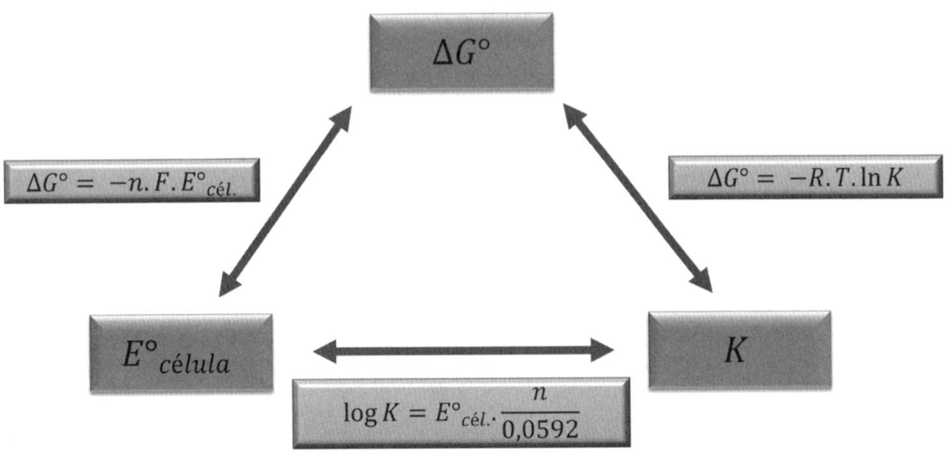

Figura 7.4 Relações entre K, $E^o_{cél.}$ e ΔG^o.

Exemplo: utilizando-se os potenciais-padrão de eletrodo tabelados, calcular o valor de K para a oxidação do cobre pelo H^+ (a 25 °C).

$$Cu\,(s) + 2\,H^+(aq) \rightarrow Cu^{2+}\,(aq) + H_2\,(g)$$

Resolução:

Primeiro, deve-se separar a reação nas semirreações de oxidação e de redução e encontrar os valores dos potenciais-padrão para cada uma:

Oxidação (ânodo)	$Cu\,(s) \rightarrow Cu^{2+}\,(aq) + 2e^-$	$E° = 0{,}34\,V$
Redução (cátodo)	$2\,H^+(aq) + 2e^- \rightarrow H_2\,(g)$	$E° = 0{,}00\,V$
Global	$Cu\,(s) + 2H^+(aq) \rightarrow Cu^{2+}\,(aq) + H_2(g)$	$E°_{cél.} = E°_{cat} - E°_{ano}$ $E°_{cél.} = -\,0{,}34V$

Substituindo-se os valores na equação que relaciona K, $E°_{cél.}$:

$$\log K = -0{,}34\,V \cdot \frac{2}{0{,}0592\,V} = -11{,}486$$

$$K = 10^{-11{,}486} = 3{,}3 \times 10^{-12}$$

A magnitude do valor de K é muito pequena, o que indica que o equilíbrio da reação está deslocado para o lado esquerdo, conforme o esperado para uma reação com $E°_{cél.}$ negativo.

7.6 EQUAÇÃO DE NERNST

Essa equação apresenta grande aplicabilidade prática, pois relaciona o potencial real de uma célula com as concentrações das espécies oxidadas e reduzidas presentes, mesmo em condições diferentes das condições-padrão.

Considere-se a reação genérica:

$$aA + bB \rightleftharpoons cC + dD$$

O potencial real da célula pode ser calculado por:

$$E = E^0 - \frac{RT}{nF} \times \ln Q$$

Em que:

E: é o potencial real da célula;

E^0: é o potencial-padrão do eletrodo

R: constante universal dos gases (8,314 $J.mol^{-1}.K^{-1}$)

T: Temperatura (em Kelvin)

n: número de elétrons transferidos

F: constante de Faraday (96.485 $C.mol^{-1}$)

Q: quociente de reação

Sendo que, para a célula completa, o potencial é obtido por:

$$E = E_+ - E_- \quad \therefore \quad E = E_{cátodo} - E_{ânodo}$$

Substituindo-se os valores das constantes, obtém-se:

$$E = E^0 - \frac{0,0257}{n} \times \ln Q$$

Ou

$$E = E^0 - \frac{0,0592}{n} \times \log Q$$

$$Q = \frac{[C]^c.[D]^d}{[A]^a.[B]^b}$$

Exercício: determinar o potencial da célula eletroquímica baseada nas seguintes semirreações:

Oxidação: $Cu\ (s) \rightarrow Cu^{2+}\ (aq,\ 0,010\ M) + 2\ e^-$

Redução: $MnO_4^-\ (aq,\ 2,0\ M) + 4\ H^+(aq,\ 1,0\ M) + 3\ e^- \rightarrow MnO_2(s) + 2\ H_2O\ (l)$

Resolução:

O primeiro passo na resolução desse tipo de problema é obter os valores tabelados dos potenciais-padrão de redução e a equação global balanceada para se verificar o número de elétrons movimentados na reação.

Oxidação (ânodo) $\quad Cu\ (s) \rightarrow Cu^{2+}\ (aq,\ 0,010\ M) + 2\ e^-\ (\times 3) \quad E° = +0,34\ V$

Redução (cátodo) $\quad MnO_4^-(aq,\ 2,0\ M) + 4\ H^+(aq,\ 1,0\ M) + 3\ e^- \quad E° = +1,68\ V$

$\rightarrow MnO_2(s) + 2\ H_2O\ (l) \quad (\times 2)$

$$3\ Cu\ (s) + 2\ MnO_4^-(aq) + 8\ H^+(aq) \rightarrow 3\ Cu^{2+} + 2\ MnO_2(s) + 4\ H_2O\ (l)$$

Sendo o potencial-padrão da célula dado por:

$$E°_{cél.} = E°_{cat} - E°_{ano} \quad \therefore \quad E°_{cél.} = 1,68 - (+0,34) = +1,34\ V$$

A partir do valor do $E°_{cél.}$ obtido e sendo $n = 6$, pode-se obter o potencial de célula, nessas condições, utilizando-se a equação de Nernst:

$$E = E^0 - \frac{RT}{nF} \times \log \frac{[Cu^{2+}]^3}{[MnO_4^-]^2.[H^+]^8} \quad \therefore \quad E = 1{,}34 - \frac{0{,}0592}{6} \times \log \frac{(0{,}010)^3}{(2{,}0)^2.(1{,}0)^8} = +1{,}4$$

Importante lembrar que o quociente de reação (*Q*) é obtido a partir da reação global balanceada, sendo que líquidos e sólidos puros não entram na expressão de *Q*.

A equação de Nernst apresenta relevante importância e aplicabilidade, tendo em vista que, por meio dela, é possível obter valores otimizados de potencial de célula manipulando-se as concentrações das espécies presentes.

Exemplo: determine a diferença de potencial elétrico da célula eletroquímica formada por $Cd/CdNO_3$ e $Ag/AgNO_3$ se a semicélula de *Ag* tiver $[AgNO_3] = 0{,}50$ *M* e a semicélula de *Cd* tiver $[CdNO_3] = 0{,}010$ *M*, conforme descrito na Figura 7.5.

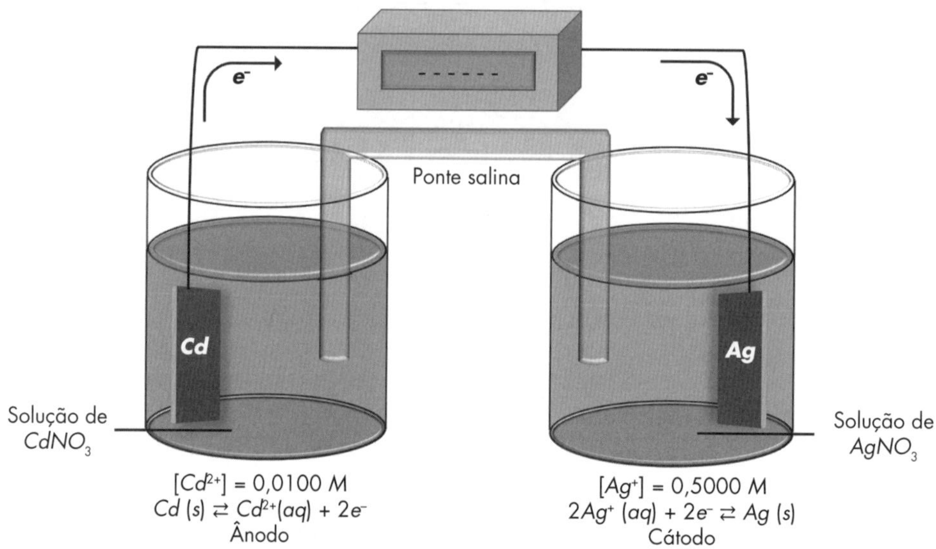

Figura 7.5 Célula eletroquímica *Cd*/*Ag*.

Resolução:

Antes de tudo, deve-se escrever as semirreações de redução e oxidação e obter os valores tabelados dos potenciais-padrão de redução e a equação global balanceada, para se verificar o número de elétrons movimentados na reação.

Redução (cátodo)	$Ag^+ \, (aq,\ 0{,}50\,M) + e^- \rightarrow Ag\,(s)\ (\times 2)$	$E° = +0{,}80\ V$
Oxidação (ânodo)	$Cd\,(s) \rightarrow Cd^{2+}\,(aq,\ 0{,}0100\,M) + 2\,e^-\ (\times 1)$	$E° = -0{,}40\ V$

$$2\,Ag^+\,(aq) + Cd\,(s) \rightarrow 2\,Ag\,(s) + Cd^{2+}(aq)$$

Sendo o potencial-padrão da célula dado por:

$$E°_{cél.} = E°_{cat} - E°_{ano} \quad \therefore \quad E°_{cél.} = 0{,}80 - (-0{,}40) = +1{,}20\,V$$

A partir do valor do $E°_{cél.}$ obtido e sendo $n = 6$, pode-se obter o potencial de célula, nessas condições, utilizando-se a equação de Nernst:

$$E = E^0 - \frac{RT}{nF} \times \log \frac{[Cd^{2+}]}{[Ag^+]^2} \quad \therefore \quad E = 1{,}20 - \frac{0{,}0592}{2} \times \log \frac{0{,}010}{(0{,}50)^2} = +1{,}24\,V$$

Deve-se salientar que o quociente de reação (Q) é obtido a partir da reação global balanceada, sendo que líquidos e sólidos puros não entram na expressão de Q.

EXERCÍCIOS

1) Uma solução de permanganato de potássio ($KMnO_4$) acidificada reage com ácido sulfuroso, H_2SO_3 (aq), para formar ácido sulfúrico (H_2SO_4) e íons Mn^{2+}. Escreva a equação iônica global balanceada para a reação. Em solução aquosa ácida, o H_2SO_3 está presente como moléculas eletricamente neutras e o ácido sulfúrico se encontra na forma de íons HSO_4^-.

2) Cobre metálico reage com ácido nítrico (HNO_3) diluído para formar nitrato de cobre, $Cu(NO_3)_2$ e o gás óxido nitroso (NO). Escreva a equação iônica global balanceada para esta reação.

3) Suponha que você está trabalhando em um laboratório analítico e foi solicitado a utilizar uma solução de permanganato de potássio ($KMnO_4$) para determinara a concentração de íons brometo (Br^-) em uma amostra de água subterrânea enviada por um órgão ambiental. Os produtos da reação entre Br^- e MnO_4^-, em solução aquosa básica, são óxido de manganês (MnO_2) sólido e íons bromato (BrO_3^-). Balanceie a equação iônica líquida para esta reação.

4) Íons permanganato (MnO_4^-) são oxidantes poderosos usados em instalações de tratamento de água para remover metais com ferro e substâncias químicas como ácido sulfídrico (H_2S), que produzem sabores e odores desagradáveis. Se forem utilizadas soluções de permanganato, é preciso conhecer sua concentração com exatidão.

   Para se determinar a concentração exata de soluções de permanganato, pode-se fazer uso de titulações com quantidades conhecidas de ácido oxálico. Para tanto, é imprescindível conhecer a equação balanceada entre essas espécies. Íons permanganato (MnO_4^-) reagem com ácido oxálico ($H_2C_2O_4$), em solução ácida, para formar íons Mn^{2+} e dióxido de carbono (CO_2).

5) Quando íons iodeto (I^-) reagem com íons iodato (IO_3^-) em solução aquosa básica, íons tiiodeto (I_3^-) são formados. Escreva a equação global balanceada para esta reação (note que o mesmo produto é obtido em cada semirreação).

6) Uma solução alcalina (básica) de íons hipoclorito ($HClO^-$) reage com hidróxido de cromo (III), $Cr(OH)_3$, para produzir íons cromato (CrO_4^-) e cloreto (Cl^-). Escreva a equação global balanceada.

7) Íons permanganato (MnO_4^-) reagem em meio básico com íons oxalato ($C_2O_4^{2-}$) para formar íons carbonato (CO_3^{2-}) e dióxido de manganês (MnO_2). Balanceie a equação iônica global para a reação entre permanganato de sódio ($NaMnO_4$) e oxalato de sódio ($Na_2C_2O_4$) (note que o íon Na^+ não participa da reação).

8) A reação entre o íon dicromato ($Cr_2O_7^{2-}$) e o íon iodeto (I^-) para formar íon Cr^{3+} e iodo sólido (I_2) ocorre em meio ácido, conforme a reação:

$Cr2O7^{2-}(aq) + I^-(aq) \rightarrow Cr^{3+}(aq) + I_2(s)$

Escreva a reação global balanceada.

9) Utilize a Tabela 7.1 para escrever a equação global e calcular a diferença de potencial para as reações:

a) Permanganato de potássio ($KMnO_4$) e água oxigenada (H_2O_2), em meio ácido.
b) Dicromato de potássio ($K_2Cr_2O_7$) e ferro (II), em meio ácido.
c) Zinco metálico em pó (Zn^0) e ferro (III).
d) Cloreto de estanho (II) ($SnCl_2$) e ferro (III).
e) Cloreto de mercúrio (II) ($HgCl_2$) e cloreto de estanho (II).

10) Escreva a equação química global balanceada e encontre o potencial para a reação que corresponde à célula em condições-padrão:

$Pt\ (s)\ |\ H_2\ (g)\ |\ H^+\ (aq)\ ||\ Co^{3+}\ (aq),\ Co^{2+}\ (aq)\ |\ Pt\ (s).$

11) O potencial-padrão do par Ag^+/Ag é + 0,80 V, e o potencial-padrão da célula $Pt\,(s)\,|\,I_2\,(s)\,|\,I^-\,(aq)\,||\,Ag^+\,(aq)\,|\,Ag\,(s)$ é +0,26 V na mesma temperatura. Qual é o potencial-padrão do par I_2/I^-?

12) O potencial-padrão do par Fe^{2+}/Fe é –0,44 V, e o potencial-padrão da célula $Fe\,(s)\,|\,Fe^{2+}\,(aq)\,||\,Pb^{2+}\,(aq)\,|\,Pb\,(s)$ é + 0,31 V na mesma temperatura. Qual é o potencial-padrão do par Pb^{2+}/Pb?

13) A prata ocorre em pequenas quantidades em alguns minérios de chumbo, e o chumbo pode deslocar a prata da solução:

$Pb\ (s) + 2Ag^+\ (aq) \rightarrow Pb^{2+}\ (aq) + 2Ag\ (s)$

Como consequência, a prata é um subproduto valioso na extração industrial de chumbo de seus minérios. Calcule K e $\Delta G°$ a 298,15 K para esta reação.

14) Calcule K e $\Delta G°$ para a seguinte reação a 298,15 K:

$2MnO_4^- (aq) + 4H_2O (l) + 3Cu (s) \rightarrow 2MnO_2 (s) + 8OH^- (aq) + 3Cu^{2+} (aq)$

15) Use os valores tabelados dos potenciais-padrão de eletrodo para calcular $\Delta G°$ para a reação:

$I_2 (s) + 2 Br^- (aq) \rightarrow 2 I^- (aq) + Br_2 (l)$

Essa reação é espontânea?

16) A reação que ocorre em uma célula de *nicad* (níquel-cádmio) é $Cd (s) + 2 Ni(OH)_3 (s) \rightarrow Cd(OH)_2 (s) + 2 Ni(OH)_2 (s)$, e o potencial da célula quando totalmente carregada é +1,25 V. Qual é a energia livre de Gibbs da reação? Dado: $F = 9.6485\ C.mol^{-1}$.

17) A reação que ocorre na célula de prata usada em algumas câmeras e relógios de pulso é $Ag_2O (s) + Zn (s) \rightarrow 2 Ag (s) + ZnO (s)$, e o potencial da célula quando novo é +1,6 V. Qual é a energia livre de Gibbs da reação?

18) Quando o cádmio metálico reduz o Cu^{2+} em solução, o Cd^{2+} se forma além do cobre. Dado que $\Delta G° = -143\ kJ/mol$, calcule K a 25 °C. Qual é o potencial $E°$ de uma célula voltaica que usa essa reação?

$Cd (s) + Cu^{2+} (aq) \rightarrow Cd^{2+} (aq) + Cu (s)$

19) Use os valores tabelados dos potenciais-padrão de eletrodo para calcular $\Delta G°$ para a reação:

$2 Na (s) + 2 H_2O (l) \rightarrow H_2 (g) + 2 OH^- (aq) + 2 Na^+ (aq)$

Essa reação é espontânea?

20) Use os valores tabelados dos potenciais-padrão de eletrodo para calcular K para a oxidação de ferro por H^+ (a 25 °C):

$2 Fe (s) + 6 H^+ (aq) \rightarrow 2 Fe^{3+} (aq) + 3 H_2 (g)$

21) Determine o potencial para a célula eletroquímica com base nas seguintes semirreações:

Oxidação: $Cu (s) \rightarrow Cu^{2+} (aq, 0{,}010\ M) + 2 e^-$

Redução: $MnO_4^- (aq, 2{,}0\ M) + 4 H^+ (aq, 1{,}0\ M) + 3 e^- \rightarrow MnO_2 (s) + 2 H_2O (l)$

22) Determine o potencial para a célula eletroquímica com base nas seguintes semirreações:

Oxidação: *Ni* (*s*) → Ni^{2+} (*aq*, 2,0 *M*) + 2 e^-

Redução: VO_2^+ (*aq*, 0,010 *M*) + 2 H^+ (*aq*, 1,0 *M*) + e^- → VO^{2+} (*aq*, 2,0 *M*) + H_2O (*l*)

23) Utilizando a equação de Nernst, calcule o potencial (*E*) para as reações a seguir:

a) $Co(s) + Fe^{2+} \rightleftarrows Co^{2+} + Fe(s)$ $[Co^{2+}]$ = 0,15 *M* e $[Fe^{2+}]$ = 0,68 *M*

b) $Cd(s) + Fe^{2+} \rightleftarrows Cd^{2+} + Fe(s)$ $[Cd^{2+}]$ = 0,01 *M* e $[Fe^{2+}]$ = 0,60 *M*

c) $Zn(s) + Pb^{2+} \rightleftarrows Zn^{2+} + Pb(s)$ $[Pb^{2+}]$ = 0,0015 *M* e $[Zn^{2+}]$ = 0,55 *M*

REFERÊNCIAS

ATKINS, P.; JONES, L.; LAVERMAN, L. *Chemical Principles*: The Quest for insight. 7. ed. W. H. Freeman and Company: New York, 2016.

CHRISTIAN, G. D.; DASGUPTA, P. K.; SCHUG, K. A. *Analytical Chemistry*. 7. ed. John Wiley & Sons: Massachusetts, 2014.

FATIBELLO FILHO, O. *Equilíbrio iônico*: aplicações em química analítica. São Carlos: EdUFSCar, 2016.

HARRIS, DANIEL C. *Quantitative Chemical Analysis*. 9. ed. W. H. Freeman and Company: New York, 2016.

LAIRD, BRIAN B.; CHANG, R. *University Chemistry*. McGraw-Hill: New York, 2009.

MASTERTON, W. L.; HURLEY, C. N. *Chemistry*: Principles and Reactions. 8 ed. Cengage Learning, 2015.

SILBERBERG, Martin S.; AMATEIS, Patricia G. *Chemistry*: the molecular nature of matter and change advanced topics. 8. ed. McGraw-Hill Education: New York, 2018.

TRO, Nivaldo J. Chemistry: A Molecular Approach. 4. ed. Pearson: Boston, 2017.

Parte III
Fundamentos de química analítica quantitativa

CAPÍTULO 8

Introdução à análise química quantitativa

A **Química Analítica** busca meios de medir a **composição química** de materiais naturais e artificiais. As técnicas dessa ciência são usadas para **identificar as substâncias** que podem estar presentes em um material e para **determinar as quantidades exatas** da substância identificada.

O ramo da Química Analítica que se ocupa de determinar as quantidades da substância de interesse numa amostra é chamada de **Análise Química Quantitativa.**

Os métodos quantitativos de análise química podem ser classificados de acordo com os tipos de medidas realizadas: (1) **métodos clássicos**: medidas de massa ou de volume; e, (2) **métodos instrumentais**: medidas de propriedades químicas ou físicas proporcionais à quantidade do analito na amostra, conforme é apresentado na Tabela 8.1:

Tabela 8.1 Classificação dos métodos quantitativos de análise química.

Classificação	Método Analítico	Propriedade Física	Técnicas
Métodos Clássicos	Titulometria	Volume	Titulometria de neutralização, precipitação, complexação e oxirredução
	Gravimetria	Massa	Gravimetria por precipitação química, por volatilização e eletrogravimetria
Métodos Instrumentais	Eletroanalíticos	Propriedades elétricas (potencial elétrico, corrente, resistência)	Potenciometria, coulometria, voltametria
	Espectroscópicos	Radiação eletromagnética	Espectrofotometria de absorção molecular (UV-VIS), espectroscopia de absorção atômica, espectroscopia de emissão, espectrometria de massas
	Termoanalíticos	Relação massa-temperatura	Análise termogravimétrica, DSC.
	Cromatográficos	Solubilidade, massa e tamanho do componente químico	Cromatografia gasosa, cromatografia iônica, cromatografia líquida de alta eficiência (*HPLC*).
	Outros	Relação carga-massa	Espectrometria de massas
		Decaimento radioquímico	Radioquímica
		Condutividade térmica	Condutividade térmica
		Calor de reação	Entalpimetria

Fonte: Adaptado de Vasconcelos, 2019.

Enquanto os métodos clássicos utilizam materiais e vidrarias simples de laboratório, os métodos instrumentais utilizam equipamentos elétricos que convertem um determinado sinal de uma propriedade do analito em uma medida de concentração. Os métodos clássicos apresentam como vantagem o baixo custo de investimento, e, como desvantagem, o fato de que tendem a ser mais demorados. Já os métodos instrumentais costumam ser mais rápidos, porém são mais caros, requerendo investimento mais significativo.

As análises podem ser classificadas ainda sob outros aspectos: quanto ao material analisado; ao método empregado; à informação requerida etc.

As amostras podem ter natureza orgânica ou inorgânica e, assim como quanto à natureza, a análise pode ser de dois tipos: **análise orgânica** e **análise inorgânica.**

Com relação à informação requerida, a análise quantitativa pode ser de cinco tipos: análise parcial; análise completa; análise aproximada; análise exata; e análise de traços.

A **análise parcial** (incompleta) compreende o tipo de análise na qual apenas alguns constituintes da amostra são analisados, enquanto na **análise completa** todos os componentes são investigados. A **análise aproximada** constitui-se no tipo de análise na qual a exatidão dos métodos empregados é apenas razoável. Por outro lado, a **análise exata** requer o emprego de métodos precisos e exatos. Denominam-se "**traços**" os componentes presentes na amostra em quantidades muito pequenas e, portanto, a análise desses constituintes é conhecida como **análise de traços.**

Outros termos importantes utilizados em análise quantitativa são:

- A **sensibilidade** é definida como a capacidade de um método ou instrumento de distinguir **pequenas variações** de concentração do analito. Esse parâmetro indica a **variação da resposta** em função da **concentração do analito** e depende da natureza do analito e da técnica de detecção utilizada.
- A **seletividade** é a habilidade de um método em detectar vários analitos, **distinguindo-os entre si.**
- A **especificidade** é a capacidade de um método de detectar **apenas o composto de interesse**, ou seja, responde apenas ao analito, enquanto um método seletivo produz respostas para vários compostos investigados.
- O **limite de detecção** corresponde à **menor concentração** ou massa do analito **que pode ser detectada** e cuja medição é confiável.

Uma análise química envolve uma série de etapas e procedimentos. Cada um deles deve ser considerado e conduzido cuidadosamente, de modo a diminuir ao máximo os erros e manter a exatidão e reprodutibilidade. Basicamente, pode-se dividir essas etapas em:

i) **Amostragem:** processo de seleção de uma amostra representativa do produto como um todo que depende do tamanho e da natureza física da amostra;

ii) **Preparação da amostra analítica:** processo preliminar no qual uma amostra representativa é convertida em uma forma apropriada para a análise química. Ele pode envolver redução do tamanho das partículas, mistura para homogeneização, secagem, determinação do peso ou do volume da amostra, entre outros;

iii) **Dissolução da amostra:** no caso de amostras sólidas, que podem ser realizadas por aquecimento, ignição, fusão, uso de solvente(s) e diluição (mais conhecido);

iv) **Remoção de interferentes:** eliminação de substâncias presentes na amostra que possam interferir na medida. Essa etapa pode ser realizada por filtração, extração com solventes, troca de íons, separação cromatográfica, entre outras;

v) **Medidas na amostra e controle de fatores instrumentais:** padronização, calibração, otimização, medida da resposta (absorbância, sinal de emissão, potencial, corrente etc.);

vi) **Resultado(s):** cálculo do(s) resultado(s) analítico(s) e avaliação estatística dos dados;

vii) **Apresentação de resultados:** pode ser feita na forma de impressão de textos (laudos, relatórios, prognósticos etc.), impressão gráfica, arquivamento de dados, entre outros.

Para os fins deste trabalho, serão abordadas duas técnicas clássicas de análise química quantitativa, a titulometria e a gravimetria.

9 CAPÍTULO

Análise titulométrica (titrimétrica)

O termo "**análise titulométrica**" se refere à análise química quantitativa feita pela determinação do **volume de uma solução**, cuja **concentração é conhecida com exatidão**, necessário para **reagir quantitativamente** com um **determinado volume da solução** que contém a **substância a ser analisada**.

A substância a ser determinada é chamada de **analito**. A solução cuja concentração é conhecida com exatidão é chamada **solução-padrão**, enquanto a solução que contém o analito é chamada de **solução-problema**.

A solução-padrão (titulante) é adicionada através de um tubo de vidro longo graduado, provido de uma torneira, chamado **bureta**. Essa operação é chamada de **titulação**. O **volume exato** em que a **reação** entre o reagente da solução-padrão e o analito presente na solução-problema **se completa** é chamado de **ponto de equivalência** ou **ponto final estequiométrico** (**teórico**). A Figura 9.1 apresenta uma representação do procedimento de titulação.

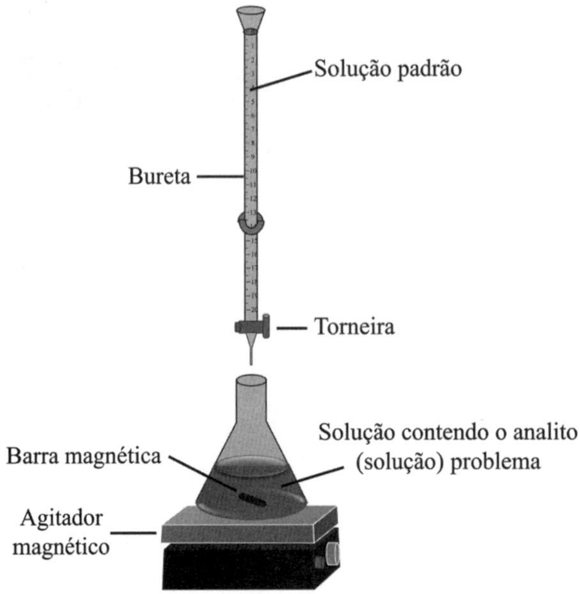

Figura 9.1 Representação esquemática do processo de titulação.

O término da titulação é detectado por alguma mudança física produzida pela própria solução-padrão, ou mais comumente pela adição de um reagente auxiliar, chamado **indicador**.

Quando a reação está praticamente completa, o indicador promove uma mudança visual evidente no titulado. O volume gasto até esse ponto é chamado **ponto final da titulação.**

Em uma titulação ideal, o ponto final da titulação (visível) **deve coincidir** com o ponto final estequiométrico (teórico). **Na prática**, porém, ocorrem **diferenças muito pequenas**, que recebem o nome de **erro da titulação.**

O erro da titulação pode ser calculado por:

$$E_T = ((V_{PF} - V_{PE})/V_{PE}) \times 100\%$$

Em que:

E_T = Erro da titulação;

V_{PF} = Volume no ponto final da titulação (visível);

V_{PE} = Volume no ponto de equivalência (teórico).

Numa análise química, é aceitável um erro de titulação entre 0,1% e 0,3%.

Para que uma reação possa ser utilizada em uma análise titulométrica, ela deve atender a alguns requisitos:

- A reação deve ser simples e expressa por uma única expressão química;
- A substância a ser analisada deve reagir completamente com o reagente da solução-padrão em proporções estequiométricas;
- A reação deve ser relativamente rápida (instantânea);
- Deve ocorrer nas proximidades do ponto de equivalência a alteração de alguma propriedade física ou química do titulado;
- Deve-se dispor de algum sistema indicador capaz de definir claramente o ponto final da titulação, como diferença de potencial (potenciometria), revelação por eletrólise (coulometria), ou medidas de corrente elétrica (amperometria).

Entre os materiais utilizados na análise titulométrica, pode-se citar:

i) Frascos de medidas graduados (buretas, pipetas, balões volumétricos etc.);
ii) Substâncias de pureza elevada e conhecida (padrões primários);
iii) Indicadores visuais;

9.1 PADRÕES PRIMÁRIOS E SECUNDÁRIOS

Um padrão primário é uma **substância suficientemente pura** para que se possa **preparar uma solução-padrão por pesagem direta seguida de dissolução** e diluição até o volume de solução determinado. A solução obtida recebe o nome de "solução-padrão".

Para que uma substância possa ser considerada um padrão primário, esta precisa atender alguns requisitos:

- apresentar elevado grau de pureza;
- ser estável ao ar (não higroscópica, não se oxidar);
- preferencialmente, não ter água de hidratação;
- ter massa molar relativamente alta para minimizar os erros na pesagem;
- ter boa solubilidade no meio reativo;
- reagir de forma rápida e estequiométrica com o analito.

Para exemplificar substâncias usadas como padrões primários, pode-se citar biftalato de potássio, ácido benzóico, oxalato de sódio, dicromato de potássio, carbonato de cálcio, iodato de potássio etc.

Um padrão secundário é uma substância que pode ser usada em padronizações desde que **o teor de substância ativa tenha sido determinado por comparação contra um padrão primário.**

A titulometria pode envolver quatro tipos de reações: **neutralização, complexação, precipitação e oxirredução.**

9.2 CÁLCULOS PRÁTICOS E PADRONIZAÇÃO DE SOLUÇÕES

Os cálculos envolvidos na análise titulométrica são relativamente simples e baseiam-se no princípio da equivalência, o qual preceitua que, no ponto de equivalência, tem-se quantidades iguais do reagente da solução-padrão (A) e do analito (B). Assim, para a reação genérica a seguir, tem-se:

$$aA + bB \rightarrow cC + dD$$

No ponto de equivalência:

$$b.n_A = a.n_B$$

Em que a e b são os coeficientes estequiométricos dos reagentes e n é o número de mols da espécie química. Em uma reação com proporção de 1:1 entre os reagentes, pode-se escrever:

$$n_A = n_B$$

Sendo que o número de mols n pode ser dado por:

$$n = M \times V$$

Ou:

$$n = \frac{m}{MM}$$

Em que M representa a concentração em quantidade de matéria ($mol.L^{-1}$); V é o volume da solução; m é a massa do soluto e MM é a massa molar do soluto.

Assim, o princípio da equivalência pode ser escrito em uma das seguintes formas:

$$b.M_A.V_A = a.M_B.V_B$$

Ou:

$$b.\frac{m_A}{MM_A} = a.\frac{m_B}{MM_B}$$

Ou ainda:

$$b.M_A.V_A = a.\frac{m_B}{MM_B}$$

E vice-versa.

Esses cálculos apresentam grande aplicabilidade num procedimento comum em laboratórios de química: **a padronização de soluções.** No tópico 1.4 (Reações químicas em análise qualitativa), já foi explicado o processo de preparação de soluções. Agora, vamos aprender a padronizar uma solução, ou seja, determinar sua concentração exata.

Como visto anteriormente, a maioria das substâncias não apresenta pureza e/ou estabilidade suficientes que possibilitem a preparação de soluções-padrão diretamente após usa pesagem e dissolução.

Nesses casos, a concentração da solução preparada não é conhecida com exatidão e o teor de substância ativa nessa solução deve ser determinado fazendo-a reagir contra uma solução de um padrão primário.

Para isso, faz-se uso de uma vidraria chamada "bureta", a qual é carregada com a solução-padrão. Essa solução é adicionada lentamente por meio de uma torneira à solução da qual se quer determinar a concentração exata, sob agitação constante, na presença de um reagente auxiliar, o indicador, que sinalizará o ponto final da reação. Os exemplos a seguir ilustram esse procedimento.

Exemplo: qual é a molaridade de uma solução de hidróxido de sódio ($NaOH$) da qual 50,00 mL consumiram 42,19 mL de uma solução-padrão de ácido clorídrico (HCl) a 0,1184 $mol.L^{-1}$ até que a reação se completasse (Figura 9.2)?

Dada a reação:

$$NaOH\ (aq.) + HCl\ (aq.) \rightarrow NaCl\ (aq.) + H_2O\ (l)$$

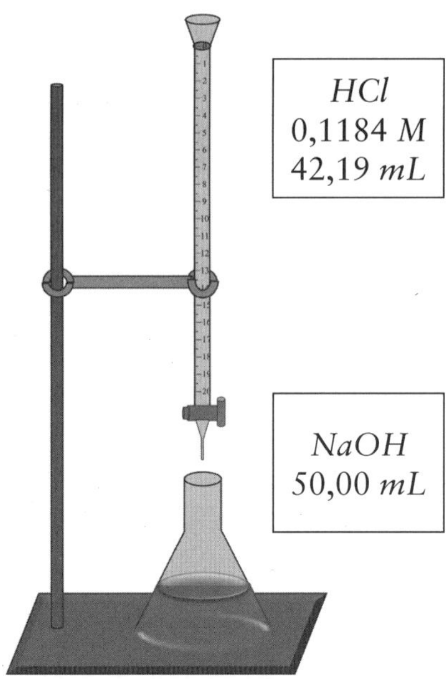

Figura 9.2 Esquema para a titulação de 50,00 mL de $NaOH$ com HCl a 0,1184 M.

Resolução:

Como a reação ocorre na proporção de 1:1 para os reagentes, no ponto de equivalência tem-se:

$$n_{NaOH} = n_{HCl}$$

Logo, pode-se utilizar a expressão:

$$M_{NaOH}.V_{NaOH} = M_{HCl}.V_{HCl}$$

Substituindo-se os valores fornecidos na questão, tem-se:

$$M_{NaOH}.50{,}00\,mL = 0{,}1184\,mol.L^{-1}.42{,}19\,mL \quad \therefore \quad M_{NaOH} = 0{,}0999\,mol.L^{-1}$$

Exemplo: uma solução de hidróxido de bário ($Ba(OH)_2$) foi padronizada utilizando-se 0,1175 *g* de ácido benzoico (C_6H_5COOH, MM = 122,12 $g.mol^{-1}$). A reação foi completada após a adição de 40,42 *mL* da base. Qual a molaridade da base?

Dada a reação:

$$Ba(OH)_2\,(aq.) + 2\,C_6H_5COOH\,(aq.) \rightarrow Ba(C_6H_5COO)_2\,(aq.) + 2\,H_2O\,(l)$$

Resolução:

Como a reação ocorre na proporção de 1:2 para os reagentes, no ponto de equivalência tem-se:

$$2.n_{Ba(OH)_2} = n_{C_6H_5COOH}$$

Logo, pode-se utilizar a expressão:

$$2.M_{Ba(OH)_2}.V_{Ba(OH)_2} = 1.\frac{m_{C_6H_5COOH}}{MM_{C_6H_5COOH}}$$

Substituindo-se os valores fornecidos no enunciado, tem-se:

$$2.M_{Ba(OH)_2}.0{,}04042\,L = 1.\frac{g}{122{,}12\,g.mol^{-1}} \quad \therefore \quad M_{Ba(OH)_2} = 0{,}0119\,mol.L^{-1}$$

10 CAPÍTULO

Titulometria de neutralização

Nesse tipo de titulometria, estão envolvidas **reações entre ácidos e bases** (acidimetria e alcalimetria) que envolvem a combinação de **íons hidrogênio** ($H+$) e **hidróxidos** (OH^-) para formar água e, consequentemente, são caracterizadas por apresentar **variações no pH do meio.**

Para se identificar o ponto final da titulação, podem ser usados equipamentos (potenciômetros ou pHmetros) ou substâncias auxiliares chamadas **indicadores ácido-base**, que mudam de cor de acordo com a concentração de íons hidrogênio (pH) da solução. Essa mudança de coloração ocorre dentro de um pequeno intervalo de pH (duas unidades), chamado **faixa de viragem** ou **zona de transição.**

10.1 ZONA DE TRANSIÇÃO DE INDICADORES ÁCIDO-BASE

Indicadores ácido-base são **compostos orgânicos** que se comportam como **ácidos fracos** (indicadores ácidos) ou como **bases fracas** (indicadores básicos) e **mudam gradualmente de cor** dentro de um **faixa estreita de pH,** chamada **zona de transição** ou **faixa de viragem.**

O deslocamento do equilíbrio a seguir provoca a mudança na coloração:

$$HInd_{(aq.)} + H_2O \rightleftarrows Ind^-_{(aq.)} + H_3O^+$$

Forma ácida **Forma básica**

A constante de dissociação para essa reação é dada por:

$$K_a = K_{Ind} = \frac{[H_3O^+] \times [Ind^-_{(aq.)}]}{[HInd_{(aq.)}]}$$

Ou:

$$[H_3O^+] = \frac{K_{Ind} \times [HInd_{(aq.)}]}{[Ind^-_{(aq.)}]}$$

Para que a mudança de cor seja visualmente perceptível, a fração $\frac{[HInd_{(aq.)}]}{[Ind^-_{(aq.)}]}$ deve ser maior que 10. Portanto, o indicador exibe sua cor:

- ácida quando: $\frac{[HInd_{(aq.)}]}{[Ind^-_{(aq.)}]} \geq 10$
- básica quando: $\frac{[HInd_{(aq.)}]}{[Ind^-_{(aq.)}]} \leq 0{,}1$

Substituindo-se esses valores na equação anterior:

$[H_3O^+] = K_a \times 10$ → **Cor ácida**

$[H_3O^+] = K_a \times 0{,}1$ → **Cor básica**

Extraindo-se o logaritmo em ambos os lados da equação:

$$pH\ (cor\ ácida) = -\log(K_{Ind} \times 10) = pK_{Ind} - 1$$

$$pH\ (cor\ básica) = -\log(K_{Ind} \times 0{,}1) = pK_{Ind} + 1$$

Logo, a faixa de viragem do indicador é: $\boldsymbol{pK_{Ind} \pm 1}$.

10.2 CURVAS DE NEUTRALIZAÇÃO

O mecanismo dos processos de neutralização pode ser entendido pelo estudo das **mudanças de concentração de H^+** durante a titulação. A variação de *pH* nas proximidades do ponto de equivalência (*PE*) é importante porque permite escolher o indicador que provoque o **menor erro de titulação** possível.

O gráfico de ***pH versus* volume de base adicionado** é chamado de **curva de neutralização** e é bastante útil no estudo desse tipo de titulometria.

A forma do gráfico depende do tipo de ácido e de base utilizado na titulação, se é eletrólito forte ou fraco, se libera um ou mais hidrogênios, no caso dos ácidos (ou um ou mais hidróxidos, no caso das bases) na dissociação.

10.2.1 Ácido forte neutralizado por base forte

Considerando-se a neutralização de um ácido monoprótico por uma monobase, o cálculo do pH envolve quatro momentos distintos: 1) antes da adição da base; 2) após a adição da base e antes do ponto de equivalência; 3) após a adição da base e no ponto de equivalência; 4) após adição da base e após o ponto de equivalência. Por exemplo, a titulação de 25,0 mL de ácido clorídrico (HCl) a 0,010 M com hidróxido de sódio ($NaOH$) a 0,010 M (Figura 10.1).

$$HCl\ (aq) + NaOH\ (aq \rightleftarrows NaCl\ (aq) + H_2O\ (l)$$

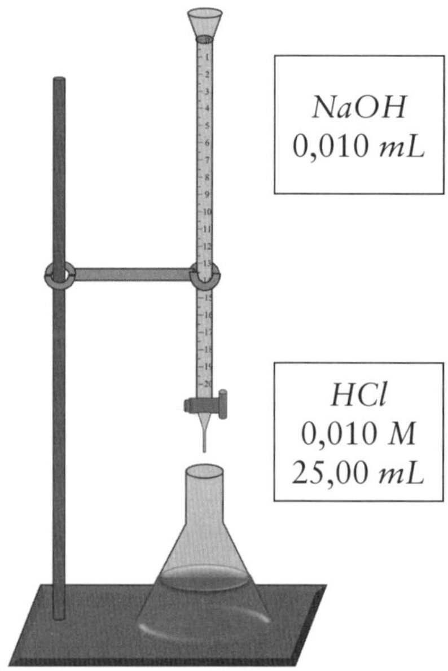

Figura 10.1 Esquema para titulação de 25,0 mL de ácido clorídrico (HCl) a 0,010 M com hidróxido de sódio ($NaOH$) a 0,010 M.

Antes de tudo, é preciso determinar o volume de base necessário para se atingir o ponto de equivalência, o que pode ser obtido por:

$$n_{H+} = n_{OH-}$$

$$M_{H+} \times V_{H+} = M_{OH-} \times V_{OH-}$$

$$V_{OH-} = \frac{M_{H+} \times V_{H+}}{M_{OH-}}$$

1) Cálculo do pH antes da adição da base forte:
   Nesse momento, o pH é calculado a partir da concentração de H^+ do ácido forte:

$$pH = -\log[H^+]$$

2) Cálculo do pH antes do ponto de equivalência:
A partir do momento da adição da base, o pH passa a ser determinado pela espécie que estiver em excesso no meio. Calcula-se a concentração do ácido em excesso fazendo-se a subtração entre o número de mols de ácido (H^+) no início e o número de mols da base (OH^-) adicionados.

$$[H^+]_{excesso} = \frac{n_{H+}(inicio) - n_{OH-}(adicionado)}{V_{total}}$$

$$[H^+]_{excesso} = \frac{M_{H+}V_{H+}(inicio) - M_{OH-}V_{OH-}(adicionado)}{V_{H+} + V_{OH-}}$$

$$[H^+]_{excesso} = \frac{M_{ácido}V_{ácido}(inicio) - M_{base}V_{base}(adicionado)}{V_{ácido} + V_{base}}$$

Sendo o pH nesse ponto dador por:

$$pH = -\log[H^+]_{excesso}$$

3) Cálculo do pH no ponto de equivalência:
Nesse ponto, o número de mols de ácido presente se iguala ao número de mols de base adicionados ($n_{H+} = n_{OH-}$), portanto:

$$[H^+] = [OH^-]$$

O que implica um pH = 7,0.

4) Cálculo do pH após o ponto de equivalência:
Novamente o pH é determinado pela espécie que se encontra em excesso na solução titulada, que, nesse caso, é a base (OH^-). O raciocínio é o mesmo adotado no momento (2).

$$[OH^-]_{excesso} = \frac{n_{OH-}(adicionado) - n_{H+}(inicio)}{V_{total}}$$

$$[OH^-]_{excesso} = \frac{M_{OH-}V_{OH-}(adicionado) - M_{H+}V_{H+}(inicio)}{V_{H+} + V_{OH-}}$$

$$[OH^-]_{excesso} = \frac{M_{base}V_{base}(adicionado) - M_{ácido}V_{ácido}(inicio)}{V_{ácido} + V_{base}}$$

O gráfico desse tipo de titulação é representado pela curva ilustrada na Figura 10.2.

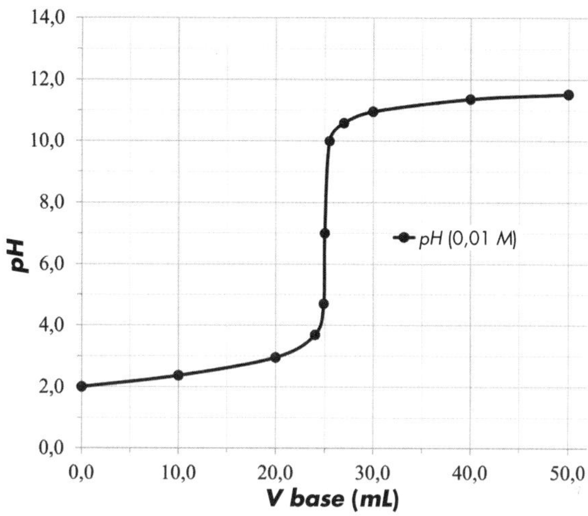

Figura 10.2 Curva de neutralização para a titulação de 25,0 *mL* de *HCl* a 0,010 *M* com *NaOH* a 0,010 *M*.

O formato da curva nas proximidades do *PE*, na região de inflexão da curva, é fortemente influenciado pela concentração dos reagentes. De forma geral, soluções de ácidos e bases mais concentradas dão titulações mais favoráveis, com inflexão mais ampla, o que facilita a escolha de indicadores mais adequados e facilita a visualização do ponto final da titulação. O efeito das concentrações dos reagentes pode ser observado no gráfico da Figura 10.3, em que as concentrações dos reagentes foram variadas em 0,1; 0,01 e 0,001 *M*.

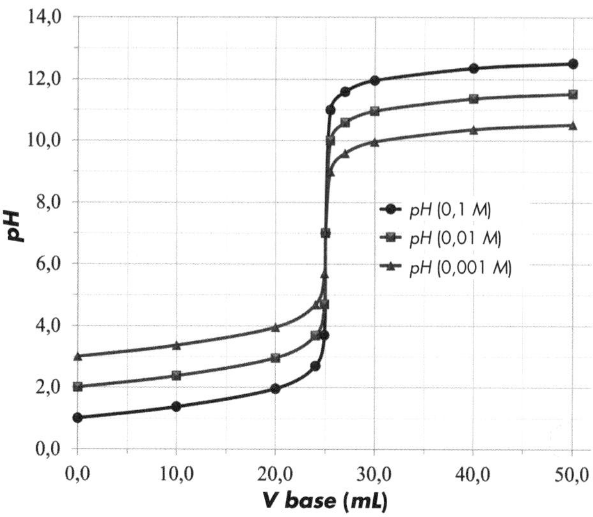

Figura 10.3 Curvas de neutralização para a titulação de 25,0 *mL* de *HCl* com *NaOH* nas concentrações de ambos em 0,100; 0,010 e 0,001 *M*.

O ponto de inflexão da curva de titulação nas proximidades do *PE* pode ser mais bem visualizado plotando-se os gráficos da 1ª e 2ª derivadas, conforme pode ser visto nas Figuras 10.4 e 10.5.

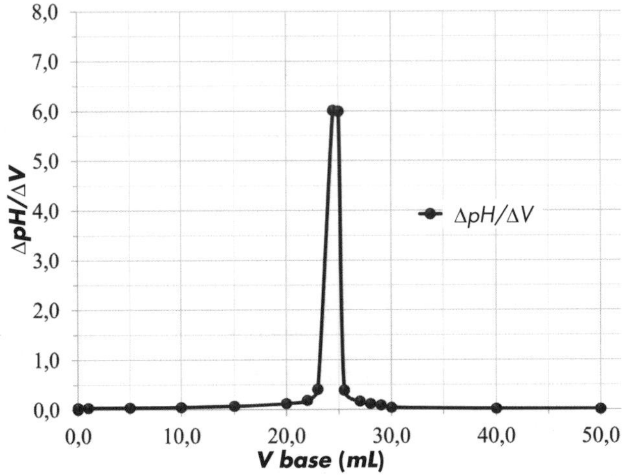

Figura 10.4 Gráfico da 1ª derivada para a titulação de 25,0 *mL* de *HCl* a 0,010 *M* com *NaOH* a 0,010 *M*.

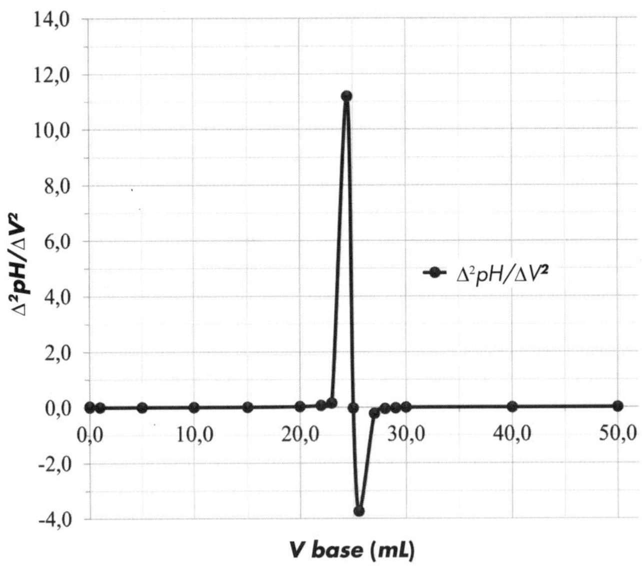

Figura 10.5 Gráfico da 2ª derivada para a titulação de 25,0 *mL* de *HCl* a 0,010 *M* com *NaOH* a 0,010 *M*.

Se o titulante e o titulado forem invertidos, ou seja, se o ácido for o titulante e a base for o titulado (Figura 10.6), o formato do gráfico muda, apresentando o comportamento mostrado na Figura 10.7, considerando a titulação de 25,0 *mL* de *NaOH* a 0,010 *M* com HNO_3 a 0,010 *M*.

$$NaOH\ (aq) + HNO_3(aq)\ \rightleftarrows NaNO_3\ (aq) + H_2O\ (l)$$

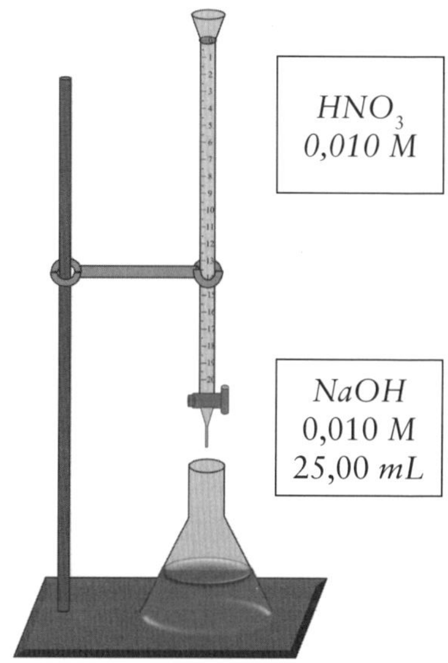

Figura 10.6 Esquema para a titulação de 25,0 *mL* de *NaOH* a 0,010 *M* com HNO_3 a 0,010 *M*.

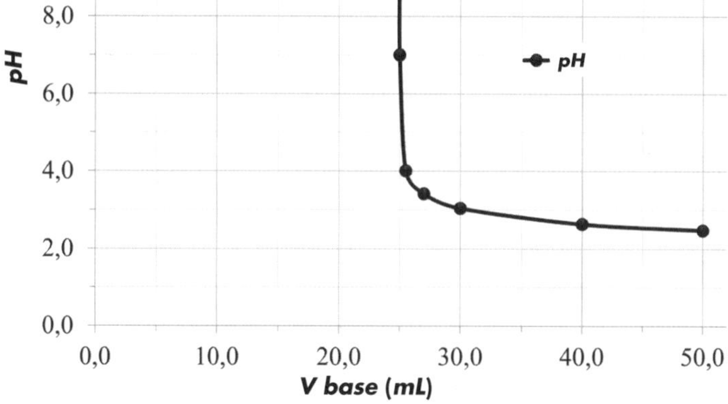

Figura 10.7 Curva de neutralização para a titulação de 25,0 *mL* de *NaOH* a 0,010 *M* com HNO_3 a 0,010 *M*.

10.2.2 Ácido fraco neutralizado por base forte

Considerando-se a neutralização de um ácido monoprótico fraco por uma monobase forte, o cálculo do *pH* envolve quatro momentos distintos: 1) antes da adição da base; 2) após a adição da base e antes do ponto de equivalência; 3) após a adição da base e no ponto de equivalência; 4) após adição da base e após o ponto de equivalência.

A diferença nesse caso, em relação ao primeiro, é a forma de calcular o *pH* inicial da solução e o fato de que o ponto de equivalência não ocorre em *pH* 7,0, considerando como exemplo a titulação de 25,0 *mL* de ácido acético (H_3CCOOH) a 0,010 *M* com hidróxido de sódio a 0,010 *M* (Figura 10.8).

$$CH_3COOH\ (aq) + NaOH\ (aq) \rightleftarrows NaCH_3COO\ (aq) + H_2O\ (l)$$

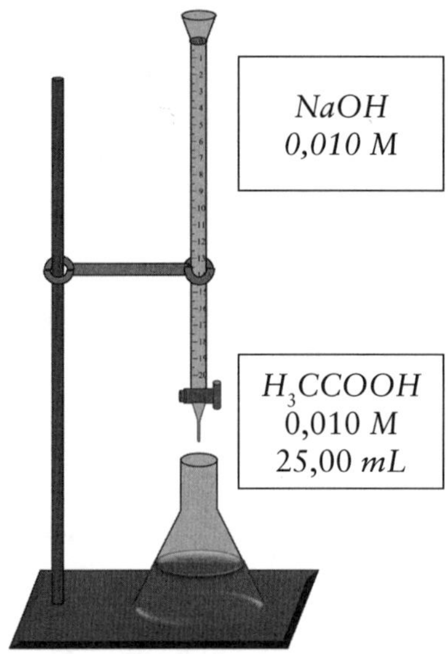

Figura 10.8 Esquema para a titulação de 25,0 *mL* de H_3CCOOH a 0,010 *M* com *NaOH* a 0,010 *M*.

Antes de tudo, é preciso determinar o volume de base necessário para se atingir o ponto de equivalência, o que pode ser obtido por:

$$n_{H+} = n_{OH-}$$

$$M_{H+} \times V_{H+} = M_{OH-} \times V_{OH-}$$

$$V_{OH-} = \frac{M_{H+} \times V_{H+}}{M_{OH-}}$$

1) Cálculo do *pH* antes da adição da base forte:

   Nesse momento, o *pH* é calculado a partir da concentração de H^+ oriunda da dissociação do ácido fraco (*HA*) segundo o equilíbrio:

	HA	$+ \quad H_2O \quad \rightleftarrows$	H_3O^+	$+ \quad A^-$
Início	$[HA]_0$		0	0
Variação	$-x$		$+x$	$+x$
Equilíbrio	$[HA]_0 - x$		x	x

A partir da última linha da tabela do equilíbrio, é possível determinar a concentração de H_3O^+ sabendo-se o valor de *Ka* do ácido e considerando-se $[HA]_0 - x = [HA]_0$.

$$H_3O^+ = \sqrt{K_a \times [HA]_0}$$

2) Cálculo do *pH* antes do ponto de equivalência:

A partir do momento em que se inicia a adição da base, há uma mistura do ácido fraco (que não reagiu ainda) e o sal (formado pela reação entre o ácido fraco e a base forte adicionada), formando uma solução-tampão, a qual pode ter o *pH* determinado a partir da relação entre as concentrações do ácido e do sal segundo a equação:

$$pH = pK_a + log\frac{[A^-]}{[HA]}$$

Em que as concentrações do ácido e do sal podem ser calculadas por:

$$[HA] = \frac{M_{ácido} \times V_{ácido}\,(inicio) - M_{base} \times V_{base}\,(adicionado)}{V_{ácido} + V_{base}}$$

$$[A^-] = \frac{M_{base} \times V_{base}(adicionado)}{V_{ácido} + V_{base}}$$

3) Cálculo do *pH* no ponto de equivalência:

Para esse tipo de titulação, o *pH* no ponto de equivalência é determinado apenas pela hidrólise do sal formado, tendo em vista que não se tem nem ácido nem base em excesso.

$$pH = \frac{1}{2}\,pK_w + \frac{1}{2}\,pK_a + \frac{1}{2}\log[sal]$$

Em que a concentração de sal é dada por:

$$[sal] = \frac{M_{base} \times V_{base}(adicionado)}{V_{ácido} + V_{base}}$$

4) Cálculo do *pH* após o ponto de equivalência:

Aqui o *pH* é determinado pela espécie que se encontra em excesso na solução titulada, que, nesse caso, é a base (OH^-).

$$[OH^-]_{excesso} = \frac{n_{OH-}(adicionado) - n_{H+}(inicio)}{V_{total}}$$

$$[OH^-]_{excesso} = \frac{M_{OH-}V_{OH-}(adicionado) - M_{H+}V_{H+}(inicio)}{V_{H+} + V_{OH-}}$$

$$[OH^-]_{excesso} = \frac{M_{base}V_{base}(adicionado) - M_{ácido}V_{ácido}(inicio)}{V_{ácido} + V_{base}}$$

O gráfico desse tipo de titulação apresenta uma curva com o formato mostrado na Figura 10.9.

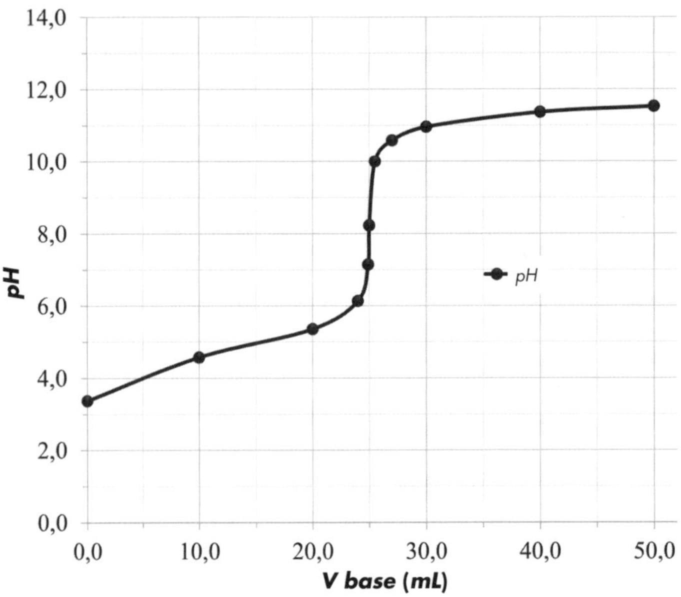

Figura 10.9 Curva de neutralização para a titulação de 25,0 *mL* de H_3CCOOH a 0,010 *M* com *NaOH* a 0,010 *M*.

Além da concentração dos reagentes, outro fator que afeta consideravelmente o formato da curva de titulação de ácidos fracos é o valor da constante de dissociação ácida (K_a). Quanto maior o valor de K_a, mais favorável será a titulação, logo, mais fácil será encontrar um indicador apropriado. Isso pode ser observado no gráfico da Figura 10.10, que apresenta as curvas de titulação de três ácidos fracos, ácido acético (K_a = 1,78 × 10^{-05}), ácido hipocloroso (K_a = 3,0 × 10^{-08}) e ácido cianídrico (Ka = 4,9 × 10^{-10}).

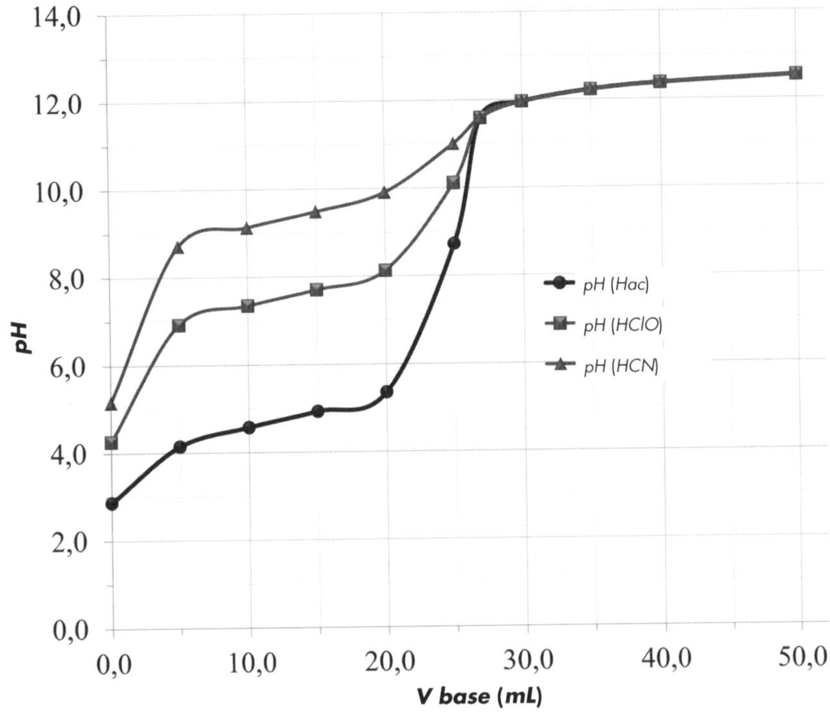

Figura 10.10 Curvas de neutralização para a titulação de 25,0 mL de H_3CCOOH, $HClO$ e HCN a 0,10 M com $NaOH$ a 0,10 M.

10.2.3 Base fraca neutralizada por ácido forte

A metodologia para construir a curva de neutralização para a titulação de uma base fraca com um ácido forte segue um roteiro bem semelhante ao do caso anterior (titulação de ácido fraco com base forte). Considerando-se a neutralização de uma monobase por uma ácido monoprótico forte, o cálculo do pH envolve quatro momentos distintos: 1) antes da adição do ácido; 2) após a adição de ácido e antes do ponto de equivalência; 3) após a adição de ácido no ponto de equivalência; 4) após adição de ácido e após o ponto de equivalência.

A diferença nesse caso, em relação ao primeiro, é a forma de calcular o pH inicial da solução e o fato de que o ponto de equivalência não ocorre em pH 7,0, considerando-se como exemplo a titulação de 25,0 mL de uma solução aquosa de amônia (NH_4OH) a 0,01 M com ácido clorídrico (HCl) a 0,01 M (Figura 10.11).

$$NH_4OH\,(aq) + HCl\,(aq) \rightleftarrows NH_4Cl\,(aq) + H_2O\,(l)$$

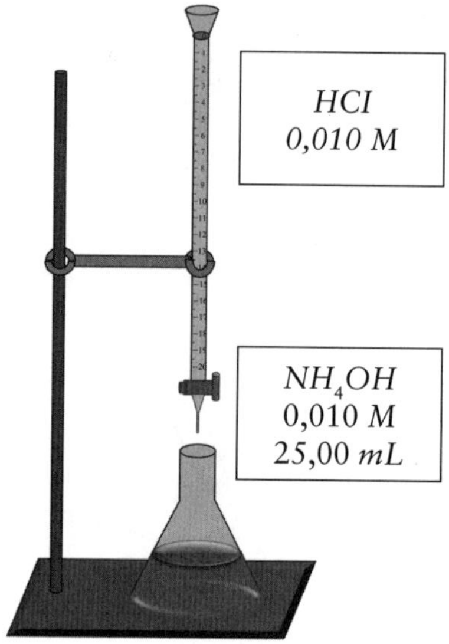

Figura 10.11 Esquema para a titulação de 25,0 *mL* de NH_4OH a 0,010 *M* com *HCl* a 0,010 *M*.

Antes de tudo, é preciso determinar o volume de ácido necessário para se atingir o ponto de equivalência, o que pode ser obtido por:

$$n_{H+} = n_{OH-}$$

$$M_{H+} \times V_{H+} = M_{OH-} \times V_{OH-}$$

$$V_{H+} = \frac{M_{OH-} \times V_{OH-}}{M_{H+}}$$

1) Cálculo do *pH* antes da adição do ácido forte:

Nesse momento, o *pH* é calculado a partir da concentração de OH^- oriundo da dissociação do base fraca segundo o equilíbrio:

	NH_3 +	H_2O ⇄	NH_4^+ +	OH^-
Início	$[NH_3]_0$		0	0
Variação	$-x$		$+x$	$+x$
Equilíbrio	$[NH_3]_0 - x$		x	x

A partir da última linha da tabela do equilíbrio, é possível determinar a concentração de OH^- sabendo-se o valor de K_b da base e considerando-se $[NH_3]0 - x = [NH_3]0$.

$$OH^- = \sqrt{K_b \times [NH_3]_0}$$

Em seguida deve-se obter o valor de pOH através da equação:

$$pOH = -\log[OH^-]$$

E o pH obtido pela expressão derivada do produto iônico da água:

$$pH + pOH = 14$$

2) Cálculo do pH antes do ponto de equivalência:

A partir do momento em que se inicia a adição do ácido, há uma mistura da base fraca (que não reagiu ainda) e o sal (formado pela reação entre a base fraca e o ácido forte adicionado), formando uma solução-tampão, a qual pode ter o pH determinado a partir da relação entre as concentrações da base e do sal segundo a equação:

$$pH = 14 - pK_b - log\frac{[B^+]}{[BOH]}$$

Em que as concentrações da base e do sal podem ser calculadas por:

$$[BOH] = \frac{M_{base} \times V_{base}\,(inicio) - M_{ácido} \times V_{ácido}\,(adicionado)}{V_{ácido} + V_{base}}$$

$$[B^+] = \frac{M_{ácido} \times V_{ácido}(adicionado)}{V_{ácido} + V_{base}}$$

3) Cálculo do pH no ponto de equivalência:

Para esse tipo de titulação, o pH no ponto de equivalência é determinado apenas pela hidrólise do sal formado, tendo em vista que não se tem nem ácido nem base em excesso.

$$pH = \frac{1}{2}\,pK_w - \frac{1}{2}\,pK_b - \frac{1}{2}\log[sal]$$

Em que a concentração de sal é dada por:

$$[sal] = \frac{M_{ácido} \times V_{ácido}(adicionado)}{V_{ácido} + V_{base}}$$

4) Cálculo do pH após o ponto de equivalência:

Aqui o pH é determinado pela espécie que se encontra em excesso na solução titulada, que, nesse caso, é o ácido (H^+).

$$[H^+]_{excesso} = \frac{n_{H+}(adicionado) - n_{OH-}(inicio)}{V_{total}}$$

$$[H^+]_{excesso} = \frac{M_{H+}V_{H+}(adicionado) - M_{OH-}V_{OH-}(inicio)}{V_{H+} + V_{OH-}}$$

$$[H^+]_{excesso} = \frac{M_{ácido}V_{ácido}(adicionado) - M_{base}V_{base}(inicio)}{V_{ácido} + V_{base}}$$

O gráfico desse tipo de titulação apresenta uma curva com o formato mostrado na Figura 10.12.

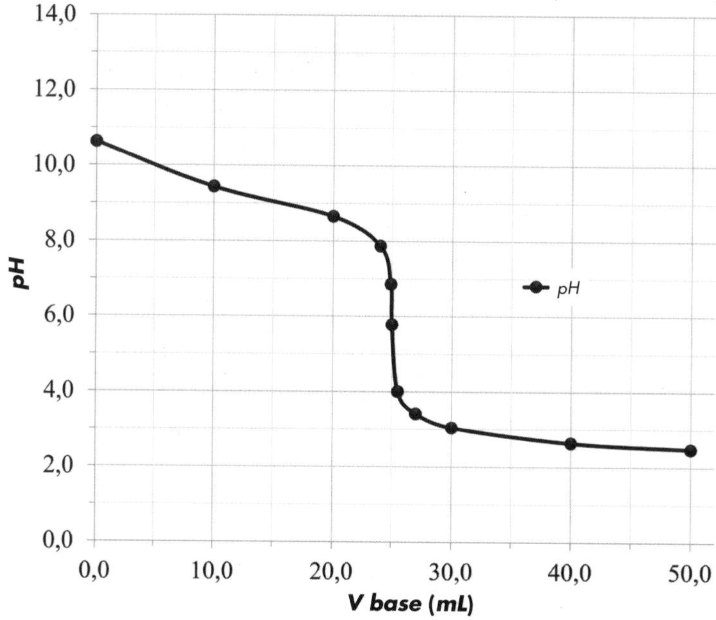

Figura 10.12 Curva de neutralização para a titulação de 25,0 *mL* de NH_4OH a 0,010 *M* com *HCl* a 0,010 *M*.

10.2.4 Ácido poliprótico neutralizado por base forte

Os compostos com dois ou mais grupos funcionais ácidos (H^+) produzem múltiplos pontos finais em uma titulação se os grupos funcionais diferirem suficientemente em força como ácidos. A construção de curvas teóricas de titulação será razoavelmente precisa para ácidos polipróticos se a razão K_{a1}/K_{a2} for um pouco maior que 10^3. Se essa proporção for menor, o erro se torna excessivo, principalmente na região do primeiro ponto de equivalência, e um tratamento mais rigoroso das relações de equilíbrio é necessário.

Considere a curva de titulação de 25,0 mL de uma solução de um ácido diprótico H_2A a 0,100 M (por exemplo, ácido carbônico, H_2CO_3, $K_{a1} = 4,6 \times 10^{-7}$, e $K_{a2} = 5,6 \times 10^{-11}$) com hidróxido de sódio 0,100 M. Pode-se dividir a curva em seis momentos distintos ($A - F$). Assim, para calcular o pH inicial (ponto A), trata-se o sistema como se contivesse um único ácido monoprótico com uma constante de dissociação de $K_{a1} = 4,6 \times 10^{-7}$. Na região B, tem-se o equivalente a uma solução-tampão simples composta por ácido fraco H_2CO_3 e sua base conjugada $NaHCO_3$. Ou seja, assume-se que a concentração de CO_3^{-2} é insignificante com relação às outras duas espécies que contêm esse ânion. No primeiro ponto de equivalência (ponto C), tem-se uma solução de um sal ácido ($NaHCO_3$) e utiliza-se a equação de hidrólise ou uma de suas simplificações para calcular a concentração de íons hidrônio. Na região denominada D, tem-se um segundo tampão que consiste em um ácido fraco HCO_3^- e sua base conjugada Na_2CO_3, e calcula-se o pH usando-se a segunda constante de dissociação, $K_{a2} = 5,6 \times 10^{-11}$. No ponto E, a solução contém a base conjugada de um ácido fraco com uma constante de dissociação de $5,6 \times 10^{-11}$. Ou seja, assume-se que a concentração de hidróxido da solução é determinada apenas pela reação de CO_3^{2-} com água para formar HCO_3^- e OH^-. Finalmente, na região denominada F, tem-se um excesso de $NaOH$ e calcula-se a concentração de hidróxido a partir da concentração molar do $NaOH$. O pH é, então, encontrado a partir dessa quantidade e do produto iônico da água (Figura 10.13).

Os dois equilíbrios de dissociação podem ser escritos por:

$$H_2CO_3 + H_2O \rightleftarrows H_3O^+ + HCO_3^- \qquad K_{a1} = 4,6 \times 10^{-7}$$

$$HCO_3^- + H_2O \rightleftarrows H_3O^+ + CO_3^{2-} \qquad K_{a2} = 5,6 \times 10^{-11}$$

$$H_2CO_3 + 2H_2O \rightleftarrows 2H_3O^+ + CO_3^{2-}$$

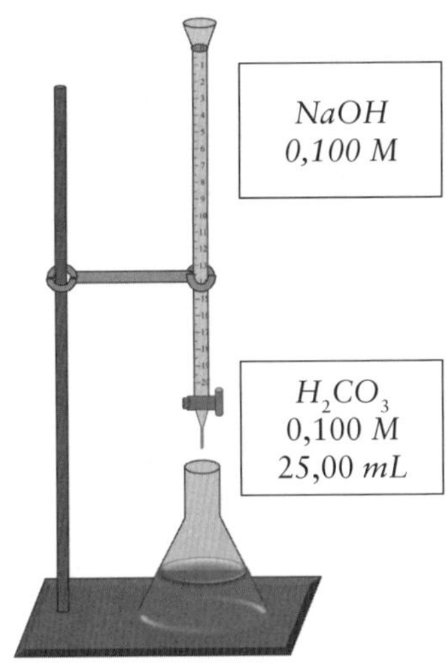

Figura 10.13 Esquema para a titulação de 25,0 mL de H_2CO_3 a 0,100 M com $NaOH$ a 0,100 M.

Antes de tudo, é preciso determinar o volume de base necessário para se atingir os dois pontos de equivalência, o que pode ser obtido por:

- Ponto de equivalência 1:

$$n_{H+} = n_{OH-}$$

$$M_{H+} \times V_{H+} = M_{OH-} \times V_{OH-}$$

$$V_{OH-} = \frac{M_{H+} \times V_{H+}}{M_{OH-}}$$

- Ponto de equivalência 2:

$$2 \times n_{H+} = n_{OH-}$$

$$2 \times M_{H+} \times V_{H+} = M_{OH-} \times V_{OH-}$$

$$V_{OH-} = \frac{2 \times (M_{H+} \times V_{H+})}{M_{OH-}}$$

1) Cálculo do *pH* antes da adição da base forte (*A*):

   Nesse momento, o *pH* é calculado a partir da concentração de H^+ oriunda da primeira dissociação do ácido fraco (*H2CO3*) segundo o equilíbrio:

	HCO_3 +	H_2O ⇄	H_3O^+ +	HCO_3^-
Início	$[H_2CO_3]_0$		0	0
Variação	$-x$		$+x$	$+x$
Equilíbrio	$[H_2CO_3]_0 - x$		x	x

   A partir da última linha da tabela do equilíbrio, é possível determinar a concentração de H_3O^+ sabendo o valor de K_{a1} do ácido e considerando $[H_2CO_3]_0 - x = [H_2CO_3]_0$.

$$[H_3O^+] = \sqrt{K_{a1} \times [H_2CO_3]_0}$$

2) Cálculo do *pH* após adição de base antes do primeiro ponto de equivalência (*B*):

   Nessa região, ocorre a neutralização parcial do H_2CO_3, em que o $NaHCO_3$ formado está em equilíbrio com o H_2CO_3 que não reagiu, originando uma solução-tampão, cujo *pH* pode ser calculado por:

$$pH = pK_{a1} + \log\frac{[HCO_3^-]}{[H_2CO_3]}$$

Em que as concentrações do ácido e do sal podem ser calculadas por:

$$[H_2CO_3] = \frac{M_{ácido} \times V_{ácido}\,(inicio) - M_{base} \times V_{base}\,(adicionado)}{V_{ácido} + V_{base}}$$

$$[HCO_3^-] = \frac{M_{base} \times V_{base}(adicionado)}{V_{ácido} + V_{base}}$$

3) Cálculo do pH no 1° ponto de equivalência (C):

Nessa região ocorre a neutralização total do H_2CO_3, o pH no ponto de equivalência é determinado apenas pela hidrólise do sal formado ($NaHCO_3$). Sendo o pH da solução dado por:

$$pH = \frac{1}{2}\,(pK_{a1} + pK_{a2})$$

4) Cálculo do pH entre o 1° e o 2° pontos de equivalência (D):

Nessa região, como todo o H_2CO_3 foi consumido, formando $NaHCO_3$, a partir do primeiro ponto de equivalência, a base reagirá com o sal formado gerando agora Na_2CO_3, conforme a reação:

$$NaHCO_3\,(aq.) + NaOH\,(aq.) \rightleftarrows Na_2CO_3\,(aq.) + H_2O\,(l)$$

Portanto, as espécies presentes na solução nesse momento são o sal ácido formado na etapa anterior $NaHCO_3$ e sal formado agora Na_2CO_3, o que gera uma solução-tampão $NaHCO_3/Na_2CO_3$, cujo pH pode ser calculado por:

$$pH = pK_{a2} + \log\frac{[CO_3^{2-}]}{[HCO_3^-]}$$

Em que as concentrações do ácido e do sal podem ser calculadas por:

$$[CO_3{}^{2-}] = \frac{M_{base} \times V_{base}\,(adicionado) - M_{ácido} \times V_{ácido}\,(inicio)}{V_{ácido} + V_{base}}$$

$$[HCO_3^-] = \frac{(M_{ácido} \times V_{ácido}) - (M_{base} \times V_{base}\,(adicionado) - M_{ácido} \times V_{ácido}\,(inicio))}{V_{ácido} + V_{base}}$$

5) Após a adição de base, no 2° ponto de equivalência (E):

Nesse ponto, metade do volume de base reagiu com o H_2CO_3 até o 1° PE e a outra metade do volume de base reagiu com o $NaHCO_3$ até atingir o 2° PE. Assim, o pH nesse ponto é governado pela hidrólise do CO_3^{2-}, de acordo com o equilíbrio.

	$CO_3^{2-}\,(aq.)$ +	$H_2O\,(l)$ ⇄	$HCO_3^-\,(aq.)$ +	OH^-
Início	$[CO_3^{2-}]_0$		0	0
Variação	– x		+ x	+ x
Equilíbrio	$[CO_3^{2-}]_0$ – x		x	x

Sendo a $[CO_3^{2-}]$ dada por:

$$[CO_3^{2-}] = \frac{M_{base}V_{base}(adicionado) - M_{ácido}V_{ácido}(inicio)}{V_{ácido} + V_{base}}$$

Cuja constante de hidrólise é dada por:

$$K_h = \frac{K_w}{K_{a2}} = \frac{[HCO_3^-] \times [OH^-]}{[CO_3^{2-}]} = \frac{[OH^-]^2}{[CO_3^{2-}]}$$

$$K_h = \frac{1{,}0 \times 10^{-14}}{5{,}6 \times 10^{-11}} == \frac{[OH^-]^2}{[CO_3^{2-}]} = \frac{x^2}{[CO_3^{2-}] - x} = 1{,}79 \times 10^{-4}$$

Em que:

$$pOH = -\log[OH^-] \quad \therefore \quad pH = 14 - pOH$$

6) Após a adição de base, após o 2° ponto de equivalência (*F*):

Aqui o pH é determinado pela espécie que se encontra em excesso na solução titulada, que, nesse caso, é a base (OH^-). Além do excesso de OH^- oriundo da adição da base, há também a contribuição de OH^- formado pela hidrólise do sal Na_2CO_3.

$$[OH^-]_{total} = [OH^-]_{NaOH} + [OH^-]_{hidrólise\ CO3}$$

Sendo que a concentração de OH^- originada do excesso de base adicionado é dado por:

$$[OH^-]_{excesso} = \frac{n_{OH-}(adicionado) - 2 \times n_{H+}(inicio)}{V_{total}}$$

$$[OH^-]_{excesso} = \frac{M_{OH-}V_{OH-}(adicionado) - 2 \times M_{H+}V_{H+}(inicio)}{V_{H+} + V_{OH-}}$$

$$[OH^-]_{excesso} = \frac{M_{base}V_{base}(adicionado) - 2 \times M_{ácido}V_{ácido}(inicio)}{V_{ácido} + V_{base}}$$

Já a contribuição de OH^- da hidrólise do sal é dada por:

$$[OH^-] = \sqrt{\frac{K_w}{K_{a2}} \times [CO_3^{2-}]}$$

Sendo a concentração de CO_3^{2-} dada por:

$$[CO_3^{2-}] = \frac{M_{base}V_{base}(2°\ PE) - M_{base}V_{base}(1°\ PE)}{V_{ácido} + V_{base}}$$

Portanto:

$$[OH^-]_{total} = [OH^-]_{NaOH} + [OH^-]_{hidrólise\ CO3}$$

$$pOH = -log[OH^-]_{total} \quad \therefore \quad pH = 14 - pOH$$

O gráfico desse tipo de titulação é mostrado na Figura 10.14.

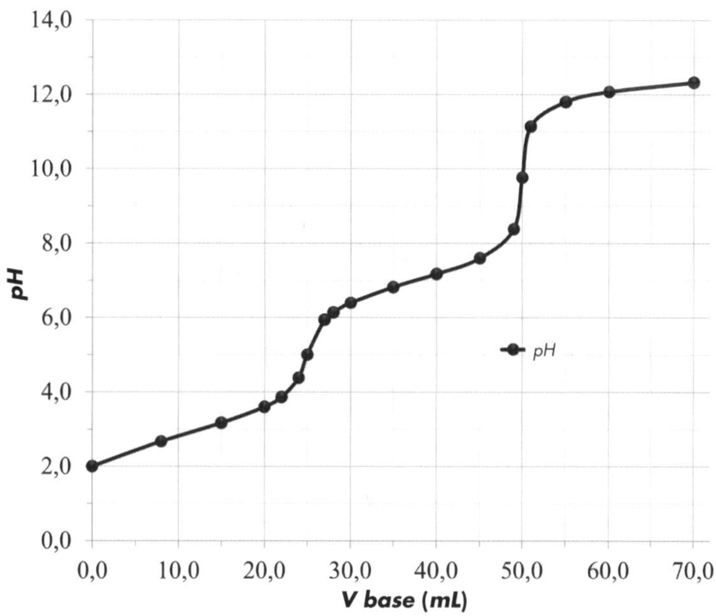

Figura 10.14 Curva de neutralização para a titulação de 25,0 *mL* de H_2CO_3 a 0,100 *M* com *NaOH* a 0,100 *M*.

EXERCÍCIOS

1) Qual a diferença entre o ponto final e o ponto de equivalência em uma titulação?

2) Uma alíquota de 50,00 *mL* de *HCl* 0,1000 mol/L^{-1} foi titulada com o *NaOH* 0,1000 mol/L^{-1}. Calcule o *pH* da solução após a adição de 0,00; 10,00; 25,00; 40,00; 45,00; 49,00; 50,00; 51,00; 55,00; e 60,00 *mL* de base.

3) Calcular o pH após a adição de 0,00; 5,00; 15,00; 25,00; 40,00; 45,00; 49,00; 50,00; 51,00; 55,00; e 60,00 mL de $NaOH$ 0,1000 $mol\ L^{-1}$ na titulação de 50,00 mL de HNO_2 0,1000 $mol\ L^{-1}$ ($K_a = 7,1 \times 10^{-4}$).

4) O que são indicadores ácido-base?

5) Os indicadores ácidos A, B e C apresentam constantes, K_{Ind}, iguais a $K_{Ind} = 1,0 \times 10^{-5}$; $K_{Ind} = 1,8 \times 10^{-8}$ e $K_{Ind} = 3,0 \times 10^{-10}$, respectivamente. Calcule a faixa de pH em que ocorre a viragem para cada indicador.

6) Qual indicador (dos citados na questão anterior) é mais apropriado para titular (i) um ácido forte com uma base forte; (ii) um ácido fraco com uma base forte; e, (iii) uma base fraca com um ácido forte? Justifique.

7) O amarelo de alizarina é um indicador ácido cuja constante de dissociação é $K_a = 1,0 \times 10^{-11}$. A sua forma ácida tem uma coloração amarelada e a forma básica, azul.

   a) Calcular a zona de transição deste indicador na escala de pH.
   b) Calcular a relação de concentração da forma ácida e da forma básica nos seguintes valores de pH: 2; 7; 10; 11; 12; 14.

8) Um estudante está titulando uma alíquota de 25,0 mL de uma solução de HCl 0,100 mol/L usando o indicador verde de bromocresol. Quando 24,85 mL da base na mesma concentração foram adicionados, a solução mudou de amarela para verde, e a titulação foi interrompida. Qual é o pH e o erro desta titulação?

9) A constante de ionização de um indicador é de $K_A = 3,5 \times 10^{-6}$ mol/L. Calcular a zona de transição do indicador. Sabendo que a cor da forma ácida é azul e da forma básica é verde, qual seria a coloração desse indicador nas seguintes soluções?

   a) 200,0 mL de HCl 0,02 mol/L.
   b) 200,0 mL de $NaOH$ 0,005 mol/L.

10) 25,0 mL de uma solução de HCl 0,1000 mol/L foram titulados com solução 0,2000 mol/L de KOH. Calcular o erro de titulação sabendo que no PF o pH da solução titulada foi de 5,0.

11) Considere o seguinte sistema: 20,0 mL de ácido nítrico 0,15 mol/L sendo titulados com hidróxido de potássio 0,10 mol/L. Calcular o erro de titulação, considerando como 10,5 o pH do ponto final.

12) Quando 50,0 mL de uma solução foram titulados, obteve-se a seguinte curva de titulação, em que o pH do ponto de equivalência é 5,3:

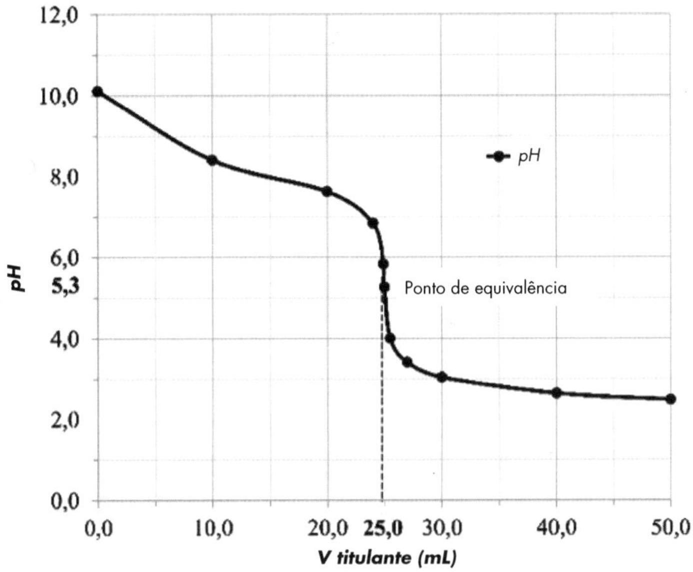

Com base nesse gráfico:

a) Defina o titulante e o titulado como ácido (forte ou fraco) ou base (forte ou fraca). Justifique sua resposta.

b) Em qual região da curva se forma uma solução-tampão: antes ou após o ponto de equivalência? Justifique sua resposta.

c) Sabendo que vermelho de metila tem $K_a = 1{,}0 \times 10^{-5}$ e a fenolftaleína tem $K_a = 6{,}1 \times 10^{-10}$, qual o indicador mais adequado para determinação do ponto final desta titulação? Justifique indicando os cálculos necessários.

13) Qual é a molaridade de uma solução de $NaOH$ da qual 50,00 mL requerem 42,19 mL de HCl 0,1184 mol/L para total neutralização?

14) Uma porção de 50,00 mL de solução de HCl requereu 29,71 mL de $Ba(OH)_2$ 0,01963 mol/L para alcançar o ponto final usando o verde de bromocresol como indicador. Calcular a molaridade do HCl.

$Ba(OH)_2 + 2HCl \rightarrow BaCl_2 + 2H_2O$

15) Um técnico laboratorial, distraidamente, deixou derramar no chão um frasco de 20,00 mL de uma solução 0,2000 mol/L de ácido sulfúrico (H_2SO_4). Na prateleira, ele dispunha de uma solução de hidróxido de sódio 0,6000 mol/L. Nessa situação, para neutralizar completamente o volume de ácido derramado, qual será o volume de base necessário?

16) Uma solução de $Ba(OH)_2$ foi padronizada contra 0,1175 g de ácido benzoico grau padrão primário, C_6H_5COOH (122,12 *g/mol*). O ponto final foi observado após a adição de 40,42 mL de base. Calcular a molaridade da base.

$$Ba(OH)_2 + 2\ C_6H_5COOH \rightarrow (C_6H_5COO)_2Ba + 2H_2O$$

17) Dissolveu-se 8,0000 gramas de $NaOH$ em uma quantidade de água suficiente para preparar 200,00 *mL* de solução. Determine o volume da solução assim preparada que será necessário para neutralizar 50,00 *mL* de uma solução de HNO_3 0,1000 *mol/L*.

18) Em uma titulação, adiciona-se 30 *mL* de solução de KOH 0,5 *mol/L* a 25 *mL* de HNO_3 para completa neutralização. Calcule a concentração, em *mol/L*, do ácido utilizado, bem como a massa neutralizada.

19) Para a neutralização de 18 cm^3 de uma solução 0,2 *mol/L* de HCl, foram gastos 12 cm^3 de uma solução de $NaOH$. Determine a concentração em *mol/L* e em *g/L* da solução de $NaOH$.

20) 200 *mL* de uma solução desconhecida de $NaOH$ foram diluídos com água até 800 *mL*. Em seguida, verificou-se que 10 *mL* dessa solução diluída consumiram, na titulação, 16,5 *mL* de solução decimolar de HCl. Determinar a molaridade da solução inicial de $NaOH$.

21) Determine o título rigoroso de uma solução aquosa de HCl 0,04 mol/L^{-1}, sabendo que quando se titulam 50,00 *mL* do ácido se gastam 50,00 *mL* de uma solução preparada a partir de 0,3850 *g* de bórax (381,37 *g/mol*).

$$Na_2B_4O_7.10H_2O + 2\ HCl \rightarrow 4\ H_3BO_3 + 2\ NaCl + 5\ H_2O$$

22) Uma amostra de 0,2678 *g* de ácido cítrico ($H_3C_6H_5O_7$), com três hidrogênios ionizáveis, consumiu na análise por titulação 38,3 *mL* de $NaOH$ 0,1087 *mol/L*. Qual o grau de pureza da amostra?

23) Uma amostra de 50,00 *mL* de um vinho de mesa branco requer 21,48 *mL* de uma solução de $NaOH$ 0,03776 mol/L^{-1} para alcançar o ponto final com fenolftaleína. Expresse a acidez do vinho em termos de gramas de ácido tartárico ($H_2C_4H_4O_6$, 150,09 *g/mol*) por 100,0 *mL* (pressuponha que ambos os prótons ácidos do composto sejam titulados).

24) 0,6334 *g* de uma amostra de óxido de mercúrio (II) impuro foram dissolvidos em um excesso não medido de iodeto de potássio. Calcule a porcentagem de HgO (MM = 216,6 *g/mol*) na amostra, sabendo que o hidróxido liberado necessitou de 42,59 *mL* de HCl 0,1178 *mol/L*.

$$HgO(s) + 4\ I^- + H_2O \rightarrow HgI_4^{2-} + 2\ OH^-$$

25) Uma alíquota de 25,0 *mL* de vinagre foi diluída para 250,0 *mL* em um balão volumétrico. Em seguida, várias alíquotas de 50 *mL* dessa solução diluída foram tituladas com um volume médio de 34,88 *mL* de *NaOH* 0,096 *mol/L*. Determine a acidez do vinho em termos de % *m/v* de ácido acético (*MM* = 60,0 *g/mol*).

26) Você tem uma amostra de um ácido sólido e sabe que só pode ser ou ácido cítrico ou ácido tartárico. Para determinar qual o ácido, você titula a amostra sólida com solução de *NaOH*. As reações possíveis são:

$H_3C_6H_5O_7(aq) + 3\ NaOH \rightarrow Na_3C_6H_5O_7(aq) + 3\ H_2O(l)$ (ácido cítrico)

$H_2C_4H_4O_6(aq) + 2\ NaOH \rightarrow Na_2C_4H_4O_6(aq) + 2\ H_2O(l)$ (ácido tartárico)

Na titulação, até o ponto de equivalência, você gasta 29,1 *mL* de *NaOH* 0,513 *mol/L* com uma amostra de 0,956 *g* do ácido. Qual é o ácido desconhecido?

CAPÍTULO 11

Titulometria de precipitação

Os métodos volumétricos que se baseiam na formação de um composto pouco solúvel são chamados de "titulometria de precipitação". Essa técnica está entre os métodos analíticos mais remotos de que se tem conhecimento, porém apresentam aplicações limitadas tendo em vista que poucas reações de precipitação preenchem os requisitos necessários para que a titulação seja viável, levando-se em conta a estequiometria bem definida, a velocidade de formação dos precipitados e a identificação visual do ponto final da reação.

Para que uma reação possa ser usada nesse tipo de titulometria, é necessário que preencha alguns requisitos:

- ser rápida;
- ser quantitativa;
- forme um precipitado muito pouco solúvel;
- apresentar estequiometria definida e invariável;
- ter algum sistema indicador confiável.

Verifica-se que a contaminação do precipitado por coprecipitação do analito com o titulante leva, muitas vezes, a reações de estequiometria indefinida, o que impossibilita os cálculos das quantidades de analito presente. Além disso, o emprego da digestão e do envelhecimento de precipitados, comuns na gravimetria para reduzir a contaminação dos precipitados, não é recomendado nesse caso porque exige um tempo considerável para sua efetivação, o que inviabiliza a titulação por essa rota.

Outro fator negativo que limita o uso desse tipo de titulometria é que a velocidade de formação de alguns precipitados é consideravelmente reduzida, logo não se atinge uma supersaturação relativa satisfatória, tendo em vista que os reagentes precipitantes devem ser adicionados lentamente.

O método mais amplamente utilizado emprega nitrato de prata ($AgNO_3$) como titulante, sendo assim chamados de "métodos argentimétricos". Essas titulações são usadas principalmente para análise de haletos (Cl^-, I^-, Br^-), mercaptanas, ácidos graxos e outros íons (SCN^-, CN^-, CNO^-).

O Quadro 11.1 mostra alguns métodos titulométricos de precipitação.

Quadro 11.1 Métodos titulométricos de precipitação

Íon determinado	**Reagente titulante**	**Produto**	**Indicador**
Cl^-, I^-, Br^-	$AgNO_3$	AgX	Cromato de potássio
Cl^-, Br^-	$Hg_2(NO_3)_2$	Hg_2X_2	Azul de bromofenol
F^-	$Th(NO_3)_4$	ThF_4	Vermelho de alizarina
$C_2O_4^{2-}$	$Pb(OAc)_2$	PbC_2O_4	Fluoresceína
$M_oO_4^{2-}$	$Pb(OAc)_2$	$PbMoO_4$	Eosina A
Pb^{2+}	MgM_oO_4 K_2CrO_4	$PbMoO_4$ $PbCrO_4$	Vermelho de solocromo N Ortocromo T
PO_4^{3-}	$Pb(OAc)_2$	$Pb_3(PO_4)_2$	Dibromofluoresceína
SO_4^{2-}	$BaCl_2$ $Pb(NO_3)_2$	$BaSO_4$ $PbSO_4$	Tetraidroxiquinona Aritrosina
Zn^{2+}	$K_4Fe(CN)_6$	$K_2Zn_3[Fe(CN)_6]$	Difenilamina

Fonte: Silva, 2011.

11.1 PRODUTO DE SOLUBILIDADE E EQUILÍBRIO DE PRECIPITAÇÃO

Quando substâncias de solubilidade limitada têm o seu valor de solubilidade excedido, os íons da porção dissolvida atingem um equilíbrio com o material em fase sólida. Isso gera a formação de uma solução saturada dessa substância.

A solução saturada de um sal, que ainda contém um excesso de substância não dissolvida, é um sistema em equilíbrio, ao qual se pode aplicar a lei da ação das massas.

Exemplo: $AgCl\ (s) \rightleftarrows Ag^+\ (aq) + Cl^-\ (aq)$

Trata-se de um equilíbrio heterogêneo, visto que o $AgCl\ (s)$ está em fase sólida, enquanto os íons Ag^+ e Cl^- estão dissolvidos na fase líquida.

A constante de equilíbrio é dada por:

$$K = \frac{[Ag^+] \times [Cl^-]}{[AgCl]_s}$$

Considerando que a concentração $[AgCl]_s$ não varia, a expressão torna-se:

$$K_s = [Ag^+] \times [Cl^-]$$

Que é o produto de solubilidade para o $AgCl$ em uma solução saturada.

De forma geral, para uma reação genérica da forma a seguir, o produto de solubilidade é dado por:

$$A_xB_{y\,(s)} \rightleftarrows \mathrm{x}A^+ + yB^-$$

$$K_s = [A^+]^x \times [B^-]^y$$

Assim, pode-se afirmar que, numa solução saturada de um eletrólito fracamente solúvel, o produto das concentrações de seus íons constituintes é constante para uma determinada temperatura, sendo a concentração de cada íon elevada a uma potência igual aos respectivos números de íons de cada espécie produzida pela dissociação de uma molécula (célula unitária) desse eletrólito.

11.2 CURVAS DE TITULAÇÃO DE PRECIPITAÇÃO

A maneira mais conveniente de se verificar se uma titulação é viável ou não é por meio da construção de uma curva de titulação. Isso também é importante para avaliar o erro cometido pelo uso de um determinado indicador.

Pode-se ilustrar o procedimento para construção de uma curva de titulação de precipitação mediante um exemplo específico, o qual é essencialmente similar às curvas de titulação de neutralização.

Nesse caso, será utilizada como exemplo a titulação de íons Cl^- com íons Ag^+ para formar $AgCl\ (s)$, plotando-se um gráfico de pAg (–log $[Ag^+]$) ou pCl (–log $[Cl^-]$) em função do volume de titulante adicionado.

Considera-se a titulação de 50,00 mL de uma solução de $NaCl$ 0,100 M com uma solução de $AgNO_3$ a 0,100 M. Dado: $K_s\ (AgCl) = 1{,}78 \times 10^{-10}$. Segundo a reação:

$$AgCl\,(s) \rightleftarrows Ag^+\,(aq.) + Cl^-\,(aq.)$$

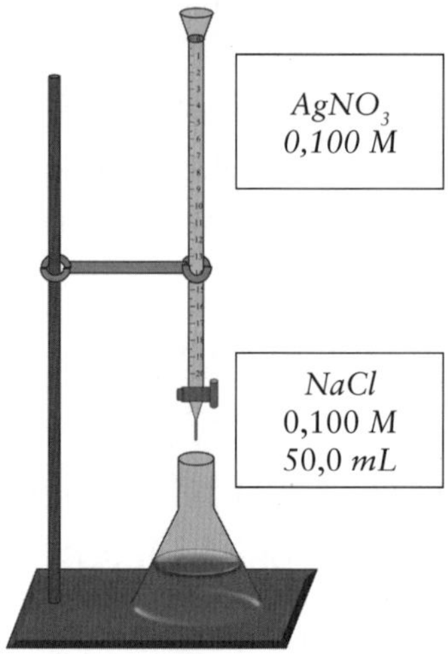

Figura 11.1 Esquema para titulação de 50,00 *mL* de uma solução de *NaCl* 0,100 *M* com uma solução de $AgNO_3$ a 0,100 *M*.

Antes de tudo, é preciso determinar o volume de base necessário para se atingir o ponto de equivalência, o que pode ser obtido por:

$$n_{Ag+} = n_{Cl-}$$

$$M_{Ag+} \times V_{Ag+} = M_{Cl-} \times V_{Cl-}$$

$$V_{Ag+} = \frac{M_{Cl-} \times V_{Cl-}}{M_{Ag+}}$$

Primeiro será feito o procedimento de construção da curva de titulação pelo cálculo do *pCl*, com relação à construção da curva pelo *pAg*, o procedimento é bastante semelhante.

1) Cálculo do *pCl* antes da adição de $AgNO_3$
   Nesse momento, em que nenhum Ag^+ foi adicionado ainda, o *pCl* pode ser calculado diretamente pela concentração inicial de Cl^- no titulado.

$$[Cl^-] = 0{,}100\ M$$

$$pCl = -\log[Cl^-] \quad \therefore \quad pCl = -\log 0{,}100 \quad \therefore \quad pCl = 1{,}0$$

2) Cálculo do *pCl* antes do ponto de equivalência
   A partir desse ponto, o *pCl* é determinado estequiometricamente, sendo que a solução é saturada e a espécie em excesso até o *PE* são os íons Cl^-.

Calcula-se a concentração de Cl^- em excesso após cada adição de Ag^+, dividindo pelo novo volume total (V_{Cl-} + V_{Ag+}) do sistema. Em seguida, determina-se, então, o pCl.

$$[Cl^-]_{excesso} = \frac{n_{Cl-}(inicio) - n_{Ag+}(adicionado)}{V_{total}}$$

$$[Cl^-]_{excesso} = \frac{M_{Cl-}V_{Cl-}(inicio) - M_{Ag+}V_{Ag+}(adicionado)}{V_{Cl-} + V_{Ag+}}$$

$$pCl = -\log[Cl^-]$$

– Após a adição de 10,00 mL: $[CL^-]_{excesso} = 6{,}67 \times 10^{-2}\ mol.L^{-1} \therefore pCl = 1{,}18$.

– Após a adição de 25,00 mL: $pCL = 1{,}48$.

– Após a adição de 40,00 mL: $pCL = 1{,}95$.

– Após a adição de 49,90 mL: $pCL = 3{,}99$.

3) Cálculo do pCl no ponto de equivalência

Nesse momento, quantidades iguais de Ag^+ e Cl^- estão presentes no titulado, ou seja,

$$n_{Ag+} = n_{Cl-}$$

$$M_{Ag+} \times V_{Ag+} = M_{Cl-} \times V_{Cl-}$$

$$[Ag^+] = [Cl^-]$$

Aplicando essa igualdade na expressão do K_s, tem-se:

$$[Ag^+] \times [Cl^-] = K_s \quad \therefore \quad [Cl^-] \times [Cl^-] = K_s \quad \therefore \quad [Cl^-]^2 = K_s \quad \therefore \quad [Cl^-] = \sqrt{K_s}$$

– Após a adição de 50,00 mL: $[CL^-] = 1{,}33 \times 10^{-5}\ mol.L^{-1} \therefore pCl = 4{,}87$.

4) Cálculo do pCl após o ponto de equivalência

A partir do ponto de equivalência, o pCl é determinado novamente pela espécie que se encontra em excesso, que, nesse caso, são os íons Ag^+. Assim, calcula-se estequiometricamente $[Ag^+]$ e, em seguida, como a solução é saturada, aplica-se na expressão do K_s e, em seguida, obtém-se o valor de $[Cl^-]$.

$$[Cl^-] = 1{,}33 \times 10^{-5}\ mol.L^{-1} \therefore pCl = 4{,}87$$

$$[Ag^+]_{excesso} = \frac{n_{Ag+}(adicionado) - n_{Cl-}(inicio)}{V_{total}}$$

$$[Ag^+]_{excesso} = \frac{M_{Ag+}V_{Ag+}(adicionado) - M_{Cl-}V_{Cl-}(inicio)}{V_{Ag+} + V_{Cl-}}$$

$$[Ag^{+}] \times [Cl^{-}] = K_s \quad \therefore \quad [Cl^{-}] = \frac{K_s}{[Ag^{+}]}$$

– Após a adição de 50,10 mL:

$$[Ag^{+}] = 9{,}99 \times 10^{-5}\, mol.L^{-1} \; \therefore$$

$$[Cl^{-}] = \frac{1{,}78 \times 10^{-10}}{9{,}99 \times 10^{-5}} \quad \therefore \quad [Cl^{-}] = 1{,}78 \times 10^{-6}$$

$$pCl = -\log[Cl^{-}] \quad \therefore \quad pCl = -\log 1{,}78 \times 10^{-6} \quad \therefore \quad pCl = 5{,}75$$

– Após a adição de 60,00 mL:

$$[Ag^{+}] = 9{,}10 \times 10^{-3}\, mol.L^{-1} \; \therefore$$

$$[Cl^{-}] = \frac{1{,}78 \times 10^{-10}}{9{,}10 \times 10^{-3}} \quad \therefore \quad [Cl^{-}] = 1{,}96 \times 10^{-8}$$

$$pCl = -\log[Cl^{-}] \quad \therefore \quad pCl = -\log 1{,}96 \times 10^{-8} \quad \therefore \quad pCl = 7{,}70$$

Os resultados mostram uma rápida mudança de pCl (ou de pAg) na região do ponto de equivalência. Quanto maior essa variação, mais favorável é a titulação, porque isso provoca o menor erro possível. Isso pode ser observado no gráfico plotado com os resultados obtidos (Figura 11.2).

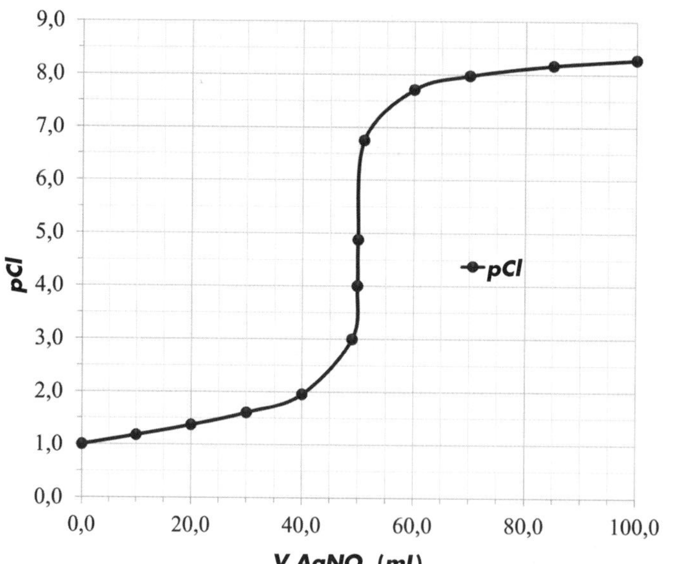

Figura 11.2 Curva de titulação de precipitação de 50,0 mL de $NaCl$ a 0,100 M com $AgNO_3$ a 0,100 M.

11.3 FATORES QUE AFETAM A CURVA DE TITULAÇÃO POR PRECIPITAÇÃO

i) Concentração dos reagentes: o perfil das curvas de titulação por precipitação é fortemente afetado por este fator. A variação de *pAg* nas proximidades do *PE* é muito mais acentuada numa titulação de uma solução de $NaCl$ a 0,050 *M* com $AgNO_3$ a 0,100 *M* do que na titulação de uma solução de $NaCl$ a 0,005 *M* com $AgNO_3$ a 0,010 *M*. Ou seja, quanto maior a concentração das soluções, mais favorável é a titulação, conforme pode ser visto no gráfico da Figura 11.3, em que se nota o aumento na inflexão da curva nas proximidades do *PE* com a solução mais concentrada.

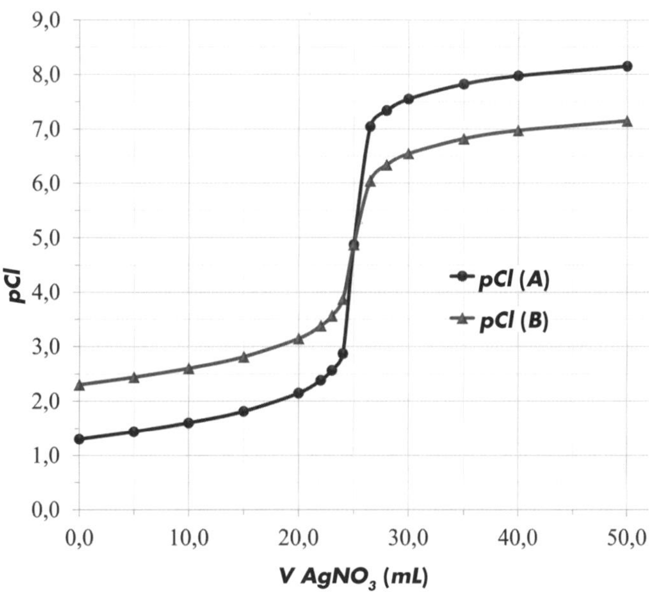

Figura 11.3 Curva de titulação para (*A*), 50.00 *mL* de 0,0500 *M NaCl* titulado com 0,1000 *M* $AgNO_3$, e (*B*), 50.00 *mL* de 0,0050 M *NaCl* titulado com 0,0100 *M* $AgNO_3$.

ii) Solubilidade do precipitado: outro fator de suma importância nas titulações por precipitação é o grau de solubilidade do precipitado formado, cuja magnitude é medida pelo K_s. Em geral, quanto menor o K_s, ou seja, quanto menos solúvel for o precipitado, mais favorável é a titulação. Isso pode ser percebido no gráfico da Figura 11.4, em que pode ser visualizado o efeito da solubilidade do precipitado nas curvas de titulação de precipitação. Observe que valores menores de K_s fornecem mudanças muito mais nítidas no ponto final.

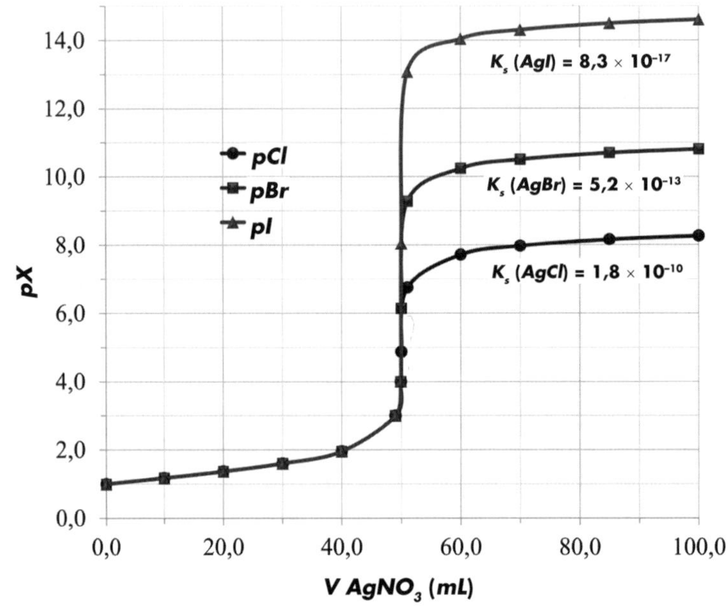

Figura 11.4 Curvas de titulação de precipitação para 50,00 *mL* de soluções de Cl^-, Br^- e I^- a 0,050 *M* titulados com $AgNO_3$ 0,100 *M*.

11.4 DETECÇÃO DO PONTO FINAL

Uma das maneiras para se detectar o ponto final de uma titulação por precipitação é pela **formação de um precipitado colorido**. Por exemplo, pode-se determinar o ponto final da titulação de $NaCl$ com $AgNO_3$ realizando-se o procedimento de titulação na presença de uma pequena quantidade de cromato de potássio (K_2CrO_4) no titulado. Após a precipitação de todo o Cl^- na forma de $AgCl$ (ppt branco), ocorrerá a precipitação do Ag_2CrO_4, um precipitado vermelho que indica o ponto final da titulação. Este método é chamado de **método de Mohr.**

Considerando-se o exemplo anterior, da titulação de 50,0 *mL* de uma solução de $NaCl$ a 0,100 *M* com uma solução de $AgNO_3$ a 0,100 *M*, pode-se utilizar o K_2CrO_4, tendo em vista que o K_s do Ag_2CrO_4 é igual a $1{,}3 \times 10^{-12}$.

Como foi visto nos cálculos, o volume total no *PE* foi de 100 *mL*. Se for adicionado 1 *mL* de K_2CrO_4 a 0,100 *M*, sua concentração será $[CrO_4^{2-}] = 1{,}0\, x 10^{-3}\, M$.

Substituindo esse valor na expressão do K_s desse sal:

$$[Ag^+]^2 \times [CrO_4^{2-}] = K_s \quad \therefore \quad [Ag^+]^2 \times 1{,}0x10^{-3} = 1{,}0x10^{-12}$$

$$[Ag^+] = 3{,}6x10^{-5}\,M \quad \therefore \quad pAg = 4{,}44$$

Lembrando que o pAg no ponto de equivalência foi de 4,87, o que não agrega um erro considerável à titulação, tendo em vista que os valores de *PE* e *PF* estão bem próximos.

A segunda forma de identificar o ponto final deste tipo de titulação é pelo procedimento chamado de **método de Volhard**. Esse método consiste em uma titulação de retorno para determinação de ânions que precipitam com $Ag+$ (Cl^-, Br^-, SCN^-) realizada em meio ácido com a adição de HNO_3. Nesse caso, é adicionado um pequeno excesso de $AgNO_3$ para precipitar o ânion de interesse e, em seguida, o excesso de $Ag+$ é determinado por uma titulação de retorno com solução-padrão de tiocianato de potássio ($KSCN$), conforme as reações:

$$X^- + Ag^+ \rightarrow AgX\downarrow + Ag^+_{excesso}$$

$$Ag^+_{excesso} + SCN^- \rightarrow AgSCN\downarrow$$

O ponto final é detectado pela adição de Fe^{3+} (sulfato férrico amoniacal), que forma um complexo vermelho solúvel com o primeiro excesso de titulante (SCN^-).

$$Fe^{3+} + SCN^- \rightarrow Fe(SCN)^{2-}$$

Se o precipitado, AgX, é menos ou igualmente solúvel que o $AgSCN$, não se deve remover o precipitado antes da precipitação, como é o caso de I^-, Br^- e SCN^-. Quanto ao I^-, não se deve adicionar o indicador até que todo o I^- tenha se precipitado; do contrário, ele pode ser oxidado pelo íon Fe^{3+}. Se o precipitado é mais solúvel que o $AgSCN$, ele reagirá com o titulante para gerar um alto e difuso ponto final, como é o caso do $AgCl$.

$$AgCl\downarrow + SCN^- \rightarrow AgSCN\downarrow + Cl^-$$

Portanto, o precipitado deve ser removido por filtração antes da titulação.

Outra forma de se identificar o ponto final de titulações de precipitação é pelo uso de **indicadores de adsorção**. Nesse caso, a reação do indicador ocorre na superfície do precipitado. O indicador, que é um corante, existe na solução na forma ionizada, usualmente um ânion, In^-.

Considere-se a titulação do íon Cl^- com Ag^+. Antes do *PE*, Cl^- está em excesso, e a primeira camada adsorvida é de Cl^-. Isso repele o ânion do indicador, e a camada secundária de íons adsorvidos, mais fracamente atraídos, são cátions, como Na^+.

$$AgCl : Cl^- : Na^+$$

Após o *PE*, Ag^+ está em excesso, e a superfície do precipitado se torna positivamente carregada, com a primeira camada sendo Ag^+. Isso agora atrairá o ânion indicador, que será adsorvido na contra camada.

$$AgCl : Ag^+ :: In^-$$

A cor do indicador adsorvido é diferente do indicador não adsorvido, e essa diferença indica o ponto final da titulação. Uma possível explicação para essa mudança de coloração é que o indicador forma um complexo colorido com o íon Ag^+, o qual é muito fraco (instável) para existir em solução, mas cuja formação é facilitada pela adsorção na superfície do precipitado (o que o torna insolúvel).

O *pH* é importante nesse caso. Se for muito baixo, o indicador, que usualmente é um ácido fraco, se dissociará muito pouco para permitir que seja adsorvido como ânion. Além disso, o indicador não deve ser fortemente adsorvido no *pH* fornecido; caso isso ocorra, deslocará o ânion do precipitado (por exemplo, Cl^-) na camada primária antes que o ponto de equivalência seja atingido. Obviamente, isso dependerá do grau de adsorção do ânion do precipitado. Por exemplo, Br^- forma um precipitado menos solúvel com Ag^+ e é mais fortemente adsorvido. Um indicador mais fortemente adsorvido pode, portanto, ser usado. A titulação de Cl^- com esses indicadores é chamada de **método de Fajans**.

Alguns exemplos de indicadores de adsorção são apresentados no quadro 11.2:

Quadro 11.2 Alguns exemplos de indicadores de adsorção.

Indicador	Titulação	Condições
Fluoresceína	Cl^- com Ag^+	*pH* 7 – 8
Diclorofluoresceína	Cl^- com Ag^+	*pH* 4
Verde de bromocresol	SCN^- com Ag^+	*pH* 4 – 5
Eosina	Br^-, I^-, SCN^- com Ag^+	*pH* 2
Violeta de metila	Ag^+ com Cl^-	meio ácido
Rodamina 6*G*	Ag^+ com Br^-	HNO_3 (≤ 0,3 *M*)
Thorina	SO_4^{2-} com Ba^{2+}	*pH* 1,5 – 3,5
Axul de bromofenol	Hg^{2+} com Cl^-	solução a 0,1 *M*
Ortocromo *T*	Pb^{2+} com CrO_4^{2-}	Meio neutro, solução a 0,02 *M*

Fonte: Christian, Dasgupta e Schug, 2014.

EXERCÍCIOS

1) Qual é a concentração de uma solução de nitrato de prata na qual 28,60 mL foram requeridos para alcançar o ponto final da titulação com uma solução contendo 0,2116 g do padrão primário KCl?

2) Titularam-se 25,00 mL de uma solução contendo 0,0311 mol/L de $Na_2C_2O_4$ com $La(ClO_4)_3$ 0,0257 mol/L, havendo a precipitação de oxalato de lantânio:

   $2\ La^{3+} + 3\ C_2O_4^{2-} \rightarrow La_2(C_2O_4)_3$

   Qual o volume de perclorato de lantânio necessário para atingir o ponto de equivalência?

3) 0,2142 g do sal MCl_2 são dissolvidos em água e titulados com 36,00 mL de $AgNO_3$ 0,1250 mol/L. Calcule a massa molar do metal M.

4) 100,0 mL de uma amostra de água salobra foram tornados amoniacais e o sulfeto nela contido foi titulado com 8,47 mL de solução-padrão de $AgNO_3$ 0,0131 mol/L, segundo a reação:

   $2\ Ag^{+} + S^{2-} \rightarrow Ag_2S(s)$.

   Calcule a concentração de H_2S na água em ppm (mg/L).

5) Uma amostra de 15 tabletes de sacarina de um adoçante artificial foi precipitada pelo tratamento com 50,0 mL de $AgNO_3$ 0,0500 mol/L. Após a remoção do sólido, o filtrado e as lavagens consumiram 4,55 mL de solução 0,0725 mol/L de $KSCN$. Calcule a massa média em miligramas de sacarina em cada tablete.

   $C_7H_4OSO_2NNa + Ag^{+} \rightarrow C_7H_4OSO_2NAg + Na^{+}$

6) Com o intuito de calcular o volume de um reservatório de forma irregular, um químico adicionou 108,2 g de sal ($NaCl$) no reservatório e encheu-o de água. Após o $NaCl$ ter sido completamente dissolvido, uma alíquota de 100,0 mL da solução foram tituladas com 9,39 mL de $AgNO_3$ 0,1008 mol/L. Qual é o volume do reservatório?

7) Certa amostra de brometo de sódio pesando 4,52 g foi dissolvida em água e o volume da solução elevado para 200,0 mL. Uma alíquota de 10,0 mL foi titulada com solução de $AgNO_3$ 0,1000 mol/L, em presença de K_2CrO_4, consumindo 5,25 mL do titulante. Calcule o teor de sal (m/m) na amostra.

8) Uma solução-padrão de nitrato de prata foi preparada dissolvendo-se 6,503 g de $AgNO_3$ puro em 250,0 mL de solução. Uma amostra pesando 0,6319 g contendo $MgCl_2$ requereu 24,33 mL de nitrato de prata para a titulação. Calcule a porcentagem de $MgCl_2$ na amostra.

9) 0,50 *g* de sal de cozinha são dissolvidos em 100,0 *mL* de água destilada. Uma alíquota de 25,0 *mL* é transferida para erlenmeyer e titulado com solução-padrão de nitrato de prata 0,100 $mol\ L^{-1}$, pelo método de Mohr. Calcule o teor de *NaCl* em % *m/m* no produto comercial, sabendo que 20,00 *mL* de solução-padrão foram consumidos durante a titulação.

10) Determinou-se o teor em cloreto numa solução salina pelo método de Volhard. Uma alíquota de 10,00 *mL* foi tratada com 15,00 *mL* de uma solução-padrão de $AgNO_3$ 0,1182 *M*. O excesso de prata foi titulado com uma solução-padrão de *KSCN* 0,101 *M*, sendo necessários 2,38 *mL* para atingir o ponto de equivalência. Calcule a concentração de cloreto na solução salina.

Reações:

$AgNO_3\ (aq) + KSCN\ (aq) \rightarrow KNO_3\ (aq) + AgSCN\ (s)$ (precipitado branco)

$Fe^{+3}\ (aq) + SCN^-\ (aq) \rightarrow Fe[SCN]^{+2}\ (aq)$ (complexo colorido)

11) O teor de iodeto de potássio, princípio ativo de xaropes antitussígenos, foi determinado por precipitação com nitrato de prata. Uma amostra de 10,00 *mL* do xarope foi transferida para um erlenmeyer. Exatamente 20,00 *mL* de uma solução de $AgNO_3$ 0,1 $mol\ L^{-1}$ foram adicionados. O frasco foi agitado até o aparecimento de um precipitado de cor amarela típica de *AgI*. Para a titulação do excesso estequiométrico de $AgNO_3$ foram gastos 8,24 *mL* de solução de *KSCN* 0,10 $mol\ L^{-1}$, na presença de indicador contendo Fe^{3+}. Calcule a concentração de *KI* na amostra analisada, expressando o resultado em *mg/ 5 mL* de xarope.

12) Qual o *pAg* e o *pI* em uma solução obtida pela mistura de 30 *mL* de solução de *NaI* 0,10 *mol/L* e 20 *mL* de solução de $AgNO_3$ 0,15 *mol/L*? (*Kps* do *AgI* = $8{,}1 \times 10^{-9}$)

13) Construa a curva de titulação de 50,00 *mL* de solução 0,0400 $mol.L^{-1}$ *KBr* (*pBr vs* volume de titulante) após a adição de: 5,00; 15,00; 25,00; 30,00; 35,00; 39,00; 40,00; 45,00 e 50,00 *mL* de $AgNO_3$ 0,0500 $mol.L^{-1}$. (*Kps* do *AgBr* = $5{,}2 \times 10^{-13}$)

CAPÍTULO 12

Titulometria de complexação

Em análise inorgânica quantitativa, utiliza-se amplamente as reações que levam à **formação de complexos, as reações de complexação.** Nesse tipo de reação, um íon complexo (ou molécula) consta de um átomo central (íon) e um ou vários ligantes intimamente acoplados a ele.

Nesse contexto, os **íons metálicos** agem como **ácidos de Lewis**, ou seja, substâncias capazes de receber pares de elétrons provenientes de **bases de Lewis**, que são **ligantes doadores de elétrons.**

O átomo central pode ser caracterizado pelo **número de coordenação**, um número inteiro, que indica o **número de ligantes monodentados** que podem formar um complexo estável com um átomo central. Esse número é determinado pela configuração eletrônica do íon central, sua carga, seu tamanho e outros fatores.

O **número de coordenação** representa o número de espaços disponíveis em torno do átomo ou íon central na determinada esfera de coordenação, onde cada espaço pode ser ocupado por um ligante (monodentado).

Um ligante **monodentado** é aquele que tem um único grupo doador de elétrons, por exemplo, NH_3, CN^-, Cl^-, H_2O etc., enquanto um ligante **polidentado** tem mais de um grupo doador de elétrons, por exemplo, glicina, *EDTA*, etilenodiamina, entre outros.

A formação de complexos em análise química ocorre com frequência, sendo utilizada na separação e identificação de espécies químicas e mostra, em muitos casos, uma **mudança na coloração** da solução.

$$Cu^{2+} + 4\,NH_3 \rightarrow [Cu(NH_3)_4]^{2+}$$

Azul claro — Azul escuro

$$Fe^{2+} + 6\,CN^- \rightarrow [Fe(CN)_6]^{4-}$$

Verde claro — Amarelo

$$Ni^{2+} + 6\,NH_3 \rightarrow [Ni(NH_3)_6]^{2+}$$

Verde — Azul

Outro fenômeno importante na formação de complexos é o **aumento da solubilidade de um precipitado.**

$$AgCl\,(s) + 2\,NH_3 \rightarrow [Ag(NH_3)_2]^+ + Cl^-$$

$$AgI\,(s) + 2\,S_2O_3{}^{2-} \rightarrow [Ag(S_2O_3)_2]^{3-} + I^-$$

O processo que expressa a **estabilidade dos complexos** é semelhante ao da expressão relativa da força de ácidos e bases, a partir das constantes de dissociação obtidas pela aplicação da **lei da ação das massas** sobre os equilíbrios. Para isso, considera-se a formação de um complexo ML_n, por meio de etapas sucessivas da reação entre um íon central M e um ligante monodentado L.

$$M + L \rightleftarrows ML \quad K_1$$

$$ML + L \rightleftarrows ML_2 \quad K_2$$

$$ML_2 + L \rightleftarrows ML_3 \quad K_3$$

$$ML_{n-1} + L \rightleftarrows ML_n \quad K_F \text{ ou } K_{est}$$

Sendo a constante global de equilíbrio da reação dada por:

$$K = \frac{[ML_n]}{[M].[L_{n-1}]}$$

Em que K é a constante de formação do complexo, também chamada de **constante de estabilidade do complexo** (K_{est}). Quanto maior o valor de K_{est}, mais estável será o complexo.

Por exemplo, para a reação

$$Ag^+ + 2\,NH_3 \rightleftarrows [Ag(NH_3)_2]^+$$

A constante de estabilidade, que é obtida de modo semelhante ao estudo da dissociação de ácidos e bases, é dada por

$$K_{est} = \frac{[Ag(NH_3)_2]^+}{[Ag^+].[NH_3]^2}$$

As reações de formação de complexos apresentam diversas utilidades em química analítica, mas sua aplicação mais ampla consiste nas titulações complexométricas, nas quais um íon metálico reage quantitativamente com um ligante para formar um complexo estável, e o ponto de equivalência é determinado por um indicador químico ou por um método instrumental apropriado. Os agentes complexantes mais utilizados (ligantes) nessas titulações são os ácidos aminocarboxílicos, em especial o ácido etilenodiaminotetracético ($EDTA$).

12.1 COMPLEXOS COM LIGANTES PRÓTICOS

Os ligantes podem sofrer ligações laterais e a mais comum é a protonação do ligante que apresenta um caráter ácido-base.

$$H_nL\ (aq.) \rightleftarrows nH^+\ (aq.) + L^-\ (aq.)$$

ácido conjugado base conjugada

$$M^+\ (aq.) + L^-\ (aq.) \rightleftarrows [ML]\ (aq.)$$

A adição de ácido (H^+) a uma solução que contém M e L reduz a concentração de L livre disponível para formar o complexo com M. Isso diminui a eficiência do agente complexante L (efeito do pH).

12.2 CONSTANTE DE FORMAÇÃO (ESTABILIDADE) CONDICIONAL (K'_{EST})

No caso de complexos com ligantes próticos, as constantes de equilíbrio dependem do pH da solução e assumem valores específicos para cada valor de pH, por isso são chamadas **constantes de formação condicional** ou **constantes de estabilidade condicional.**

Como exemplo, considere o equilíbrio a seguir:

$$M^+\ (aq.) + L^-\ (aq.) \rightleftarrows [ML]\ (aq.)$$

Sendo α a fração de L que se encontra na forma disponível, a concentração efetiva de L na solução é dada por:

$$\alpha_L = \frac{[L]}{C_L} \quad \therefore \quad [L] = \alpha_L \times C_L$$

Em que $[L]$ é a concentração efetiva de L (disponível) e C_L é a concentração total de L (todas as formas presentes).

A constante de estabilidade para a reação apresentada é:

$$K_{est} = \frac{[ML]}{[M].[L]}$$

Substituindo nessa expressão a equação para $[L]$, tem-se:

$$K_{est} = \frac{[ML]}{[M].\alpha_L.C_L}$$

Fazendo $K_{est} \times \alpha_L = K'_{est}$, obtém-se:

$$K'_{est} = \frac{[ML]}{[M].C_L}$$

Em que K'_{est} é a constante de estabilidade condicional para uma determinada fração de ligante disponível, α_L.

12.3 ÁCIDO ETILENODIAMINOTETRACÉTICO (*EDTA*)

O *EDTA* é o quelante mais usado em química analítica, sendo um ligante hexadentado que forma complexos estáveis com inúmeros íons metálicos, o que permite sua utilização em um grande número de aplicações. Trata-se de um ácido poliprótico que pode existir em várias formas protonadas, sendo a forma neutra representada por H_4Y e sua forma estrutural pode ser representada como mostra a Figura 12.1:

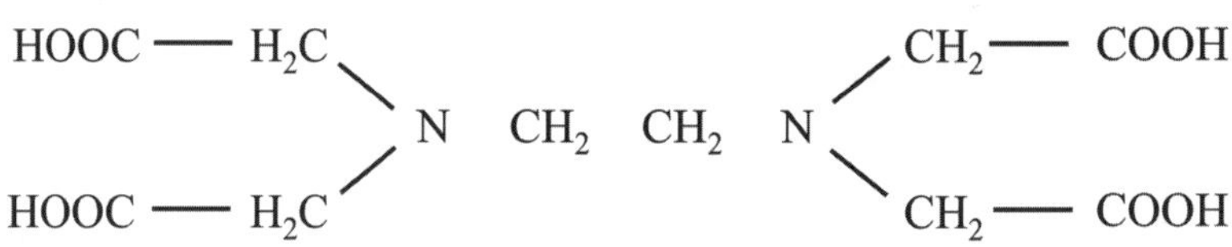

Figura 12.1 Representação da estrutura do *EDTA*.

A forma neutra H_4Y, dependendo do valor do pH, pode sofrer dissociação em seguidas etapas, conforme mostrado a seguir.

$$H_4Y\,(aq) + H_2O \rightleftarrows H^+\,(aq) + H_3Y^-\,(aq) \qquad K_1 = 1{,}0 \times 10^{-2}$$

$$H_3Y^-\,(aq) + H_2O \rightleftarrows H^+\,(aq) + H_2Y^{2-}\,(aq) \qquad K_2 = 1{,}2 \times 10^{-3}$$

$$H_2Y^{2-}\,(aq) + H_2O \rightleftarrows H^+\,(aq) + HY^{3-}\,(aq) \qquad K_3 = 6{,}9 \times 10^{-7}$$

$$HY^{3-}\,(aq) + H_2O \rightleftarrows H^+\,(aq) + Y^{4-}\,(aq) \qquad K_4 = 5{,}5 \times 10^{-11}$$

Como o ânion Y^{4-} é a espécie ligante na formação do complexo, o equilíbrio de complexação é fortemente afetado pelo pH. A espécie H_4Y tem uma solubilidade muito baixa em água, por isso o sal dissódico $Na_2H_2Y \times 2\ H_2O$ é geralmente usado em análises químicas. A fração de cada forma de $EDTA$ em função do pH é mostrada no gráfico da Figura 12.2.

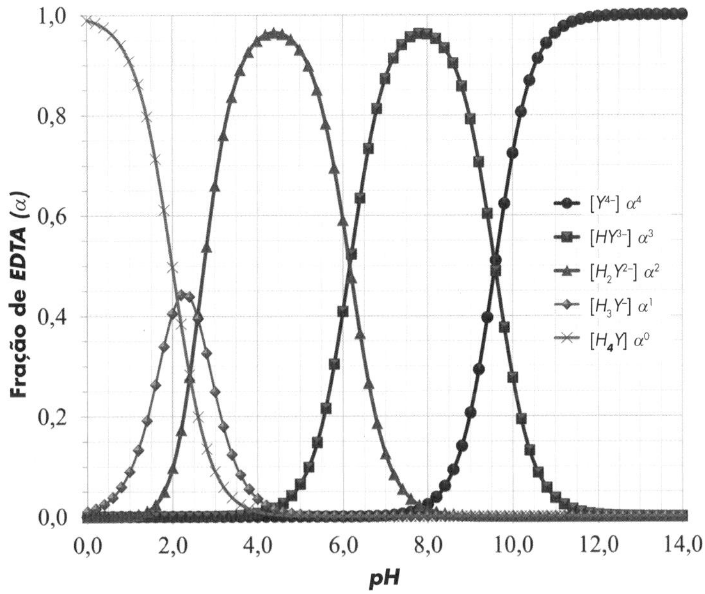

Figura 12.2 Fração de espécies de *EDTA* em função do *pH*.

Entre as características do $EDTA$, pode-se citar:

- Interage bem com ácidos de Lewis (cátions metálicos);
- É um agente quelante hexadentado que forma quelatos extremamente estáveis;
- Seu potencial quelante entre as diferentes formas é descrito por: $Y^{4-} > HY^{3-} > H_2Y^{2-} > H_3Y^{-} > H_4Y$;
- O pH do meio pode inviabilizar a formação de complexos pela conversão de Y^{4-} a H_4Y.

O $EDTA$ combina-se com íons metálicos na proporção de 1:1, não importando a carga do cátion, cujo equilíbrio pode ser representado por:

$$M^{n+}(aq) + Y^{4-}(aq) \rightleftarrows MY^{(n-4)+}(aq) \qquad K_{est} = \frac{[MY^{(n-4)+}]}{[M^{n+}].[Y^{4-}]}$$

Como Y^{4-} depende do pH do meio, é conveniente expressá-lo por:

$$[Y^{4-}] = \alpha_4 . C_T$$

Em que α_4 é a fração de $EDTA$ na forma Y^{4-} e C_T é a concentração total de $EDTA$ em todas as suas formas:

$$C_T = H_4Y + H_3Y^- + H_2Y^{2-} + HY^{3-} + Y^{4-}$$

Os valores de α_4 são tabelados para diferentes valores de pH. Assim, a K_{est} pode ser expressa por:

$$K_{est} = \frac{[MY^{(n-4)+}]}{[M^{n+}]. \alpha_4 . C_T} \quad \therefore \; K'_{est} = K_{est} \times \alpha_4 = \frac{[MY^{(n-4)+}]}{[M^{n+}]. C_T}$$

Em que K'_{est} é a constante de estabilidade efetiva.

A Tabela 12.2 apresenta os valores de α_4 para diferentes valores de pH.

Tabela 12.2 Valores de α_4 para diferentes valores de pH.

pH	$\alpha_{Y^{4-}}$
0	$1,3 \times 10^{-23}$
1	$1,4 \times 10^{-18}$
2	$2,6 \times 10^{-14}$
3	$2,1 \times 10^{-11}$
4	$3,0 \times 10^{-9}$
5	$2,9 \times 10^{-7}$
6	$1,8 \times 10^{-5}$
7	$3,8 \times 10^{-4}$
8	$4,2 \times 10^{-3}$
9	$4,1 \times 10^{-2}$
10	0,30
11	0,81
12	0,98
13	1,00
14	1,00

Fonte: Harris, 2016.

Exercício: a constante de estabilidade para o complexo *Pb – EDTA* (PbY^{2-}) é igual a $1{,}10 \times 10^{18}$. Calcule os valores da constante de estabilidade efetiva (K'_{est}) em (*a*) $pH = 3{,}0$ e em (*b*) $pH = 10{,}0$.

12.4 CURVAS DE TITULAÇÃO COMPLEXOMÉTRICAS

A curva de titulação, para esse caso, consiste em um gráfico de *pM* (–log $[M^{n+}]$) contra o valor do volume de *EDTA* adicionado. A curva é semelhante àquela do valor do *pH versus* o volume de ácido adicionado. Os cálculos para a construção da curva de titulação são divididos em três regiões distintas: antes; ao atingir; e após o ponto de equivalência.

Considere o equilíbrio:

$$M^{n+}(aq) + Y^{4-}(aq) \rightleftarrows MY^{(n-4)+}(aq) \qquad K'_{est} = K_{est} \times \alpha_4$$

Antes de tudo, é preciso determinar o volume de titulante necessário para se atingir o ponto de equivalência. No *PE*, tem-se quantidades iguais de íon metálico e de *EDTA*. Assim:

$$n_{EDTA} = n_{M^{n+}}$$

$$V_{EDTA} = \frac{M_{M^{n+}} \times V_{M^{n+}}}{M_{EDTA}}$$

1) Cálculo do *pM* antes da adição de *EDTA:*

   Nesse momento, em que nenhum *EDTA* foi adicionado ainda, o *pM* pode ser calculado diretamente pela concentração inicial do metal no titulado.

$$pM = -\log [M^{n+}]$$

2) Cálculo de *pM* antes do ponto de equivalência:

   Nessa região, há um excesso de M^{n+} em solução após o *EDTA* adicionado ser consumido. A concentração de íon metálico livre é igual à concentração do excesso não reagido de M^{n+}. Sendo o valor de K'_{est} muito grande, pode-se considerar que a reação é completa a cada adição de titulante.

$$[M^{n+}]_{excesso} = \frac{n_{M^{n+}}(inicio) - n_{EDTA}(adicionado)}{V_{total}}$$

$$[M^{n+}]_{excesso} = \frac{M_{M^{n+}}V_{M^{n+}}(inicio) - M_{EDTA}V_{EDTA}(adicionado)}{V_{M^{n+}} + V_{EDTA}}$$

$$pM = -\log [M^{n+}]$$

3) Cálculo de pM no ponto de equivalência:

Nesse ponto, há exatamente a mesma quantidade de $EDTA$ e de íon metálico na solução. Pode-se tratar essa solução como se tivesse sido preparada pela dissolução de $MY^{(n-4)+}$ puro. Algum M^{n+} livre é gerado pela ligeira dissociação de $MY^{(n-4)+}$.

Praticamente, todo o íon metálico está agora na forma de $MY^{(n-4)+}$. Sendo a dissociação desprezível, a concentração do complexo [*metal* – *EDTA*] é igual à concentração original de metal na solução, corrigida pela diluição causada pela adição de $EDTA$.

$$MY^{(n-4)+} = \frac{M_{M^{n+}}V_{M^{n+}}(inicio)}{V_{M^{n+}} + V_{EDTA}}$$

A concentração do íon metálico livre é pequena e desconhecida. Para determiná-la, faz-se uso da tabela de dissociação, semelhante àquela usada nos cálculos envolvendo ácidos e bases fracos.

	$M^{n+}(aq)$ +	$Y^{4-}(aq)$ ⇄	$MY^{(n-4)+}(aq)$
	metal +	*EDTA* ⇄	[*metal* – *EDTA*]
Concentração inicial	*0*	*0*	[*metal* – *EDTA*]
Variação	+ *X*	+ *X*	– *X*
Concentração final	*X*	*X*	[*metal* – *EDTA*] – *X*

O valor da concentração do íon metálico livre é calculado por meio da expressão da constante de estabilidade efetiva do complexo [*metal* – *EDTA*], desprezando-se a variação na concentração final de [*metal* – *EDTA*].

$$K'_{est} = K_{est} \times \alpha_4 = \frac{[MY^{(n-4)+}]}{[M^{n+}].C_T} \quad \therefore \quad K'_{est} = K_{est} \times \alpha_4 = \frac{[metal - EDTA]}{[metal].[EDTA]}$$

Logo:

$$[M^{n+}] = \sqrt{\frac{[MY^{(n-4)+}]}{K'_{est}}}$$

E, por fim: $pM = -\log[M^{n+}]$

4) Cálculo de pM após o ponto de equivalência:

Nessa região, praticamente todo o metal está complexado na forma $[MY^{(n-4)+}]$, e há um excesso de $EDTA$ não reagido. A concentração de $[MY^{(n-4)+}]$ e de $EDTA$ não reagido é facilmente calculada.

$$[EDTA]_{excesso} = \frac{n_{EDTA}(adicionado) - n_{M^{n+}}(inicio)}{V_{total}}$$

$$[EDTA]_{excesso} = \frac{M_{EDTA}V_{EDTA}(adicionado) - M_{M^{n+}}V_{M^{n+}}(inicio)}{V_{M^{n+}} + V_{EDTA}}$$

Sendo a dissociação desprezível, a concentração do complexo [*metal – EDTA*] é igual à concentração original de metal na solução, corrigida pela diluição causada pela adição de *EDTA*.

$$MY^{(n-4)+} = \frac{M_{M^{n+}}V_{M^{n+}}(inicio)}{V_{M^{n+}} + V_{EDTA}}$$

De modo semelhante ao cálculo realizado no ponto de equivalência, a concentração de $[M^{n+}]$ pode ser obtida a partir da expressão da constante de estabilidade condicional.

$$K'_{est} = K_{est} \times \alpha_4 = \frac{[MY^{(n-4)+}]}{[M^{n+}].C_T} \quad \therefore \quad K'_{est} = \frac{[metal - EDTA]}{[metal].[EDTA]}$$

$$[M^{n+}] = \frac{[MY^{(n-4)+}]}{K'_{est} \times [EDTA]}$$

E, por fim: $pM = -\log[M^{n+}]$

Exemplo: titulação de 50,00 *mL* de uma solução de 0,0500 *mol/L* de Mg^{+2}, tamponada em *pH* 10, com solução de *EDTA* 0,1000 *mol/L* (Figura 12.3). Dado: K_{est} $[MgY]^{4-} = 6{,}2 \times 10^{8}$.

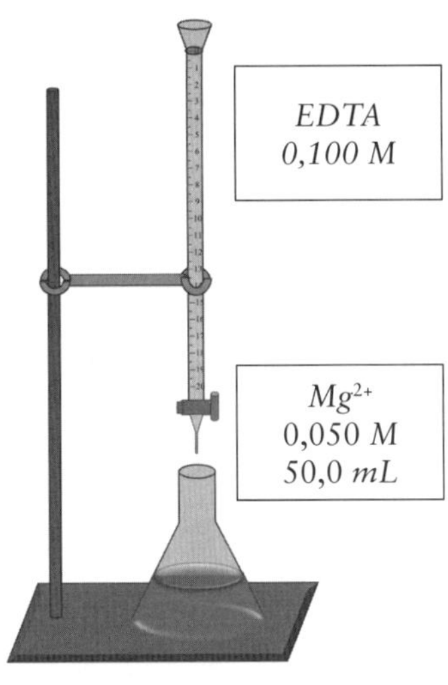

Figura 12.3 Esquema para titulação de 50,00 *mL* de uma solução de 0,050 *mol/L* de Mg^{+2}, tamponada em *pH* 10, com solução de *EDTA* 0,100 *mol/L*.

1) Reação: $Mg^{2+}\,(aq) + Y^{4-}\,(aq) \rightleftarrows [MgY^{2-}]$

2) Cálculo da constante condicional: $pH = 10 \;\therefore\; \alpha_4 = 0{,}36$

$$K'_{est} = K_{est} \times \alpha_4$$

$$K'_{est} = 6{,}2 \times 10^8 \times 0{,}36 = 2{,}2 \times 10^8$$

3) Cálculo do volume EDTA no ponto de equivalência: $n_{EDTA} = n_{M^{n+}}$

$$M_{EDTA} \times V_{EDTA} = M_{M^{n+}} \times V_{M^{n+}}$$

$$V_{EDTA} = \frac{M_{M^{n+}} \times V_{M^{n+}}}{M_{EDTA}}$$

$$V_{EDTA} = \frac{0{,}05 \times 50{,}00}{0{,}10} = 25{,}00\,mL$$

4) Cálculo pMg: de acordo com a região do gráfico.

A curva obtida a partir dos passos descritos apresenta o formato que pode ser observado na Figura 12.4.

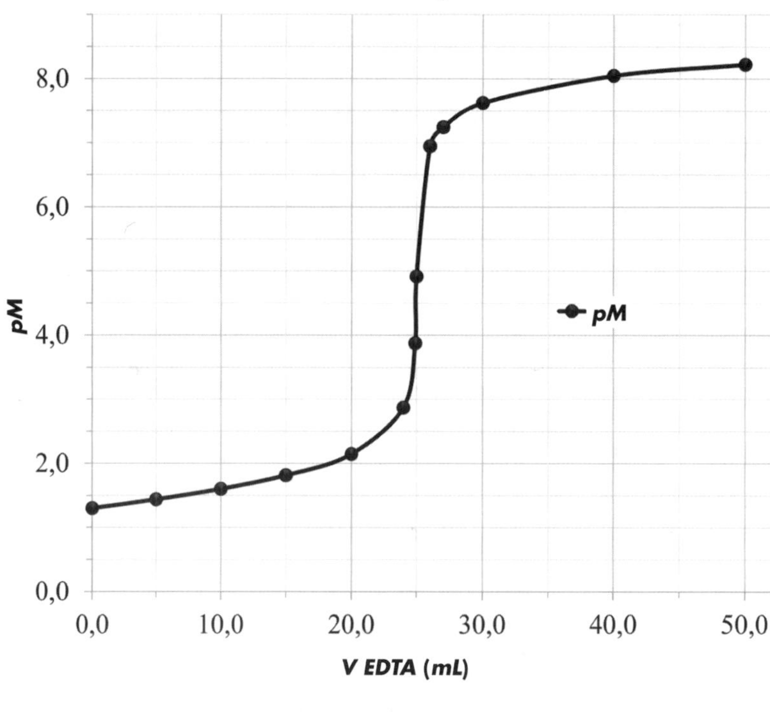

Figura 12.4 Curva de titulação de complexação de 25,00 mL de Mg^{2+} a 0,050 M com $EDTA$ a 0,100 M em pH 10.

12.5 INFLUÊNCIA DO *pH* NAS CURVAS DE TITULAÇÃO COMPLEXOMÉTRICA

O perfil das curvas de titulação por complexação é fortemente influenciado pelo valor do *pH*. A variação de *pM* nas proximidades do *PE* é muito mais acentuada em *pH* 10 do que em *pH* 8 ou 6 para uma titulação de uma solução de Mg^{2+} a 0,050 *M* com *EDTA*. Ou seja, quanto maior o *pH*, mais favorável é a titulação, conforme pode ser visto no gráfico da Figura 12.5.

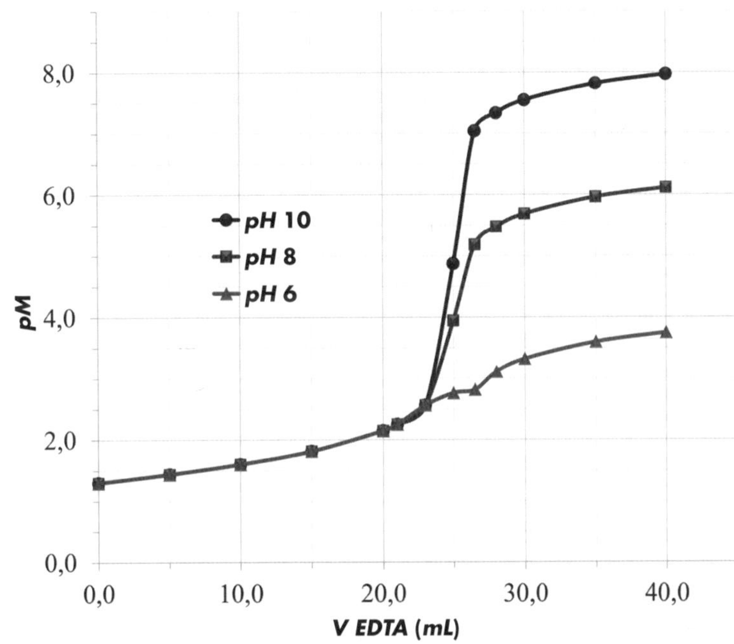

Figura 12.5 Curvas de titulação de complexação de 25,00 *mL* de Mg^{2+} a 0,050 *M* com *EDTA* a 0,100 *M* em *pH* 6, 8 e 10.

Esse comportamento pode ser explicado pelo fato de que, em valores maiores de *pH*, a espécie Y^{4-} está mais disponível para formar o complexo com o metal.

12.6 INFLUÊNCIA DA ESTABILIDADE DO COMPLEXO NAS CURVAS DE TITULAÇÃO

Outro fator de suma importância nas titulações por complexação é a estabilidade do complexo formado entre o *EDTA* e o metal, cuja magnitude é medida pela K_{est}. Em geral, quanto maior aK_{est}, ou seja, quanto mais estável o complexo, mais favorável é a titulação. Isso pode ser percebido no gráfico da Figura 12.6.

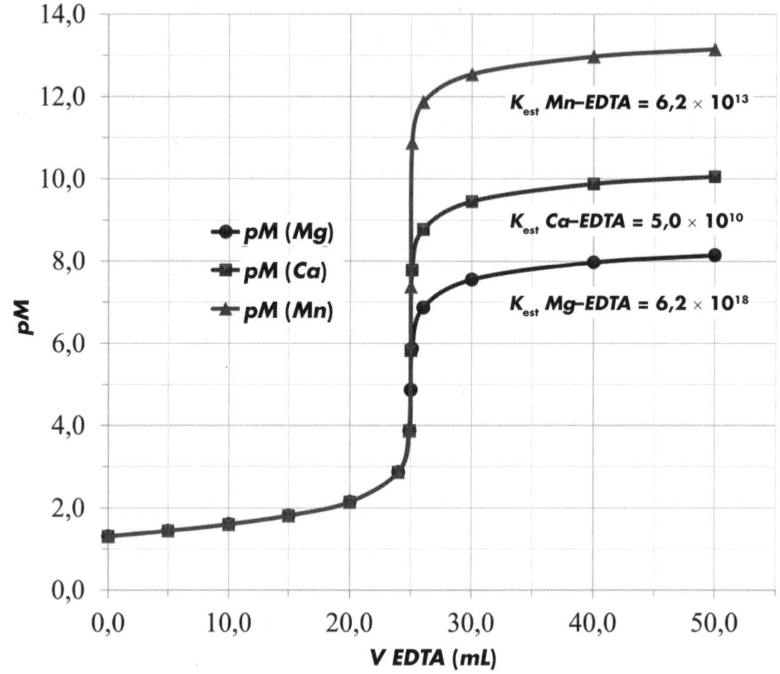

Figura 12.6 Curva de titulação de complexação de 25,00 *mL* de Mg^{2+}, Ca^{2+} e Mn^{2+} a 0,050 *M* com *EDTA* a 0,100 *M* em *pH* 10.

12.7 INDICADORES PARA ÍONS METÁLICOS (METALOCRÔMICOS)

Esses indicadores são corantes orgânicos que formam quelatos coloridos com íons metálicos em uma faixa estreita de pM. Esses indicadores exibem colorações diferentes na forma complexada e na forma livre. Para que um indicador funcione de forma eficaz, ele deve se ligar ao metal mais fracamente do que ao $EDTA$. Por exemplo:

$$MgInd\,(aq) + Y^{4-}\,(aq) \rightleftarrows MgY^{2-}\,(aq) + Ind^{2-}\,(aq)$$

Vermelho Azul

$$K_{est}\,[MgInd] \ll K_{est}[MgY^{2-}]$$

Entre os indicadores metalocrômicos utilizados em titulações complexométricas, pode-se citar: preto de eriocromo (*Erio T*); calmagita; alaranjado de xilenol; murexida; calcon (azul de eriocromo); violeta de pirocatecol; ácido calconcarboxílico.

12.8 TÉCNICAS DE TITULAÇÃO COM *EDTA*

i) Titulação direta: o analito é titulado diretamente com uma solução-padrão de *EDTA* até que o ponto final seja visualizado por um indicador apropriado.

ii) Titulação de retorno: nesse caso, um excesso conhecido de *EDTA* é adicionado à solução que contém o analito. O *EDTA* remanescente é titulado com uma solução-padrão de outro íon metálico.

Exemplo: titulação de Al^{3+}

$$Al^{3+} + Y^{4-}\ (excesso) \rightleftarrows [AlY]^- + Y^{4-}\ (residual) \qquad K_{est}\ [Al - EDTA]$$

$$Zn^{2+} + Y^{4-}\ (residual) \rightleftarrows [ZnY]^{2-} \qquad K_{est}\ [Zn - EDTA]$$

$$Zn^{2+} + Ind \rightleftarrows [ZnInd]^{2-} \qquad K_{est}\ [Zn - Ind]$$

Nesse tipo de titulação, o Zn^{2+} não pode deslocar o Al^{3+} do complexo $[Al$ – EDTA]. Para isso:

$$K_{est}\ [Al - EDTA] \gg K_{est}\ [Zn - EDTA]$$

iii) Titulação por deslocamento: para íons metálicos que não têm um indicador satisfatório, por exemplo, o Hg^{2+}, esse tipo de titulação pode ser utilizado. A titulação por deslocamento consiste em tratar a solução que contém o analito com uma solução contendo um complexo estável entre o *EDTA* e outro metal. O analito deve formar um complexo mais estável com o *EDTA*, fazendo o outro metal se deslocar. Por exemplo, uma solução contendo o íon Hg^{2+} é tratada com um excesso de $[Mg(EDTA)]^{2-}$, que terá o Mg^{2+} deslocado e, posteriormente, será titulado com solução-padrão de *EDTA*.

$$Hg^{2+} + MgY^{2-} \rightleftarrows HgY^{2-} + Mg^{2+}$$

Para isso, $K_{est}\ [Hg - EDTA] \gg K_{est}\ [Mg - EDTA]$

iv) Titulação indireta: ânions que precipitam com íons metálicos podem ser quantificados utilizando-se *EDTA* por meio deste tipo de titulação. Nesse tipo de titulação, a espécie de interesse geralmente é um ânion, como o sulfato (SO_4^{2-}), por exemplo. À solução contendo o analito é adicionado um excesso conhecido de uma solução que contém um cátion metálico, o qual forma um sal insolúvel com o ânion. O excesso do cátion metálico remanescente na solução é, então, titulado com EDTA. Como exemplo, pode-se citar a determinação de íons sulfato por uma titulação indireta.

$$SO_4^{2-} + Ba^{2+}\,(excesso) \rightleftarrows BaSO_4 \downarrow + Ba^{2+}\,(remanescente)$$

$$Y^{4-} + Ba^{2+}\,(excesso) \rightleftarrows [BaY]^{2-} \qquad K_{est}\,[Ba - EDTA]$$

v) Mascaramento: um agente de mascaramento é um reagente que evita que algum componente da amostra reaja com o *EDTA*, competindo com o analito. Por exemplo, o íon Mg^{2+} pode ser determinado por titulação com *EDTA* mesmo na presença de Al^{3+}. Para tanto, é necessário mascarar o Al^{3+} com F^-, evitando que ele dispute o *EDTA* com o Mg^{2+}.

$$Mg^{2+} + Al^{3+} + F^- \rightleftarrows AlF_3 + Mg^{2+}\,(disponível)$$

$$Mg^{2+} + Y^{4-} \rightleftarrows [MgY]^{2-} \qquad K_{est}\,[Mg - EDTA]$$

EXERCÍCIOS

1) Em que se baseia a volumetria por complexação?

2) O que são agentes quelantes?

3) Quais características do EDTA tornam este um dos principais reagentes utilizados nas análises complexométricas?

4) O que são indicadores metalocrômicos? Qual requisito uma substância deve apresentar para atuar como indicador metalocrômico?

5) O ácido etilenodiaminotetracético (EDTA), um composto muito usado em análise quantitativa, tem a seguinte fórmula estrutural:

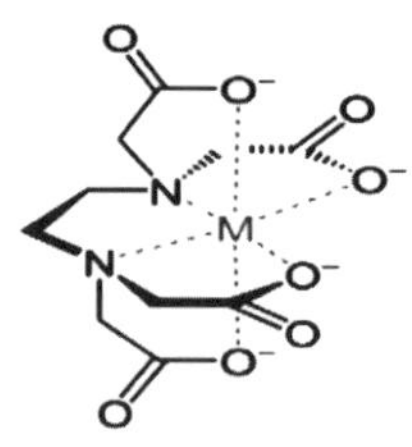

Complexo *metal – EDTA*, sendo *M* metal.

Sobre a volumetria por complexação com *EDTA*, analise as afirmativas e assinale (*V*) nas verdadeiras e (*F*) nas falsas.

(__) O *EDTA* é um excelente complexante porque é um ótimo aceptor de elétrons.

(__) O *EDTA* forma complexos estáveis, na proporção de 1:1, com a maioria dos íons metálicos.

(__) A principal aplicação prática do *EDTA* é como indicador metalocrômico.

(__) A reação de complexação se dá através dos grupos carboxila e dos nitrogênios da molécula de *EDTA*.

(__) Os métodos complexométricos baseiam-se na formação de uma classe particular de compostos de complexos chamados quelatos.

6) A constante de formação do complexo CaY^{2-} (*CaEDTA*) é $5,0 \times 10^{10}$. Calcule a constante de formação condicional a *pH* 10 e a *pH* 3.

7) Calcule a massa de $Na_2EDTA.2H_2O$ requerida para preparar 500,0 *mL* de *EDTA* 0,050 *M*.

8) A determinação de Ca^{2+} e Cu^{2+} em *pH* 10 por titulação complexométrica com *EDTA* não é possível, pois as constantes de estabilidade (formação) dos complexos Metal-*EDTA* são próximas. Sabendo que o complexo de Cu^{2+} com CN^- é muito mais estável do que o complexo formado com *EDTA*, como você procederia para determinar os 2 íons metálicos numa amostra?

9) Determine a concentração em $mol.L^{-1}$ de uma solução de *EDTA* na qual 26,44 *mL* foram requeridos para titular uma amostra contendo Ca^{2+} a partir de 287,4 *mg* do padrão primário $CaCO_3$.

$Ca^{+2} + EDTA \rightarrow Ca\text{-}EDTA + H^+$

10) Qual a massa de carbonato de cálcio que está dissolvida em 250,0 *mL* de solução se uma alíquota de 50,00 *mL* requereu 30,00 *mL* de solução de *EDTA* $2,0 \times 10^{-2}$ $mol.L^{-1}$ para a titulação?

$Ca^{+2} + EDTA \rightarrow Ca\text{-}EDTA + H^+$

11) Uma alíquota de 100,0 *mL* de água potável foi tamponada em *pH* 10 e, após a adição do indicador calmagita, requereu 38,41 *mL* de $4,652 \times 10^{-3}$ $mol.L^{-1}$ de *EDTA* para a titulação. Calcule a dureza da água como

$Ca^{+2} + EDTA \rightarrow Ca\text{-}EDTA + H^+$

a) $mg.L^{-1}$ de $CaCO_3$

b) $mg.L^{-1}$ de *CaO*.

12) Uma alíquota de 100,0 *mL* de água mineral foi tratada com uma pequena quantidade de tampão NH_4OH/NH_4Cl para ajustar o *pH* em 10. Após a adição do indicador calmagita, a solução consumiu 21,46 *mL* de *EDTA* $5,140 \times 10^{-3}$ *mols/L* para completa neutralização. Calcule a dureza da água em termos de partes por milhão (*ppm*) de carbonato de cálcio.

$Ca^{+2} + EDTA \rightarrow Ca\text{-}EDTA + H^+$

13) Para titular 50,0 *mL* de uma solução de 500 *mL* que contém 0,450 *g* de sulfato de magnésio, foram consumidos 37,6 *mL* de uma solução de *EDTA*.

Quantos miligramas de carbonato de cálcio reagirão com 1,00 *mL* da solução de *EDTA*? Dado: tanto Ca^{+2} quanto Mg^{+2} formam complexos 1:1 com *EDTA*.

$MM\ (MgSO_4) = 120{,}376\ g.mol^{-1}$ $MM\ (CaCO_3) = 100{,}088\ g.mol^{-1}$

14) Uma alíquota de 1,00 *mL* de uma solução de níquel (II) foi diluída com água adicionando-se tampão de amônio e 15,00 *mL* de uma solução de *EDTA* 0,0100 $mol.L^{-1}$. O excesso de *EDTA* foi titulado com uma solução-padrão de cloreto de magnésio 0,0150 $mol.L^{-1}$ necessitando-se 4,27 *mL*. Calcule a concentração de níquel (II) na solução.

Dado: tanto *Ni* (II) quanto *Mg* (II) formam complexos 1:1 com *EDTA*.

15) 50,0 *mL* de uma solução que contém Ni^{2+} foi tratada com 25,00 *mL* de uma solução 0,0500 *M* de *EDTA* para complexar todo Ni^{2+} e deixar um excesso de *EDTA*. Este excesso foi titulado (titulação de retorno) com solução-padrão 0,0500 *M* de Zn^{2+}, tendo sido gastos 5,00 *mL* desta solução até o ponto final da titulação. Qual a concentração de Ni^{2+} da solução original? Dado: tanto *Ni* (II) quanto *Zn* (II) formam complexos 1:1 com *EDTA*.

16) Uma alíquota de 25,00 *mL* de uma solução contendo *Hg* (II) em ácido nítrico diluído foi tratada com 10,00 *mL* de *EDTA* 0,04882 *mols/L* e o *pH* ajustado para 10 com tampão de amônia. Uma pitada de negro de Eriocromo *T* foi adicionada e o excesso de *EDTA* foi titulado com *Mg* (II) 0,01137 *mols/L*, consumindo 24,66 *mL* do titulante para atingir o ponto final. Qual é a molaridade do *Hg* (II) na amostra?

Dado: tanto *Hg* (II) quanto *Mg* (II) formam complexos 1:1 com *EDTA*.

17) Uma massa de 1,509 *g* de uma liga contendo *Pb* e *Cd* foi dissolvida em ácido e diluída a 250,0 *mL* em balão volumétrico. Uma alíquota de 50,0 *mL* da solução foi tamponada a $pH = 10$ com tampão $NH_4^+/\ NH_3$. A titulação subsequente, envolvendo ambos os cátions, requereu 28,89 *mL* de *EDTA* 0,06950 *mol/L*. Uma segunda alíquota foi titulada, e desta vez o ajuste do *pH* 10 foi feito com tampão *HCN/NaCN* que serve também como agente mascarador para Cd^{+2}; 11,56 *mL* da solução de *EDTA* foram necessários para titular o Pb^{+2}. Calcule a porcentagem de *Pb* e *Cd* na amostra.

18) Uma amostra de urina (24 horas) foi diluída a 2,00 *L*. Depois, a solução foi tamponada a $pH = 10$, uma alíquota de 10,0 *mL* foi titulada com 26,81 *mL* de *EDTA* 0,003474 *mol/L*. O cálcio, numa segunda alíquota, foi isolado como $CaC_2O_4(s)$, dissolvido em ácido e titulado com 11,63 *mL* de *EDTA*. Assumindo que a excreção de 15 a 300 *mg* de Mg^{+2} e de 50 a 400 *mg* de Ca^{+2} por dia é normal, pode-se dizer que esta amostra apresenta um padrão normal de excreção?

13 CAPÍTULO

Titulometria de oxirredução

A titulação de oxidação redução (redox) baseia-se nas reações de oxidação e redução. É empregada na determinação de espécies capazes de exibir dois ou mais estados de valência. Isso porque, conforme o estado de valência em que se encontram, são passiveis de oxidação ou redução. Esses métodos fazem uso de soluções-padrão de agentes oxidantes (métodos oxidimétricos) ou de agentes redutores (redutimétricos).

A maioria dos elementos químicos apresenta mais de um estado de oxidação, sendo significativa a quantidade de substâncias ou espécies químicas que podem ser determinadas empregando-se titulações de oxirredução. Há diversos titulantes empregados nesse tipo de titulometria, sendo a maioria deles oxidante forte, como o permanganato de potássio, sais de cério (IV), dicromato de potássio, iodo, bromato de potássio, entre outros. Alguns requisitos devem ser observados na escolha do titulante e das condições operacionais empregados em titulometria de oxirredução:

i) o oxidante deve ser suficientemente forte para que a reação com o analito de interesse se processe quantitativamente. Isso implica que o valor do potencial-padrão da semirreação correspondente ao oxidante deve ser pelo menos 0,2 *V* mais positivo que o potencial do analito que se pretende titular;

ii) o oxidante não pode ser muito forte, pois, do contrário, poderá reagir com outras substâncias presentes na solução da amostra;

iii) a reação do titulante com o analito deve ser suficientemente rápida, com cinética compatível e que não apresente transferências múltiplas de elétrons com formação ou quebra de ligações paralelas.

Os principais métodos de titulação de oxirredução são iodometria/iodimetria; dicromatometria; permanganimetria; e cerimetria, as quais são resumidamente descritas a seguir.

- **Iodimetria:** as titulações envolvendo iodo são de dois tipos: a iodimetria; e a iodometria. Na iodimetria, o iodo é o agente oxidante e pode ser usado para titular um agente redutor (titulação direta). A solução de iodo é preparada pela dissolução de I_2 em solução concentrada de KI. O iodo tem baixa solubilidade em água, mas o complexo I^{3-} é muito solúvel. Sendo assim, a espécie predominante em solução é o I^{3-}. A solução de iodo é padronizada com agentes redutores padrões primários como As_2O_3 ou com solução padronizada de $S_2O_3^{2-}$. O baixo potencial do sistema iodo-iodeto faz o iodo funcionar como um oxidante mais seletivo do que agentes oxidantes fortes, como permanganato, dicromato e cério (IV). Algumas substâncias fortemente redutoras, como estanho (II), arsênio (III), antimônio (III), tiossulfato, sulfito e sulfeto de hidrogênio, são quantitativamente oxidadas por iodo em condições adequadas.
  Um exemplo da aplicação desta técnica é a determinação de estanho em ligas:

$$Sn^{2+} + I_2 \rightarrow Sn^{4+} + 2I^-$$

  Quando um analito redutor é titulado com solução de iodo, o método é conhecido como **iodimetria**. Por sua vez, o termo **iodometria** refere-se ao método de titulação no qual iodo é produzido quando se adiciona excesso de íons iodeto a um analito oxidante.

- **Iodometria:** o método indireto consiste em tratar uma substância oxidante a determinar com um excesso de iodeto de potássio e titular o iodo produzido. O I_2 produzido é equivalente ao agente oxidante presente. O I_2 é, em geral, titulado com o tiossulfato de sódio ($Na_2S_2O_3$) como agente redutor, embora também possa ser usada uma solução de arsenito de sódio (Na_3AsO_3) para o mesmo fim. As reações envolvidas são com $S_2O_3^{2-}$:

$$Cr_2O_7^{2-} + 6I^- \ (excesso) + 14H^+ \rightarrow 2Cr^{3+} + 3I_2 + 7H_2O$$

$$3I_2 + 6S_2O_3^{2-} \rightarrow 6I^- + 3S_4O_6^{2-}$$

Importante salientar que o $Cr_2O_7^{2-}$ produz I_2 e este reage com $S_2O_3^{2-}$, assim, a relação estequiométrica é:

$$n\,(Cr_2O_7^{2-}) = \frac{1}{6}.n(S_2O_3^{2-})$$

Entre as aplicações da iodometria, estão a determinação de peróxido de hidrogênio e a determinação de cobre (por titulação com tiossulfato).

- **Permanganimetria:** método titulométrico de oxidação e redução baseado no uso de permanganato de potássio como reagente titulante. O permanganato de potássio é um poderoso agente oxidante ($E° = -\ 1,51\ V$). As soluções de permanganato de potássio têm coloração violeta intensa e não são completamente estáveis (sofrem decomposição autocatalítica). São padronizadas com padrão primário $Na_2C_2O_4$ em meio ácido, segundo a reação:

$$C_2O_4^{2-} + MnO_4^- + 8H^+ \rightarrow 2CO_2 + Mn^{2+} + 4H_2O$$

Pode-se utilizar esta técnica para determinação de H_2O_2, Fe^{2+}, Sb^{3+}, As^{3+}, Mo^{3+}, entre outros.

- **Dicromatimetria:** esta técnica faz uso de solução-padrão de dicromato de potássio ($Cr_2O_7^{2-}$), o qual é um agente oxidante mais fraco que o permanganato e tem um campo de aplicação mais limitado. Outro inconveniente é o Cr^{6+} que é tóxico e cancerígeno. Apesar disso, apresenta a vantagem de ser disponível como padrão primário. Sua solução é estável e não se decompõe facilmente. O íon dicromato atua como oxidante segundo a equação:

$$Cr_2O_7^{2-} + 14H^+ + 6e^- \rightarrow 2Cr^{3+} + 7H_2O \qquad E° = 1{,}38\ V$$

A principal aplicação da dicromatimetria é a determinação de ferro em minério. Esta pode ser determinada em presença de quantidade moderada de íon cloreto (vantagem frente à permanganimetria). O ponto final é identificado com indicadores de oxidação e redução. Outra aplicação bastante conhecida é a determinação de urânio. O método baseia-se na oxidação de urânio (IV) a urânio (VI) por titulação com dicromato. O indicador utilizado é difenilamina.

- **Cerimetria:** método titulométrico de oxidação e redução baseado no uso de soluções padrões de cério (IV) em meio ácido como reagente titulante. O cério (IV) é um agente oxidante poderoso que depende da natureza do ácido. Em ácido sulfúrico seu $E° = 1,44\ V$ e em ácido perclórico é $E° = 1,70\ V$. Apresenta as vantagens: baixa oxidação de cloreto em presença de ferro; alta estabilidade das soluções (em ácido sulfúrico); e pode ser obtido como padrão primário.

13.1 CURVAS DE TITULAÇÃO POR OXIRREDUÇÃO

As curvas de titulação redox são obtidas plotando-se o potencial do sistema em função do volume do titulante. Uma vez que o potencial do sistema é uma função logarítmica da concentração das espécies, a forma da curva é a mesma das outras titulações já estudadas. Nas imediações do *PE*, há uma variação brusca do potencial do sistema, o que permite a identificação do ponto final da titulação.

O potencial no *PE* depende das características da reação, ou seja, do número de elétrons transferidos e das concentrações das espécies envolvidas. Para ilustrar o procedimento para construção desse tipo de curva de titulação, pode-se utilizar o exemplo a seguir.

Exemplo: considere a titulação de 100,0 mL de $FeSO_4$ a 0,100 M com $Ce(SO_4)_2$ a 0,100 M em meio ácido. Construir a curva de titulação (Figura 13.1).

$$FeSO_4 \xrightarrow{H_2O} Fe^{2+}(aq) + SO_4^{2-}(aq)$$

$$Ce(SO_4)_2 \xrightarrow{H_2O} Ce^{4+}(aq) + 2\,SO_4^{2-}(aq)$$

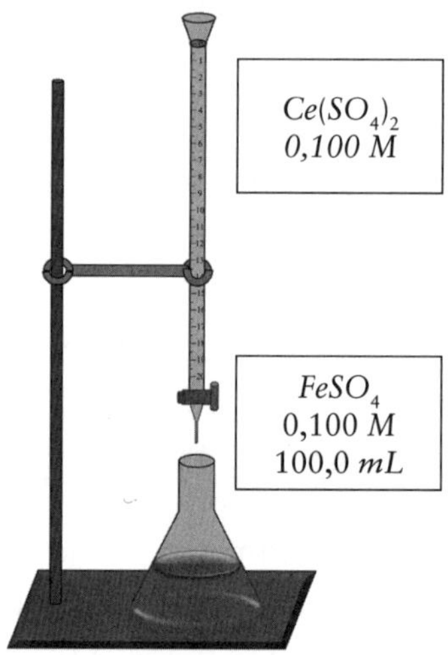

Figura 13.1 Esquema para titulação de 100,0 mL de $FeSO_4$ a 0,100 M com $Ce(SO_4)_2$ a 0,100 M em meio ácido.

As semirreações do processo são dadas por:

$$Fe^{3+} + e^- \rightleftarrows Fe^{2+} \qquad E^0 = 0{,}700\,V \quad \text{ânodo}$$

$$Ce^{4+} + e^- \rightleftarrows Ce^{3+} \qquad E^0 = 1{,}460\,V \quad \text{cátodo}$$

A reação global é:

$$Fe^{2+} + Ce^{4+} \rightleftarrows Fe^{3+} + Ce^{3+}$$

Para o cálculo dos valores de potenciais, será usada a equação de Nernst, tendo em vista que as concentrações das espécies não estão em condições-padrão.

- Oxidação: $E_{Fe} = E^0{}_{Fe} - \frac{0{,}0592}{1} \times \log \frac{[Fe^{2+}]}{[Fe^{3+}]}$
- Redução: $E_{Ce} = E^0{}_{Ce} - \frac{0{,}0592}{1} \times \log \frac{[Ce^{3+}]}{[Ce^{4+}]}$

Antes de tudo, é preciso determinar o volume de titulante necessário para se atingir o ponto de equivalência. No *PE*, tem-se quantidades iguais de oxidante (Ce^{4+}) e de redutor (Fe^{2+}). Assim:

$$n_{Ce^{4+}} = n_{Fe^{2+}}$$

$$M_{Ce^{4+}} \times V_{Ce^{4+}} = M_{Fe^{2+}} \times V_{Fe^{2+}}$$

$$V_{Ce^{4+}} = \frac{M_{Fe^{2+}} \times V_{Fe^{2+}}}{M_{Ce^{4+}}}$$

1) Cálculo de E antes da adição de Ce^{4+}:

   Nesse momento, em que nenhum Ce^{4+} foi adicionado ainda, o potencial não pode ser calculado porque a solução não contém íons Ce^{4+} e Ce^{3+}. Diz-se, então, que o potencial nesse ponto é indeterminado.

2) Cálculo de E antes do ponto de equivalência:

   Nessa região, o potencial é calculado por meio do par redox em excesso (Fe^{2+}/Fe^{3+}). Todo o Ce^{4+} adicionado foi consumido.

$$[Fe^{2+}] = \frac{n_{Fe^{2+}}(inicio) - n_{Ce^{4+}}(adicionado)}{V_{total}} = \frac{M_{Fe^{2+}}V_{Fe^{2+}} - M_{Ce^{4+}}V_{Ce^{4+}}}{V_{Fe^{2+}} + V_{Ce^{4+}}}$$

$$[Fe^{3+}] = \frac{n_{Fe^{3+}}(formado)}{V_{total}} = \frac{M_{Ce^{4+}}V_{Ce^{4+}}}{V_{Fe^{2+}} + V_{Ce^{4+}}}$$

   E o potencial é determinado por:

$$E_{Fe} = E^0{}_{Fe} - \frac{0{,}0592}{1} \times \log \frac{[Fe^{2+}]}{[Fe^{3+}]}$$

3) Cálculo de E no ponto de equivalência:

   Nesse ponto, uma quantidade suficiente de oxidante foi adicionada para reagir com todo o redutor. Praticamente todo o oxidante (titulante) está na forma reduzida e todo o redutor (titulado) está na forma oxidada.

$$E_{Fe} = E_{Ce} \qquad [Ce^{3+}] = [Fe^{3+}] \qquad [Ce^{4+}] = [Fe^{2+}]$$

E o potencial nesse ponto pode ser calculado por:

$$E = \frac{n_{Fe} \times E^0_{Fe} + n_{Ce} \times E^0_{Ce}}{n_{Fe} + n_{Ce}}$$

4) Cálculo de *E* após o ponto de equivalência:

A partir do *PE*, o potencial é calculado a partir da razão entre as concentrações dos componentes do par redox em excesso (Ce^{4+}/Ce^{3+}).

As concentrações de Ce^{4+} e Ce^{3+} podem ser obtidas por:

$$[Ce^{3+}] = \frac{n_{Ce^{3+}}\,(formado)}{V_{total}} = \frac{n_{Fe^{2+}}\,(inicial)}{V_{total}} = \frac{M_{Fe^{2+}}V_{Fe^{2+}}}{V_{Fe^{2+}} + V_{Ce^{4+}}}$$

$$[Ce^{4+}](excesso) = \frac{n_{Ce^{4+}}(excesso)}{V_{total}} = \frac{n_{Ce^{4+}}(adicionado) - n_{Fe^{2+}}(inicio)}{V_{total}}$$

$$[Ce^{4+}](excesso) = \frac{M_{Ce^{4+}}V_{Ce^{4+}} - M_{Fe^{2+}}V_{Fe^{2+}}}{V_{Fe^{2+}} + V_{Ce^{4+}}}$$

E o potencial do sistema nessa região é calculado pela equação de Nernst.

$$E_{Ce} = E^0{}_{Ce} - \frac{0{,}0592}{1} \times \log\frac{[Ce^{3+}]}{[Ce^{4+}]}$$

O gráfico da curva de titulação do exemplo anterior é mostrado na Figura 13.2.

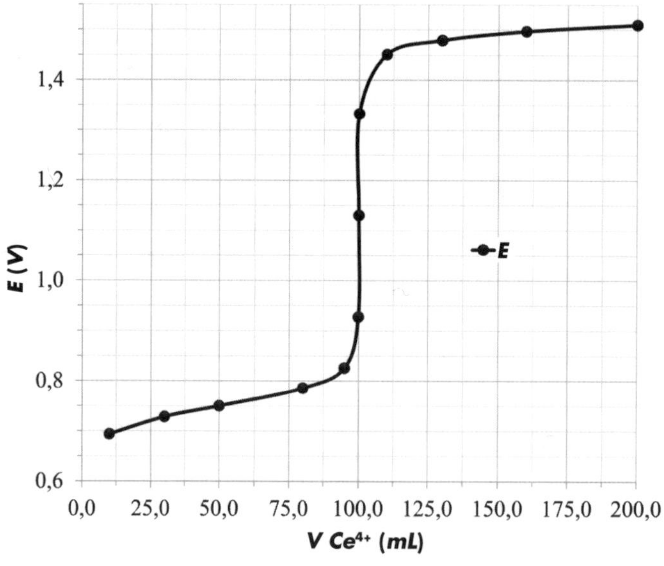

Figura 13.2 Curva de titulação de oxirredução de 100,00 *mL* de Fe^{2+} a 0,100 M com Ce^{4+} a 0,100 M.

13.2 IDENTIFICAÇÃO DO PONTO FINAL

1) Autoindicação do ponto final: nesse caso, o reagente é fortemente colorido, podendo atuar como indicador da reação. O ponto final é determinado pela mudança de coloração da solução produzida pela adição de um pequeno excesso de titulante.

   Exemplo:

$$MnO_4^- + 5\,Fe^{2+} + 8\,H^+ \rightleftarrows Mn^{2+}\,(aq) + 5\,Fe^{3+} + 4\,H_2O$$

   Violeta Incolor

2) Uso de indicadores específicos: são substâncias que reagem especificamente com uma das espécies presentes no ponto final.

   Exemplo: Amido

$$I_2 + 2\,S_2O_3{}^{2-} \rightleftarrows S_4O_6{}^{2-} + 2\,I^-$$

   Amarelo Azul (na presença de amido)

3) Indicadores redox (não específicos): são substâncias orgânicas que funcionam como agentes oxidantes ou redutores fracos, cujas formas oxidada e reduzida apresentam cores diferentes em determinado valor de potencial. Exemplos: ferroína (mudança de cor entre 1,00 e 1,12 *V*) e azul de metileno (mudança de cor em 0,53 *V*).

EXERCÍCIOS

1) Exatamente 600,0 *mg* de oxalato de sódio, $Na_2C_2O_4$, foram dissolvidos em ácido e titulados com uma solução de permanganato de potássio, de acordo com a reação:

   $2\,MnO_4^- + 5\,C_2O_4^{2-} + 16\,H^+ \rightarrow 2\,Mn^{2+} + 10\,CO_2 + 8\,H_2O$

   O ponto final foi atingido com a adição de 34,00 *mL* de titulante. Calcule a molaridade do $KMnO_4$.

2) Uma amostra de 0,1809 *g* de um fio de ferro puro foi dissolvida em ácido, oxidada para o estado +2 e titulada com 31,33 *mL* de cério (IV). Calcule a concentração em mol por litro da solução de Ce^{4+}.

   $Fe^{+2} + Ce^{+4} \rightarrow Fe^{+3} + Ce^{+3}$

3) Uma amostra de minério de ferro, pesando 800 *mg*, foi tratada com ácido nítrico, levada à ebulição até a secura e redissolvida em ácido clorídrico

diluído. Após filtração para remover qualquer traço de sílica não dissolvida, o líquido foi passado através de uma coluna contendo o redutor de Walden. O líquido coletado foi titulado com $KMnO_4$ 0,0210 *mol/L*, em que foram gastos 12,6 *mL* do titulante para atingir o ponto final. Calcule a percentagem de Fe_2O_3 no minério ($5\ Fe^{2+} + MnO_4^- + 8\ H^+ \rightarrow 5\ Fe^{3+} + Mn^{2+} + 4\ H_2O$).

4) A titulação de 0,1756 *g* do padrão primário $Na_2C_2O_4$ necessitou de 32,04 *mL* de uma solução de permanganato de potássio. Calcule a concentração em mol por litro de $KMnO_4$ nessa solução.

$$2\ MnO_4^- + 5\ C_2O_4^{2-} + 16\ H^+ \rightarrow 2\ Mn^{2+} + 10\ CO_2 + 8\ H_2O$$

5) Qual a quantidade de iodo (I_2), em *mg*, contida em uma solução amostra se, para sua titulação, utilizaram-se 20,0 *mL* de uma solução de $Na_2S_2O_3$ 0,1040 $mol.L^{-1}$?

$$S_4O_6^{2-} + 2é \rightarrow 2\ S_2O_3^{2-} \qquad E^o = +\ 0{,}08\ V$$
$$I_2(aq) + 2é \rightarrow 2\ I^- \qquad E^o = +\ 0{,}615\ V$$

6) Para determinação da massa de ferro metálico num minério, uma amostra de 0,450 *g* foi dissolvida e titulada com solução 0,0100 $mol.L^{-1}$ de $K_2Cr_2O_7$ consumindo 26,20 *mL*. Qual a porcentagem média de ferro na amostra?

$$6\ Fe^{2+} + Cr_2O_7^{2-} + 14\ H^+ \rightarrow 6\ Fe^{3+} + 2\ Cr^{3+} + 7H_2O$$

7) 1,200 *g* de hematita contendo 43,44% de *Fe* foram dissolvidos; a solução transferida para um balão volumétrico de 500,0 *mL* e seu volume completado com água. Em seguida, uma alíquota de 50,0 *mL*, acidulada com ácido sulfúrico, foi titulada com 22,80 *mL* de solução de $KMnO_4$. Qual a concentração molar da solução de $KMnO_4$?

$$MnO_4^- + 5\ Fe^{2+} + 8\ H^+ \rightarrow Mn^{2+} + 5\ Fe^{3+} + 4H_2O.$$

8) Uma amostra de 0,8040 *g* de uma liga de ferro é dissolvida em ácido. O ferro é, então, reduzido a Fe^{2+} e titulado com 47,22 *mL* de uma solução de $KMnO_4$ 0,02242 *mol/L*. Calcular o resultado dessa análise em termos de (a) % de *Fe* (55,847 *g/mol*) e (b) % de Fe_3O_4 (231,54 *g/mol*). A reação do analito com o reagente é descrita pela equação:

$$MnO_4^- + 5\ Fe^{2+} + 8\ H^+ \rightarrow Mn^{2+} + 5\ Fe^{3+} + 4H_2O.$$

9) O tratamento da hidroxilamina (H_2NOH) com um excesso de *Fe*(III) resulta na formação de N_2O e uma quantidade equivalente de *Fe*(II):

$$2\ H_2NOH + 4\ Fe^{3+} \rightarrow N_2O(g) + 4\ Fe^{2+} + 4\ H^+ + H_2O$$

Calcule a concentração em mol por litro de uma solução de H_2NOH se o Fe(II) produzido pelo tratamento de uma alíquota de 50,00 mL consumiu 19,83 mL de $K_2Cr_2O_7$ 0,0325 $mol.L^{-1}$.

10) Sob condições adequadas, a tioureia é oxidada a sulfato por soluções de bromato:

$3\ CS(NH_2)_2 + 4\ BrO_3^- + 3\ H_2O \rightarrow 3\ CO(NH_2)_2 + 3\ SO_4^{-2} + 4\ Br^- + 6\ H^+$.

Uma amostra de 0,0715 g de um material consumiu 14,1 mL de $KBrO_3$ 0,00833 $mol.L^{-1}$. Qual a porcentagem de pureza da amostra de tioureia?

11) Uma solução de peróxido de hidrogênio é analisada pela adição de um ligeiro excesso de solução-padrão de $KMnO_4$ e titulação por retorno do excesso de $KMnO_4$ com solução-padrão de Fe^{2+}. Se uma amostra de 0,587 g de H_2O_2 é analisada e 25,0 mL de $KMnO_4$ 0,0215 mol/L são adicionados. A titulação por retorno requereu 5,10 mL de 0,112 mol/L de Fe^{2+}. Qual a percentagem de H_2O_2 na amostra?

$2\ MnO_4^-(aq) + 5\ H_2O_2(aq) + 6\ H^+(aq) \rightarrow 5\ O_2(g) + 2\ Mn^{+2}(aq) + 8\ H_2O(l)$

$MnO_4^-(aq) + 5\ Fe^{2+}(aq) + 8\ H^+(aq) \rightarrow Mn^{2+}(aq) + 5\ Fe^{3+}(aq) + 4\ H_2O(l)$

12) O $KClO_3$ existente em uma amostra de 0,1279 g de um explosivo foi determinado pela reação com 50,00 mL de Fe^{2+} 0,08930 $mol.L^{-1}$:

$ClO_3^- + 6\ Fe^{2+} + 6\ H^+ \rightarrow Cl^- + 3\ H_2O + 6\ Fe^{3+}$

Quando a reação se completou, o excesso de Fe^{2+} foi retrotitulado com 14,93 mL de Ce^{4+} 0,083610 $mol.L^{-1}$. Calcule a porcentagem de $KClO_3$ presente na amostra.

13) Considere a titulação redox de 50,00 mL de solução de Fe^{2+} 0,0500 mol/L com uma solução-padrão de Ce^{4+} 0,100 mol/L. Calcule o potencial após a adição de 5,00 mL; 10,00 mL; 15,00 mL; 25,00 mL; 30,00 mL; 35,00 mL e 40,00 mL de Ce^{4+}.

$Fe^{3+} + 1e^- \rightarrow Fe^{2+}$ $\quad E° = 0,771\ V$ $\quad Ce^{4+} + 1e^- \rightarrow Ce^{3+}$ $\quad E° = 1,44\ V$.

CAPÍTULO 14

Análise gravimétrica

A **análise gravimétrica** ou gravimetria é um método analítico quantitativo cujo processo envolve a **separação** e a **pesagem** de um **elemento** ou de um **composto que contenha o elemento** na **forma mais pura possível.**

Essa técnica é baseada na medida indireta da massa de um determinado constituinte da amostra ou, ainda, é um método analítico em que o **constituinte desejado é separado da amostra** em uma forma pura, com composição química bem definida, que é, então, pesado. Também pode ser realizado pela perda de massa que ocorre pela volatilização de uma espécie em particular.

A separação do constituinte pode ser feita por precipitação química, eletrodeposição ou ainda por volatilização.

14.1 GRAVIMETRIA POR PRECIPITAÇÃO QUÍMICA

Nessa técnica, o analito é convertido numa **substância pouco solúvel** (**precipitado**) por meio da adição de um reagente específico. O precipitado é, então, filtrado e lavado para remoção de impurezas e convertido, quando necessário, geralmente por meio de um tratamento térmico adequado, a um produto de composição química bem definida, que, por fim, é pesado.

Nem sempre o precipitado obtido se encontra em uma forma adequada para pesagem, seja pelo fato de não ter uma composição definida, seja por não suportar o processo de aquecimento. Nesse caso, esse precipitado precisa ser convertido a um composto que supra essas exigências, o qual recebe o nome de **forma de pesagem.**

Exemplo:

$$Fe^{3+}(amostra) \xrightarrow{NH_4OH} Fe_2O_3.xH_2O \xrightarrow[\Delta \approx 900°C]{} Fe_2O_3\ (anidro)$$

Nesse exemplo, uma amostra contendo o íon Fe^{3+}, que é o analito (espécie a ser quantificada), é tratada com hidróxido de amônio a fim de precipitar e isolar (mediante filtração) o analito na forma de óxido de ferro hidratado, o qual não deve ser pesado por não apresentar uma composição química conhecida com exatidão. O precipitado é, então, submetido a um tratamento térmico visando sua conversão a óxido de ferro anidro, o qual apresenta composição adequada para ser pesado após o resfriamento.

A gravimetria por precipitação química apresenta ampla aplicação na quantificação de diferentes espécies em amostras líquidas ou sólidas por exemplo, a determinação do teor de cálcio por precipitação com o íon oxalato ($C_2O_4^{2-}$), a determinação de bário em amostras de água por precipitação com íon sulfato (SO_4^{2-}) e a determinação de cloretos mediante precipitação com íons Ag^+.

As etapas do processo de análise gravimétrica por precipitação química são as descritas na Figura 14.1.

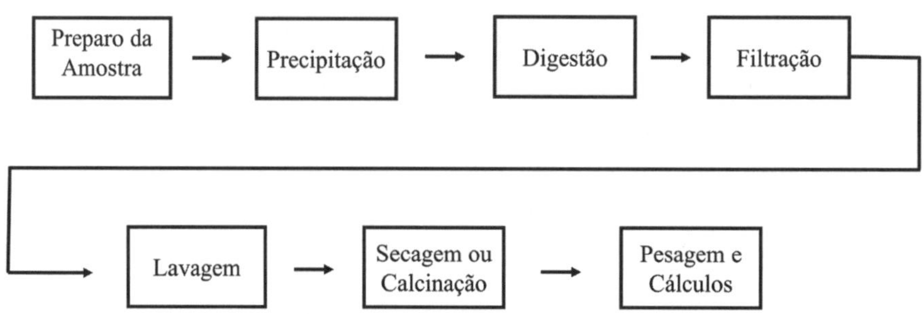

Figura 14.1 Fluxograma da análise gravimétrica por precipitação química.

14.2 ELETROGRAVIMETRIA

Nesse tipo de gravimetria, o analito é separado da amostra pela deposição em um eletrodo por meio da passagem de uma corrente elétrica no seio da solução (Figura 14.2). A massa do produto depositado fornece, então, uma medida da concentração do analito na amostra.

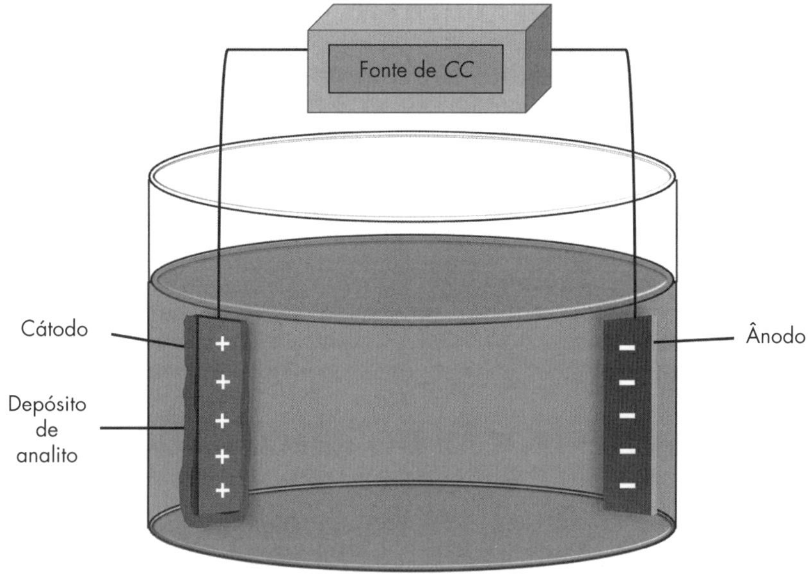

Figura 14.2 Representação esquemática do processo de eletrogravimetria.

14.3 GRAVIMETRIA POR VOLATILIZAÇÃO

O analito é isolado dos demais constituintes da amostra pela conversão a um gás de composição química definida. A diferença de massa da amostra antes e após o aquecimento serve como medida da concentração do analito.

Como exemplo do uso da gravimetria por volatilização, pode-se citar a determinação do teor de água de cristalização em sais hidratados ($CuSO_4 .\ X\ H_2O$); a determinação do teor de umidade em alimentos ou outras amostras úmidas; e a determinação do teor de bicarbonato de sódio por meio da perda de CO_2 em comprimidos antiácidos.

Entre as vantagens da análise gravimétrica, pode-se citar:

- o método apresenta exatidão e precisão elevada;
- a instrumentação é simples e barata;
- o método é absoluto e não requer calibração.

Já entre as desvantagens, os seguintes itens se destacam:

- os processos são bem demorados em comparação a outros métodos;
- não é aplicável à análise de traços;
- é susceptível a perdas de precipitado nas diversas etapas.

14.4 AGENTES PRECIPITANTES

Um agente precipitante gravimétrico deve reagir especificamente, ou pelo menos seletivamente, com o analito. Os reagentes específicos são aqueles que reagem uma única espécie em particular; por isso, há um número muito restrito desse tipo de reagente. Como exemplo, pode-se citar a dimetilglioxima que reage especificamente precipitando o Ni^{2+}. Com relação aos reagentes seletivos, eles são mais comuns, sendo aqueles que reagem com um número limitado de espécies, por exemplo o nitrato de prata ($AgNO_3$), que precipita alguns haletos como cloretos, brometos e iodetos.

14.5 CARACTERÍSTICAS DO PRECIPITADO FORMADO

O agente precipitante deve reagir completamente com o analito para formar um precipitado que atenda aos requisitos a seguir:

i) O precipitado deve ser facilmente filtrado e lavado para a remoção de contaminantes;
ii) Deve ser altamente insolúvel para que não haja perda significativa do analito durante a filtração e a lavagem;
iii) Não deve reagir com os demais constituintes da amostra;
iv) É importante que tenha composição química conhecida após secagem ou calcinação (que seja estável, não higroscópico e não volátil);
v) Deve apresentar reação completa com o analito.

14.6 TAMANHO DE PARTÍCULA E FILTRAÇÃO DE PRECIPITADOS

Os precipitados constituídos de **partículas grandes são mais desejáveis** nos procedimentos gravimétricos porque essas partículas são **mais fáceis de filtrar e de lavar**, visando a remoção de impurezas. Além disso, os precipitados desse tipo são **mais puros**, o que reduz os erros na análise.

Nesse sentido, o tamanho das partículas dos sólidos formados por precipitação varia enormemente desde suspensões coloidais (10^{-7} a 10^{-4} cm de diâmetro), difíceis de decantar e filtrar, até partículas com décimos de milímetros, cuja suspensão temporária é a suspensão cristalina, cujas partículas decantam espontaneamente e são facilmente filtráveis. A Tabela 14.1 resume as características das partículas dos sólidos em solução.

Tabela 14.1 Características das partículas dos sólidos formados por precipitação.

Espécie	Diâmetro	Características
Íon	$\sim 10^{-8}$ cm	Dissolvido
Coloide	$10^{-7} \sim 10^{-4}$ cm	Suspenso
Partícula cristalina	$> \sim 10^{-4}$ cm	Decantado (filtrável)

O tamanho das partículas de um precipitado é influenciado por variáveis como a **solubilidade do precipitado** (K_S), a **temperatura**, as **concentrações dos reagentes** e a **velocidade com que os reagentes são misturados.**

O efeito dessas variáveis pode ser relacionado por:

$$supersaturação\ relativa\ (SSR) = \frac{Q - S}{S}$$

Em que: Q é a concentração do soluto em qualquer instante, S é a solubilidade do precipitado no equilíbrio.

Experimentalmente, verifica-se que o tamanho das partículas varia inversamente com a SSR média durante o tempo em que o reagente está sendo adicionado. Assim, quando $(Q - S)/S$ é grande, o precipitado tende a ser coloidal; quando $(Q - S)/S$ é pequeno, o precipitado tende a ser cristalino.

As variáveis que minimizam a SSR incluem temperaturas elevadas para aumentar a solubilidade (S), soluções diluídas, sob adição lenta e agitação efetiva, para minimizar (Q).

14.7 TIPOS DE PRECIPITADO

Os precipitados que podem ser obtidos em análise gravimétrica se classificam em:

i) Precipitados cristalinos: precipitados mais favoráveis a uma boa execução da análise. Suas partículas são cristais individuais bem desenvolvidos. Além disso, são densos e sedimentam rapidamente;

ii) Precipitados finamente divididos (pulverulentos): constituem agregados finos dos cristais. São precipitados densos e sedimentam-se rapidamente, porém, às vezes, dificultam a filtração com filtros de poros muito pequenos.

iii) Precipitados grumosos: resultam da floculação de coloides hidrófobos. São densos e arrastam pouca água.

iv) Precipitados gelatinosos: resultam da floculação de coloides hidrófilos, o que os torna bastante volumosos e com a consistência de flocos, arrastando muita água, o que oferece dificuldades à filtração e à lavagem.

14.8 MECANISMO DE FORMAÇÃO DE PRECIPITADOS

Os precipitados são formados basicamente por dois processos: **nucleação** e **crescimento de cristais.** O tamanho da partícula de um precipitado recentemente formado é determinado pelo mecanismo predominante.

Na nucleação, alguns íons, átomos ou moléculas (4 ou 5) juntam-se para formar um sólido estável. A precipitação posterior, então, envolve a competição entre a nucleação adicional e o crescimento dos cristais existentes (crescimento da partícula).

Se a nucleação predomina, o resultado é um precipitado contendo muitas partículas pequenas; se o crescimento das partículas predomina, um número pequeno de partículas grandes é produzido. Em resumo:

$$SSR \uparrow \ \rightarrow \ nucleação$$

$$SSR \downarrow \ \rightarrow \ crescimento\ de\ cristais$$

14.9 DIGESTÃO DE PRECIPITADOS

Entende-se por digestão ou envelhecimento de precipitados o tempo em que este precipitado permanece em contato com a solução da qual foi precipitado (solução-mãe) após ter sido formado. A digestão se processa com o objetivo de se obter um precipitado constituído de partículas grandes, facilmente filtráveis e o mais puro possível. Geralmente é feita em temperaturas elevadas, em que acontece um processo de recristalização, no qual as impurezas ocluídas passam do interior dos cristais para a solução-mãe.

14.10 CONTAMINAÇÃO DE PRECIPITADOS

O precipitado, ao se formar, pode arrastar da solução outros constituintes que são normalmente solúveis e que podem ser removidos por uma simples lavagem do precipitado. Essa lavagem consiste na adição de pequenas porções do líquido de lavagem, que pode ser água destilada ou um eletrólito, ao resíduo obtido na filtração.

As impurezas que acompanham o precipitado constituem a maior fonte de erros de uma análise gravimétrica e podem ser incorporados ao precipitado por coprecipitação ou por pós-precipitação.

i) Coprecipitação: processo pelo qual substâncias solúveis se incorporam ao precipitado durante sua formação. Podendo ocorrer por adsorção superficial, formação de cristal misto, oclusão ou, ainda, por aprisionamento mecânico.

- Adsorção superficial: um composto solúvel é removido da solução sobre a superfície de um coloide coagulado por adsorção física ou química, isso decorre da interação entre as cargas. É a maior fonte de contaminação em coloides coagulados, mas não é significante em precipitados cristalinos. Pode-se reduzir esse tipo de contaminação de três formas: i) lavando-se o coloide coagulado com uma solução contendo um eletrólito volátil; ii) efetuando-se a digestão do precipitado, na qual a água é expelida do sólido gerando uma massa densa com uma área superficial específica menor para a adsorção; e, iii) realizando-se uma reprecipitação, a qual consiste na redissolução do resíduo filtrado e, em seguida, reprecipitado. A solução contendo o precipitado redissolvido tem uma concentração de contaminante significativamente menor que a solução original, o que gera uma menor adsorção durante a segunda precipitação (Figura 14.3).

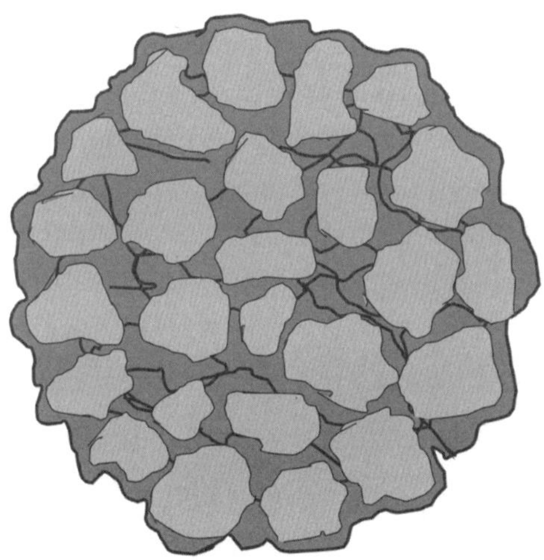

Figura 14.3 Representação de um coloide coagulado mostrando sua elevada área superficial.

- Formação de cristal misto: nesse caso, um dos íons do retículo cristalino de um sólido é substituído por um íon de outro elemento. Para que isso ocorra, é necessário que os dois íons tenham a mesma carga e, aproximadamente, o mesmo tamanho. Esse tipo de contaminação pode ocorrer tanto em precipitados cristalinos como em coloidais (Figura 14.4).

Figura 14.4 Representação da formação de um cristal misto.

Exemplos:

$SrSO_4$ em $BaSO_4$;

$MgKPO_4$ em $MgNH_4PO_4$;

MnS em CdS.

Para evitar esse tipo de contaminação, pode-se mudar para um agente precipitante mais seletivo ou promover uma reprecipitação.

- Oclusão: ocorre quando íons estranhos presentes na camada externa do cristal (adsorvidos) são fisicamente aprisionados (ocluídos) durante o crescimento rápido do cristal na formação do precipitado. Para eliminar esse tipo de contaminação, pode-se realizar a digestão do precipitado. Como o processo precipitação-solubilização é um equilíbrio dinâmico, a digestão assegura que o material ocluído seja eventualmente expulsado para a solução sobrenadante (Figura 14.5).

Figura 14.5 Representação da contaminação de um precipitado por oclusão.

- Aprisionamento mecânico: ocorre quando os cristais se encontram próximos durante o crescimento. Vários cristais crescem juntos e aprisionam fisicamente uma porção da solução em um pequeno invólucro. Para contornar esse problema, recomenda-se a digestão do precipitado (Figura 14.6).

Figura 14.6 Representação da contaminação de um precipitado por aprisionamento mecânico.

A formação de cristal misto pode ocorrer tanto em precipitados coloidais como em precipitados cristalinos, enquanto oclusão e aprisionamento mecânicos ocorrem em precipitados cristalinos.

ii) Pós-precipitação: forma de contaminação na qual a impureza se deposita sobre as partículas do precipitado formado. Ocorre com substâncias pouco solúveis com tendência a formar soluções supersaturadas.

Exemplo: precipitado de oxalato de cálcio na presença de íons Mg^{2+}.

14.11 PRECIPITAÇÃO A PARTIR DE UMA SOLUÇÃO HOMOGÊNEA

É uma técnica em que o **agente precipitante é gerado na própria solução** que contém o analito por meio de uma reação química lenta. Como resultado, a *SSR* é mantida baixa durante toda a precipitação, o que gera precipitados mais favoráveis para a análise gravimétrica.

Exemplo:

$$Pb(NO_3)_2 + K_2CrO_4 \rightarrow PbCrO_4 \downarrow$$

$$Cr(NO_3)_2 + KBrO_3 \rightarrow CrO_4^{2-}$$

$$Pb^{2+} + CrO_4^{2-} \rightarrow PbCrO_4 \downarrow$$

14.12 SECAGEM E CALCINAÇÃO DE PRECIPITADOS

Após a filtração, um precipitado gravimétrico é **aquecido até que sua massa se torne constante.** O aquecimento tem por objetivo **remover o solvente** e qualquer espécie volátil arrastada junto na formação do precipitado.

Alguns precipitados são calcinados para decompor o sólido e formar um composto de composição conhecida, chamado de **forma de pesagem.**

A temperatura requerida para desidratar um precipitado completamente pode ser tão baixa quanto 100 °C, ou tão alta quanto 1.000 °C. Por exemplo, a remoção de umidade de um precipitado de $AgCl$ requer temperaturas um pouco mais altas que 110 °C; no entanto, a desidratação de um precipitado de Al_2O_3 não é completada antes que uma temperatura maior que 1.000 °C seja atingida.

As curvas de decomposição térmica são chamadas de análises termogravimétricas.

$$Al_2O_3.xH_2O \text{ e } CaC_2O_4$$

A água presente nos precipitados pode ser classificada em:

- Adsorvida: depositada na superfície do precipitado. Sua presença depende da umidade atmosférica;
- Oclusa: presente em cavidades nos cristais;
- Essencial: apresenta-se na forma de água de hidratação, cristalização ou de constituição.

Exemplo:

Água de cristalização: $CaC_2O_4.H_2O$

Água de constituição: $Ca(OH)_2 \xrightarrow{\Delta} CaO + H_2O$

14.13 CÁLCULOS NA ANÁLISE GRAVIMÉTRICA

A análise gravimétrica de uma amostra sólida por precipitação química envolve duas medidas de massa: a pesagem da amostra tomada para análise; e a pesagem da forma de pesagem, substância de composição química definida que contém o constituinte de interesse (analito).

No caso da determinação da percentagem em massa de um determinado constituinte de uma amostra, pode-se usar a seguinte expressão.

$$Teor\ do\ elemento\ (\%) = \frac{m}{M_a} \times F \times 100$$

Em que:

m: é a massa da forma de pesagem (substância que contém o analito após aquecimento);

Ma: massa da amostra tomada para análise;

F: fator gravimétrico.

A quantificação de um constituinte em uma amostra líquida por gravimetria por precipitação química envolve apenas uma medida de massa: a pesagem da forma de pesagem, substância de composição química definida que contém o analito.

No caso da determinação da concentração de um determinado constituinte em *mg/L* de uma amostra, pode-se usar a seguinte expressão:

$$Concentração\ do\ analito\ \left(\frac{mg}{L}\right) = \frac{m}{V_a} \times F \times 1000$$

Em que:

m: massa da forma de pesagem (substância que contém o analito após aquecimento);

Va: volume da amostra tomada para análise (em *L*);

F: fator gravimétrico.

Muito raramente a massa da substância obtida após o tratamento térmico é igual à massa do analito de interesse. Para corrigir essa diferença, deve-se utilizar o fator gravimétrico.

O fator gravimétrico é dado pela razão entre a massa molar do analito e a massa molar da forma de pesagem, levando-se em conta o número de átomos do analito presente na forma de pesagem.

$$F = \frac{n \times MM_{analito}}{MM_{forma\ de\ pesagem}}$$

Em que:

F: fator gravimétrico;

$MM_{analito}$: massa molar do analito;

$MM_{forma\ de\ pesagem}$: massa molar da forma de pesagem;

n: número de átomos do analito na fórmula da forma de pesagem.

Exemplo: fator gravimétrico da determinação de Fe^{3+} tendo Fe_2O_3 como forma de pesagem.

$$F = \frac{2 \times MMFe}{MM\ Fe_2O_3}$$

Para a **gravimetria por volatilização** em que se deseja obter o teor de água de uma amostra, pode-se utilizar a expressão:

$$\%H_2O = \frac{m_U - m_S}{m_U} \times 100$$

Em que:

$\%H_2O$: percentual de água da amostra;

m_U: massa da amostra úmida;

m_s: massa da amostra seca;

No caso em que se deseja calcular o **número de moléculas de hidratação** (x) em um sal hidratado, pode-se utilizar a expressão:

$$x = \frac{n\,(H_2O)}{n\,(sal\ anidro)} = \frac{\frac{m_{H2O}}{MM_{H2O}}}{\frac{m_{sal}}{MM_{sal}}}$$

Em que:

x: número de moléculas de água de hidratação:

$n\,(H_2O)$: número de mols de água presente na amostra;

n (*sal anidro*): número de mols de sal após a secagem (*anidro*).

EXERCÍCIOS

1) Enumere os requisitos para que uma reação de precipitação possa ser utilizada na análise gravimétrica.
2) Estabeleça quatro propriedades desejáveis em um precipitado gravimétrico.
3) O que é supersaturação relativa?
4) Por que uma supersaturação relativa alta é indesejável numa precipitação gravimétrica?
5) Quais as medidas que se pode tomar para diminuir a supersaturação relativa durante uma precipitação?
6) O que é digestão e qual sua função?
7) Cite e comente os fatores de contaminação dos precipitados. Cite os procedimentos empregados para minimizar seus efeitos.
8) Comente os tipos de precipitados mais comuns que aparecem na gravimetria e cite os fatores que os influenciam.
9) Relacione nucleação, crescimento dos cristais, supersaturação relativa da solução e tamanho final dos cristais.
10) O que se entende por fator gravimétrico? Quando é necessário usá-lo?
11) Na determinação gravimétrica de ferro num minério, a massa final pesada de Fe_2O_3 foi de 0,3117 *g*. Qual é a massa de ferro na amostra original?

12) Uma amostra de *KBr* impuro pesando 0,5231 *g* foi tratada com excesso de $AgNO_3(aq)$, obtendo-se 0,8145 *g* de *AgBr*(*s*). Qual a pureza do *KBr*?

13) O cálcio numa amostra de calcário pesando 607,4 *mg* foi precipitado como oxalato (CaC_2O_4) e calcinado a 600 °C para carbonato ($CaCO_3$), pesando 246,7 *mg*. Calcule a porcentagem de cálcio na amostra.

14) O teor em alumínio numa amostra pode ser determinado por precipitação como uma base e calcinação a Al_2O_3, que é pesado. Qual a massa de alumínio numa amostra com 0,2365 *g* de precipitado calcinado?

15) O $Pb(NO_3)_4$ (nitrato de chumbo IV) pode ser decomposto por aquecimento. A decomposição de 800,2 *g* de uma amostra contendo $Pb(NO_3)_4$ produziu 174,5 *g* de chumbo metálico. Considerando que a reação foi completa e que somente o $Pb(NO_3)_4$ reagiu sob aquecimento, qual a porcentagem de pureza da amostra? *Pb* = 207,2 *g/mol*; *N* = 14,01 *g/mol*; *O* = 16,00 *g/mol*.

16) 0,485 *g* de uma amostra de solo contendo ferro (II) e (III) foi oxidada e o ferro (III), precipitado como óxido de ferro hidratado ($Fe_2O_3 . xH_2O$). O precipitado depois de filtrado, lavado e calcinado pesou 0,248 *g*, com o ferro na forma de óxido (Fe_2O_3). Qual o conteúdo de ferro (III) na amostra?

17) Para encontrar o teor de Ce^{4+} em um sólido, 4,37 *g* foram dissolvidos e tratados com excesso de iodato para precipitar o $Ce(IO_3)_4$. O precipitado foi coletado, bem lavado, secado e queimado para produzir 0,104 *g* de CeO_2 (*PM* 172,114 *g/mol*). Qual a porcentagem de *Ce* no sólido original?

18) O conteúdo de alumínio em uma liga é determinado gravimetricamente pela precipitação com 8-hidroxiquinolina para dar $Al(C_9H_6ON)_3$. Se uma amostra de 1,021 *g* fornece 0,1862 *g* de precipitado, qual a percentagem de alumínio na liga?

19) Para analisar a antimonita (Sb_2S_3), pesou-se uma porção de 0,1872 *g*. Depois do tratamento adequado, todo o enxofre foi transformado em SO_4^{2}, que se determinou como $BaSO_4$, cujo peso foi de 0,3243 *g*. Calcular a percentagem de Sb_2S_3 na amostra de antimonita analisada.

20) Um químico recebeu em seu laboratório um sal de fórmula desconhecida $Na_2S_xO_6$. Com o intuito de determinar o enxofre, ele procedeu à sua precipitação como sulfato de bário, conseguindo obter 0,3570 *g* de precipitado a partir de 0,1028 *g* de sal. Calcule o valor de *x*.

21) Um minério contendo magnetita (Fe_3O_4) foi analisado dissolvendo-se 1,5419 *g* da amostra em *HCl* conc., dando uma mistura de Fe^{+2} e Fe^{+3}. Todo o Fe^{+2} foi oxidado com HNO_3 e a solução foi precipitada em $Fe(OH)_3$, pela adição de NH_3. Depois de filtrar e lavar, o resíduo foi calcinado e pesado, sendo a massa de 0,8525 *g* de Fe_2O_3. Calcule a porcentagem de Fe e a porcentagem de Fe_3O_4 na amostra.

22) Uma mistura contendo somente *AgCl* e *AgBr* pesa 2,000 *g*. Ela é quantitativamente reduzida para prata metálica que pesa 1,300 *g*. Calcule a massa de *AgCl* e *AgBr* na mistura original.

23) Uma mistura dos complexos de 8-hidroxiquinolina de alumínio $[Al(C_9H_6NO)_3$ – (*MM* = 459,43 *g/mol*)] e de 8-hidroxiquinolina de magnésio $[Mg(C_9H_6NO)_2$ – (*MM* = 312,61 *g/mol*)] pesou 1,0843 *g*. Quando queimada ao ar em um forno aberto, a mistura se decompôs, deixando um resíduo de Al_2O_3 (*MM* = 101,96 *g/mol*) e de *MgO* (*MM* = 40,304 *g/mol*) pesando 0,1344 *g*. Determine a percentagem em peso de $Al(C_9H_6NO)_3$ na mistura original.

24) Foram aquecidos 145,0 *g* de solo a 105 °C, durante 2 horas, para eliminação da umidade. Sendo o peso seco igual a 128,2 *g*, calcular o teor de umidade do solo.

25) Uma amostra de fertilizante orgânico foi dessecada a 105 °C, em cápsula de porcelana, para determinação de umidade. Os seguintes dados foram anotados:

- massa da cápsula de porcelana (tara) = 27,9582 *g* tara + fertilizante = 45,8541 *g*
- tara + fertilizante seco = 38,3378 *g*

Calcular a porcentagem de umidade.

26) 0,7380 *g* de uma amostra de sulfato de magnésio hidratado foram aquecidos a 300 °C até peso constante. O resíduo pesou 0,3600 *g*. Calcular a porcentagem de água no sal e o número de mols de água de hidratação.

27) 0,5000 *g* de uma amostra de $CuSO_4.xH_2O$ foram aquecidos a 300 °C até peso constante. O peso do resíduo foi de 0,3196 *g*. Calcular a porcentagem de água no sal e o número de mols de água de hidratação.

28) Ao realizar uma determinação gravimétrica por volatilização no laboratório, um estudante do curso de Farmácia realizou as seguintes anotações no seu caderno de laboratório:

- Massa de um béquer previamente seco obtendo um valor de 52,0000 *g*.
- Massa do conjunto béquer + amostra de $Na_2CO_3.xH_2O$ (antes de secar em estufa a 120 °C) = 54,5580 *g*.
- Massa do conjunto béquer + amostra de $Na_2CO_3.xH_2O$ (após secar em estufa a 120 °C):

1ª Pesagem = 53,1432 *g*

2ª Pesagem = 53,0080 *g*

3ª Pesagem = 52,9605 *g*

4ª Pesagem = 52,9480 *g*

5ª Pesagem = 52,9480 *g*

Com base nas anotações do estudante, determine o valor do grau de hidratação do carbonato de sódio, ou seja, calcule o valor de x.

29) Bicarbonato de sódio é convertido a carbonato de sódio por calcinação. A calcinação de 0,5562 g de amostra impura de $NaHCO_3$ rendeu um resíduo pesando 0,3189 g. Supondo que as impurezas da amostra não são voláteis à temperatura de calcinação, calcule a percentagem de $NaHCO_3$ na amostra.

30) Tomou-se uma amostra que, junto com a cápsula em que foi colocada, pesava 119,92 g. Essa amostra permaneceu em uma estufa a 105 °C até constância do peso (18 horas); posteriormente, o conjunto solo seco mais cápsula pesava 109,05 g. A massa da cápsula (tara) era de 34,43 g. Qual o valor da umidade da amostra?

31) Um estudante determinou o teor de cloretos numa amostra, mas esqueceu-se de secá-la antes. Ele encontrou 20,35% de cloro na amostra, mas o valor correto era 20,38%. Calcule a percentagem de umidade na amostra.

32) Uma amostra de solo contém 2,60% de umidade e 19,88% de Al_2O_3 na forma como ela foi enviada para análise. Qual deve ser a percentagem de Al_2O_3:

   a) após secagem da amostra.
   b) após reduzir a umidade de 0,55% por secagem ao ar.

33) Uma amostra de torta de filtro apresentou os seguintes valores: 14,1 $g\ kg^{-1}$ de N; 22,1 $g\ kg^{-1}$ de P_2O_5; 2,8 $g\ kg^{-1}$ de K_2O, considerando essas concentrações com relação à matéria seca. Sendo a umidade do produto igual a 77%, calcular os teores de nutrientes com base no material úmido.

34) O cálcio numa amostra de água de 100 mL foi precipitado como oxalato (CaC_2O_4) e calcinado a 600 °C para carbonato ($CaCO_3$), pesando 986,8 mg. Calcule a concentração de cálcio na amostra em mg/L.

REFERÊNCIAS

CHRISTIAN, G. D.; DASGUPTA, P. K.; SCHUG, K. A. *Analytical Chemistry*. 7. ed. John Wiley & Sons: Massachusetts, 2014.

DIAS, S. L. P.; VAGHETTI, J. C. P.; LIMA, E. C.; BRASIL, J. L.; PAVAN, F. A. *Química analítica*: teoria e prática essenciais. Porto Alegre: Bookman, 2016.

FATIBELLO FILHO, O. *Equilíbrio Iônico*: Aplicações em química analítica. São Carlos: EdUFSCar, 2016.

HARRIS, DANIEL C. *Quantitative Chemical Analysis*. 9. ed. W. H. Freeman and Company: New York, 2016.

MENDHAM, J.; DENNEY, R. C.; BARNES, J. D.; THOMAS, M. J. K. *Vogel* – Análise Química Quantitativa. 6. ed. LTC, 2002.

SKOOG, D. A.; WEST, D. M.; HOLLER, F. J.; CROUCH, S. R. *Fundamentals of Analytical Chemistry*. 9. ed. Thomson Brooks/Cole: Belmont, 2013.

SILVA, L. *Notas de aula*: Análise Quantitativa – Volumetria de Precipitação. Instituto de Ciências Exatas, UFJF. 2011. Disponível em: https://www.ufjf.br/baccan/files/2011/05/Aula-4-Volumetria-de-precipitacao_2011.pdf. Acesso em: 30 dez. 2021.

GRÁFICA PAYM
Tel. [11] 4392-3344
paym@graficapaym.com.br